柴油机故障诊断与排除

主　编　黄　政
副主编　张选军　刘江波
主　审　徐诗斌

HEUP 哈爾濱工程大學出版社

内容简介

本书主要介绍现代柴油机故障诊断与排除基础、柴油机启动异常故障诊断与排除、柴油机排烟异常故障诊断与排除、柴油机运行异常故障诊断与排除和柴油机主要零部件的检修五个专题内容。学生通过本书的学习，能够分析柴油机常见故障产生原因、掌握柴油机典型零件修理的技能和相关理论知识，并掌握柴油机故障检查与排除的基本技能，能够承担相关行业柴油机故障检查、日常维护、典型零件修理的工作任务。

本书可供大专院校，高职高专及职业学校的船机修造及轮机管理专业的师生教学用书，也可供相关专业的工程技术人员阅读参考。

图书在版编目(CIP)数据

柴油机故障诊断与排除/黄政主编. —哈尔滨：哈尔滨工程大学出版社，2013.8(2023.9 重印)

ISBN 978-7-5661-0670-4

Ⅰ.①柴… Ⅱ.①黄… Ⅲ.①柴油机-故障诊断②柴油机-故障修复 Ⅳ.①TK428

中国版本图书馆 CIP 数据核字(2013)第 206529 号

出版发行 哈尔滨工程大学出版社
社　　址 哈尔滨市南岗区南通大街 145 号
邮政编码 150001
发行电话 0451-82519328
传　　真 0451-82519699
经　　销 新华书店
印　　刷 黑龙江天宇印务有限公司
开　　本 787 mm×1 092 mm 1/16
印　　张 13.5
字　　数 334 千字
版　　次 2013 年 8 月第 1 版
印　　次 2023 年 9 月第 3 次印刷
定　　价 29.00 元
http://www.hrbeupress.com
E-mail:heupress@hrbeu.edu.cn

前 言

“柴油机故障诊断与排除”是轮机工程技术专业的一门专业课程，面向轮机工程技术专业轮机修理、轮机管理岗位专门人才的培养。根据行业专家对轮机工程技术专业所涵盖的岗位群进行的工作任务和职业能力分析，同时遵循学生的认知规律，以柴油机常见故障现象的诊断分析和典型案例组织教材内容。

本书主要介绍现代柴油机故障诊断与排除基础、柴油机启动异常故障诊断与排除、柴油机排烟异常故障诊断与排除、柴油机运行异常故障诊断与排除和柴油机主要零部件的检修五个专题内容。学生通过本书的学习，能够分析柴油机常见故障产生原因、掌握柴油机典型零件修理的技能和相关理论知识，并掌握柴油机故障检查与排除的基本技能，能够承担相关行业柴油机故障检查、日常维护、典型零件修理的工作任务。

本书可供船机修造及轮机管理的工程技术人员阅读，也可供大专院校有关专业的师生教学用书或参考。

本书由武汉船舶职业技术学院组织编写，黄政副教授任主编，张选军轮机长、刘江波副教授任副主编。全书共五章，第一章由王焕杰助教编写；第二章由郭敏讲师编写；第三章由刘江波副教授编写；第四章由黄政副教授编写；第五章由张选军轮机长编写。

本书由中国外运长航重工青山船厂徐诗斌高级工程师主审，并提出了宝贵的意见和建议，在此深表谢意。

本书在编写过程中，参考或引用了国内一些专家学者的论著，在此表示衷心感谢。

由于编者水平所限，书中不妥之处在所难免，欢迎读者批评指正。

编 者

2013 年 2 月

前　言

目　录

第一章　柴油机故障诊断与排除基础

第一节　柴油机零件的缺陷检验

柴油机零件的缺陷是指其在制造和使用过程中产生的缺陷和损伤。前者是零件材料表面和内部的缺陷,即零件材料和毛坯在冶炼、铸造、锻造、焊接、热处理和机械加工中所产生的气孔、缩孔、疏松、夹渣和微裂纹等缺陷;后者是零件在使用中产生的外部损伤,如磨损、腐蚀和疲劳破坏等。零件表面和内部的缺陷是其在工作条件下发生损坏的隐患,也是导致柴油机零件失效和机损事故的内因。

一、柴油机零件缺陷的一般检验

一般检验主要是采用普通量具检测零件磨损、运动副的配合性质和零件腐蚀等的损伤情况;采用观察法、听响法和液压试验法等来检验零件表面的裂纹和内部缺陷。

1. 观察法

观察法是通过人的眼睛或借助低倍放大镜等辅助工具来观察和判断零件表面有无裂纹和缺陷的方法。用于检验零件表面上的一些细微的和肉眼难以发现的缺陷。检测的准确度取决于检验人员的细心程度和经验。

2. 听响法

听响法是根据敲击零件时发出的声音来判断零件内部和表面上有无缺陷的方法。声音清脆表示零件完好或零件与其表面上的覆盖层结合良好,无脱壳现象;声音沙哑则表示零件内部或表面有缺陷,或零件与其表面上的覆盖层结合不良,局部脱壳等。例如,轴瓦的瓦壳与其上瓦衬(耐磨合金层)的结合。

听响法只能定性地判断零件内部和表面有无缺陷,不能定量地确定缺陷的种类、大小和部位,检验的准确度依赖于检验者的经验和对缺陷的判断,并且只适用于小零件。此法简便、灵活且随时可以进行,所以沿用至今。

3. 测量法

测量法是利用普通或专用量具测量磨损零件的尺寸和配合件的间隙以及腐蚀情况,判断零件的使用性能及确定其修理方法。一般采用的普通量具有内、外径千分尺,百分表、内径百分表和塞尺等;专用量具、量仪有专用千分尺、长塞尺、桥规和样板等。

测量法检测精度高且使用方便、灵活,是船上和修船厂使用广泛且不可缺少的检测方法。然而测量精度取决于量具、量仪的精度和检测人员的检测技术水平。

4. 液压试验法

对使用中要求具有较高密封性的零件通常要进行液压或气压试验,检查零件有无内部缺陷。新造或修理的零件或重新装配的组件均应进行密封性检查。

液压试验法实质上是在模拟使用条件下对承压零件材料内部有无缺陷进行检验的一种无损检验方法。它不需任何先进的仪器,只用一般的专用夹具和具有压力的气体或液体。因其是传统的检验方法,所以将其列入一般检验方法。

液压试验前,将待检零件上的孔、洞等全部堵塞,用专用夹具密封零件形成包括检验部位的封闭空腔,注满液体或气体后完全封闭,然后按要求加压至规定试验压力,保压一定时间后观察零件外表面上有无液体渗出或气体逸出,从而判断零件可否使用。

试验用液体可为水或油,也可为空气,依有关要求而定。试验压力依零件工作条件而定。例如,柴油机气缸盖冷却水腔试验压力为 0.7 MPa,保持 5 min;气缸套上部(1/3 气缸全长)是燃烧室组成部分,试验压力为 $1.5p_z$(气缸最大爆发压力)。图 1-1 为筒形活塞式柴油机气缸套内孔全长液压试验,试验压力为 0.7 MPa,保持 5 min 后检查气缸套外表面有无渗漏现象。

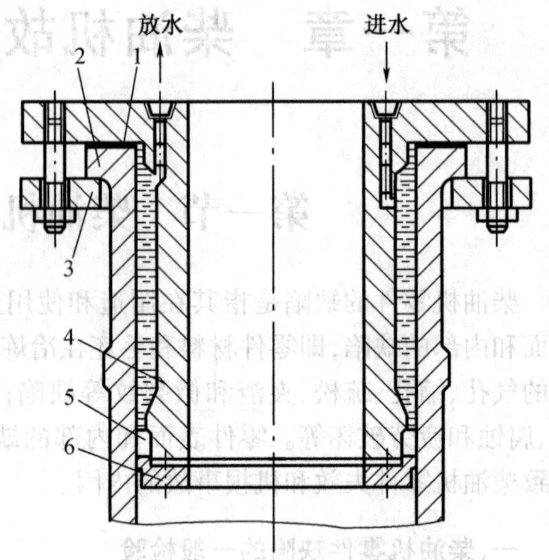

图 1-1 柴油机气缸套液压试验图

1—密封垫圈;2—气缸套;3—压盖;
4—试验夹具本体;5—密封圈;6—压板

液压试验法符合零件的实际工作条件,检测准确、可靠,适用于有密封要求的零件,广泛用于新造和修理工作中。我国的《钢质海船入级与建造规范》《船用柴油机修理技术标准》及柴油机说明书对各种零部件的试验压力等均有明确规定。表 1-1 中列举柴油机部分承压零部件液压试验要求。

表 1-1 柴油机零部件液压试验

序号	项 目	试验压力①
1	气缸盖冷却腔	0.7 MPa
2	气缸套(冷却腔的全长)	0.7 MPa
3	气缸体冷却腔	1.5*p*,但不小于 0.4 MPa
4	排气阀冷却腔	1.5*p*,但不小于 0.4 MPa
5	活塞顶冷却腔(装配活塞杆组成密闭空间后试验)	0.7 MPa
6	高压燃油喷射系统:高压油泵体的受压面、喷油器、高压油管	1.5*p* 或 *p* + 30 MPa,取其较小者
7	液压系统用于驱动排气阀的高压管路	1.5*p*
8	扫气泵气缸	0.4 MPa
9	涡轮增压器冷却腔	1.5*p*,但不小于 0.4 MPa
10	排气管冷却腔	1.5*p*,但不小于 0.4 MPa
11	机带空压机(气缸、气缸盖、中间冷却腔、后冷却腔): 空气侧 水侧	 1.5*p* 1.5*p*,但不小于 0.4 MPa
12	冷却器每一侧②	1.5*p*,但不小于 0.4 MPa
13	机带泵(油、水、燃油、污水)	1.5*p*,但不小于 0.4 MPa

注:①*p* 是指补试验部件的最大工作压力;②空气冷却器仅需试验水侧。

二、柴油机零件的无损检验

随着现代科学技术的发展,无损检验技术在工业生产中日益重要,是产品质量管理的重要方法。现在,无损检验技术已成为一种新兴的综合性的应用技术,广泛用于工业各个领域和科学研究中。

无损检验是在不破坏或基本不破坏零件、构件和材料,即不破坏零件、构件的形状、尺寸精度、表面质量和成分、材料性能和使用性能的前提下,采用物理、化学等方法探测内部和表面的缺陷及某些物理性能。现代无损检验不仅能探测缺陷,而且还能给出缺陷的定量评价。如定量测量缺陷的形状、大小、位置、取向、分布和性质等;定量测量零件和材料的物理及力学性能,如温度、残余应力和覆盖层厚度等。

无损检验技术对于控制和改进产品质量、保证产品的可靠性、保证机器和设备的安全运转和提高生产率等起着重要作用。无损检验技术主要应用在以下三个方面:

(1)监督和控制生产过程中的质量问题。在产品的生产过程中选用不同的无损检验技术来及时发现质量问题,并对产品质量进行监控和管理;

(2)产品出厂前的成品检验和用户验收检验及新造和修理零件的质量检验和用户验收检验。例如,对购进的大型曲轴进行磁粉探伤和超声波探伤,以验证曲轴表面和内部的缺陷情况与厂家提供的探伤报告是否一致;

(3)产品在使用过程中的维护检验。对于长期使用的零件进行预防检验或对事故原因进行分析检验。

1. 渗透探伤

液体渗透探伤是使用较早的一种检验表面缺陷的方法。液体渗透探伤的原理是利用液体的流动性和渗透性,借助毛细作用显示零件表面上的开口性缺陷。

渗透探伤原理简单,操作方便、灵活,适应性强,可检查各种材料和各种形状尺寸的零件,对表面裂纹有很高的检测灵敏度。但不能用于检测表面非开口性缺陷和皮下缺陷。按照渗透剂的不同可分为以下四种方法:

(1)煤油白粉法

煤油白粉法是一种老的,但很简便的渗透探伤方法,一直被沿用至今。以煤油为渗透剂,石灰粉或白垩粉为显像剂。

检验时,先将清洗干净的零件浸入煤油中或把煤油涂在零件待检表面上,依零件尺寸大小而定;15 ~ 30 min 后,煤油已充分渗入零件缺陷中,取出零件并擦干;在零件待检表面上涂上一层白粉,干燥后适当敲击零件,使渗入缺陷中的煤油携缺陷中的锈、污等复渗于白粉上,呈现出黑色痕迹,将零件表面上缺陷的大小、部位或覆盖层脱壳情况显示出来。

此法简便、实用、经济,但不精确,只能粗略检验。

(2)着色探伤

着色探伤渗透液含有红色颜料、溶剂和渗透剂等成分,具有渗透力强、渗透速度快、显像时清晰醒目、洗涤性好、化学稳定性好和无腐蚀、无毒或低毒等特点。显像剂常由氧化锌、氧化镁或二氧化钛等白色粉末和有机溶剂组成。显像剂具有悬浮力好、与渗透液有明显的衬度对比、显示缺陷清晰、易于辨别和无腐蚀性等特点。

着色探伤操作有三种方法:浸液法、刷涂法和喷涂法。内压式喷罐操作简单,携带方便,被广泛应用。一组内压式喷罐中各装有清洗剂、渗透剂和显像剂。检验时,先用清洗剂清洁零件待检表面,然后喷涂一层渗透剂,根据零件材料不同有不同的渗透时间。如常温下,铝镁合金铸件约为 15 min;锻件和钢铸件应不小于 30 min;有的钢锻件和焊缝可达 60 min;塑料、玻璃和陶瓷等非金属材料在 5 ~30 min 之间。渗透剂的渗透时间对检验灵敏度影响很大。时间短则导致小缺陷难以发现,大缺陷显示不全;时间长则导致难以清洗和检验效率低。在清洗掉表面渗透剂后再喷涂显像剂,最后就可在白色衬底上显示出红色的缺陷痕迹。

(3)荧光探伤

荧光探伤是借助残留在零件缺陷内的荧光渗透液在紫外线照射时发出的荧光来显示缺陷。

荧光渗透液主要由荧光物质、溶剂和渗透剂组成,具有荧光亮度高、渗透性好、检测灵敏度高、化学稳定性好、易于清洗和无毒、无味、无腐蚀性的特点。荧光物质是在紫外线照射下能够通过分子能级跃迁而产生荧光的物质。通常采用在紫外线照射下能发出黄绿色荧光的渗透液,这种颜色在暗处衬度高,人的视觉对其最敏锐。

显像剂常用经过干燥处理的白色氧化镁粉,它的灵敏度和显示亮度最高。

在荧光探伤操作中,渗透方法主要是浸液法,渗透时间一般为 15 ~20 min。常用的紫外线灯又称黑光灯,黑光灯是一种高压水银灯,能产生紫外线及可见光,如图 1-2 所示。

荧光探伤灵敏度高(超过磁粉探伤)、简便及灵活,但需在暗室中观察,长期受到紫外线照射会有害健康。

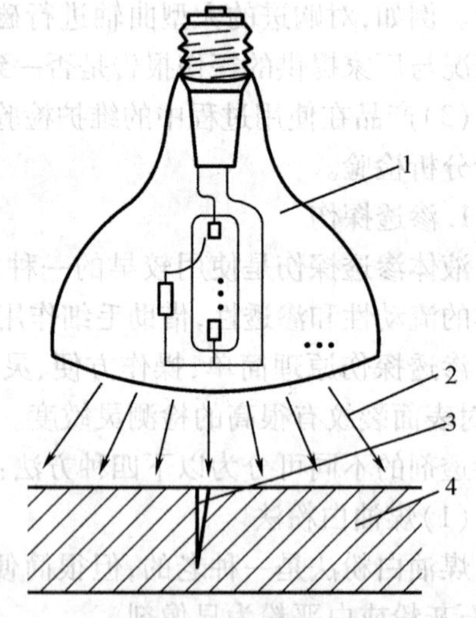

图 1-2　荧光探伤和黑光灯结构示意图

1—黑光灯;2—紫外线;3—缺陷;4—零件

(4)渗透检漏探伤

液体渗透检漏探伤用以探测容器或焊缝上有无穿透性缺陷。可用来检验金属或非金属容器。最常用和最简单的是煤油渗透检漏。

采用煤油渗透检漏时,在焊缝易于观察的一面涂以白垩粉液,干燥后在另一面涂上煤油,观察白垩粉上有无透过煤油的痕迹。采用着色渗透检漏和荧光渗透检漏具有更高的灵敏度。

液体渗透检漏探伤的渗透时间与探伤部位的厚度有关,一般不少于着色或荧光探伤渗透时间的 3 倍。

2. 磁粉探伤

磁粉探伤也称磁力探伤,是一种表面探伤方法,也是应用较早的一种无损检验技术。具有设备简单、操作方便、检验速度快和灵敏度较高等优点。但检验范围小,仅限于铁磁性材料及其合金。

磁粉探伤可以探测材料或零件表面和近表面的缺陷,对裂纹、发纹、折叠、夹层和未焊透等缺陷极为灵敏。采用交流电磁化可探测表面下 2 mm 以内的缺陷,采用直流电磁化可探测表面下 6 mm 以内的缺陷。

磁粉探伤设备有固定式、移动式和手提式三种磁力探伤机。显示介质为较细的纯铁磁粉(Fe_3O_4)。直接使用干粉灵敏度高,但操作不便;把磁粉和煤油混合成湿粉,使用方便。

为了提高磁粉探伤效率、探伤灵敏度和扩大应用范围等，对磁粉探伤方法和设备进行不断地研究和改进。目前已研制成半自动、全自动磁粉探伤机和专用自动探伤机，如曲轴半自动探伤机和钢材自动磁粉探伤机。除部分项目或磁痕检查仍用目测外，磁粉探伤从零件装夹、磁化、喷粉到退磁等工序全部自动化。

(1)磁粉探伤原理

磁粉探伤是基于铁磁性材料磁导率高的特性来检验缺陷，表面或近表面存在缺陷的零件在磁场中被磁化后会产生漏磁场，通过漏磁场吸附磁粉来显示零件表面或近表面缺陷的大小、形状和部位，如图1-3所示。

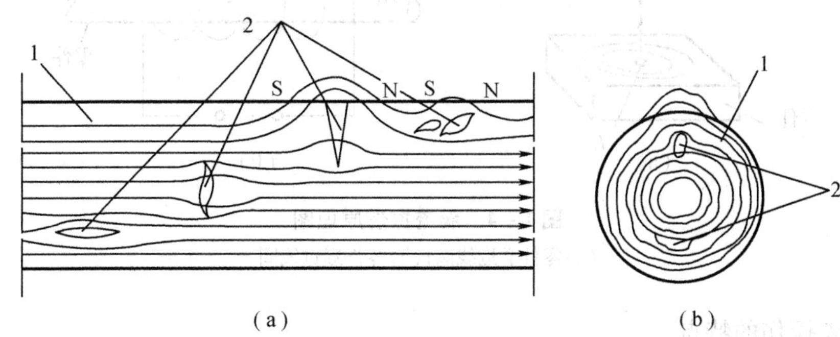

图1-3　磁粉探伤原理图

1—零件；2—缺陷

在磁导率不同的两种介质的界面上，磁力线的方向会发生改变，类似于光和声波的折射，形成磁力线的折射。如果两种介质的磁导率相差悬殊(如铁和空气)，那么磁力线折射进入空气后几乎垂直于界面，使磁场路径改变，漏入空气中的磁力线形成漏磁场。

零件内缺陷的大小和方位影响磁力线折射的角度(或磁力线弯曲程度)和漏磁场的强度。当表面缺陷较大并与磁力线垂直时，漏磁场最强，也最易探伤。随着缺陷与磁力线的夹角变小，最终与磁力线平行时，漏磁场强度也由最强变为零。当缺陷与磁力线夹角大于45°时，仍保持一定的漏磁场强度和检验灵敏度。缺陷在零件内部距表面较远，甚至不能形成漏磁场，也不能显示缺陷。

(2)磁粉探伤方法

磁粉探伤方法按磁化方法的不同有：按磁化电流性质，分为交流电磁化法和直流电磁化法；按磁场方向，分为纵向磁化、周向磁化和复合磁化；按显示介质状态和性质，分为干粉法、湿粉法和荧光磁粉法等；按磁化方法，分为直接通电法、局部磁化支杆法、心轴法、线圈法和铁轭法等。

3. 涡流探伤

涡流探伤是一种探测金属材料零件或构件表面和近表面缺陷的无损探伤方法。涡流探伤是基于电磁感应的基础上，利用在交变磁场作用下不同材料会产生不同振幅和相位的涡流来检验铁磁性和非铁磁性材料的物理性能、缺陷和结构尺寸等的检验方法。

(1)涡流探伤原理

涡流探伤时，把缺陷零件接近或置于通以交流电的线圈内，如图1-4所示。在线圈交变磁场 H_a 的作用下，零件表面感应出涡流并产生次级磁场 H_s，它与原磁场 H_a 相互作用致

使原磁场 H_a 变化，并改变线圈内的磁通，从而使线圈阻抗发生变化。零件内部存在的缺陷和物理性能等所有的变化都会改变涡流的密度和分布，亦即改变磁场 H_s 和 H_a，从而改变线圈阻抗。因此，通过测量线圈阻抗的变化确定零件内部的缺陷和材料的物理性能，如导电率、磁导率、尺寸、合金成分和硬度等。线圈阻抗可以用电阻和感抗来表示。

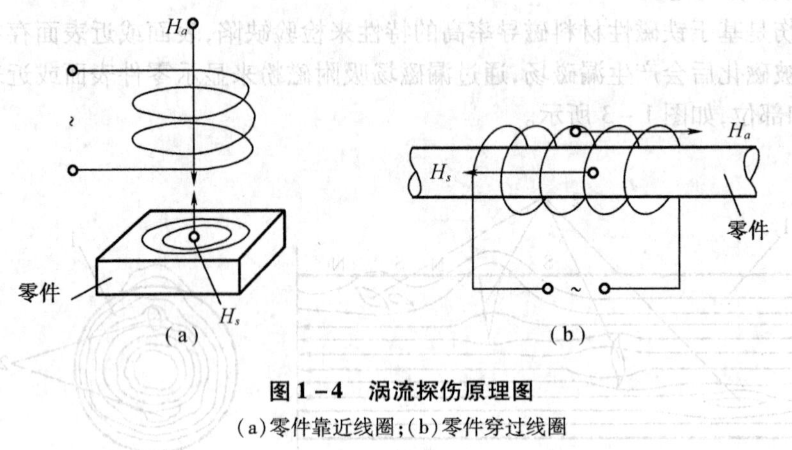

图 1-4 涡流探伤原理图

(a)零件靠近线圈；(b)零件穿过线圈

(2)涡流探伤的特点

涡流探伤可探测零件表面 0.11~0.2 mm 深处的缺陷，灵敏度较高，检测速度快，探测时可不与缺陷零件接触，进行间接探测，是易于实现的高速自动化检测。涡流探伤设备简单，操作方便、灵活，可以原地探测。由于可以进行缺陷、物理性能和尺寸等多种检测，所以是一种多用途无损检测方法。

由于涡流探伤是一种间接测量方法。但是涡流探伤仪适用于导电材料，其对缺陷显示不直观，更不适于形状复杂零件的探伤。影响涡流变化的因素较多及涡流信号不易分离与提取等，均影响探测的可靠性。

(3)涡流探伤的应用

涡流探伤除探测零件表面内的缺陷(裂纹、折叠、气孔和夹杂)外，还能测量材料的物理量(导电率、磁导率、晶粒度、硬度、尺寸和热处理状态)和零件表面上的镀层及涂层的厚度。无损测量金属箔、板材和管材的厚度、直径等。

4. 超声波探伤

超声波探伤研究始于 20 世纪 30 年代，20 世纪 50 年代广泛进入工业领域，20 世纪 60 年代研制的高灵敏度和高分辨率的超声波探伤仪有效地解决了焊缝探伤问题。目前，超声波探伤已成为工业无损检验中应用最广泛的一种方法，适用于各种工程材料和各种尺寸的锻件、轧制件、焊缝和某些铸件。各种机械零件和构件，如船体、锅炉和容器等都可利用超声波进行有效地探伤，可采用手动或自动化方式进行检测。利用超声波探测零件内部的缺陷，也可以其检测物理性能，如无损检测厚度、硬度、淬硬层深度、晶粒度、残余应力、胶接强度、液位和流量等。

随着微型计算机的发展，超声波探伤仪和检测探伤方法都得到了迅速发展。目前，许多超声波探伤仪已把微处理机作为一个部件组装在一起，完成数据和图像的处理。更先进的全电脑对话式超声波探伤仪可在屏幕上显示回波曲线和检测数据，存储缺陷波形、打印数据和图形资料，计算机编制测试探伤报告等。

(1)超声波探伤原理

超声波探伤是利用超声波通过两种介质的界面时发生反射和折射的特性来探测零件内部的缺陷。

超声波探伤的方法按波的传播方式,分为脉冲反射波法和透射波法;按耦合方式分为接触法和水浸法;按波型,分为纵波法、横波法和表面波法。

脉冲反射法是脉冲发生器发出的电脉冲激励探头晶体产生的超声脉冲波方法。一次脉冲反射波是以一次底波为依据进行探伤的方法。超声波以一定的速度向零件内部传播,一部分波遇到缺陷后反射,其余的波则继续传播至零件底面后反射。发射波、缺陷波和底波由探头接收放大后显示在荧屏上,如图 1 – 5 所示。

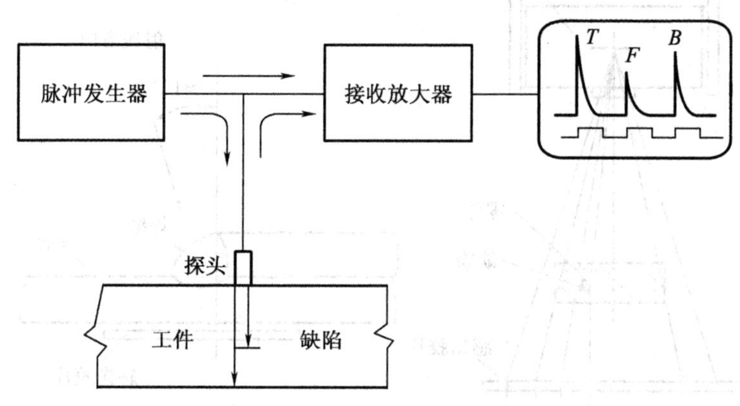

图 1 – 5　超声波脉冲反射法探伤原理图

由发射波、缺陷波和底波在时间基线上的位置求出缺陷部。依缺陷波的幅度判断缺陷的大小,具体方法有当量法和定量法等。对于缺陷的性质则主要依缺陷波的形状和变化,结合零件的冶金、焊接或毛坯铸、锻工艺特点以及参照缺陷图谱和探伤人员的经验来判断。

超声波探伤常用的工作频率在 0.4 MHz ~ 5 MHz 之间。较低频率用于检测粗晶材料和衰减较大的材料;较高频率用于检测细晶材料和要求高灵敏度之处。特殊要求的检测频率可达 10 MHz ~ 50 MHz。

(2)超声波探伤的特点

超声波探伤迅速,灵敏度高,可探测 5 ~ 3 000 mm 厚的构件,设备简单、操作方便,探测范围广,对人体无害。但超声波探伤对零件表面粗糙度有一定要求,一般要求 R_a 6.3 μm以上,且零件表面清洁光滑,与探头接触良好。在距零件表面一段距离内的缺陷难以探测,因为缺陷波与初始波难分辨清,无法判断有无缺陷。此段距离称为盲区,盲区大小根据超声波探伤仪而定。超声波探伤中对缺陷种类识别较为困难,需借助各种扫描法和高超的技术进行缺陷识别。

5. 射线探伤

射线探伤是利用射线探测零件内部缺陷的一种无损探伤方法,利用 X 射线、γ 射线和中子射线易于穿透物体和穿透物体时被吸收和散射而衰减的程度不同及其使胶片感光程度的不同来探测物体内部的缺陷,对缺陷的种类、大小和位置等进行判断。中子射线比 X 射线、γ 射线具有更强的穿透力和独有的特点,成为射线探伤中新的重要技术。

(1)射线探伤检测原理

射线探伤的方法主要有射线照相法、透视法(荧光屏直接观察)和工业射线电视法。目前,国内外广泛应用射线照相法。

射线照相法探伤是利用各种物质的密度不同、原子序数和厚度不同及对射线吸收能力不同(即射线衰减程度不同),对材料或零件内部质量进行照相探伤的方法。当射线穿过密度大的物质(金属或非金属)和密度小的缺陷(空气)时被吸收的程度不同(即射线衰减程度不同),使胶片感光程度不同,因而获得反映内部质量的射线底片,如图 1-6 所示。

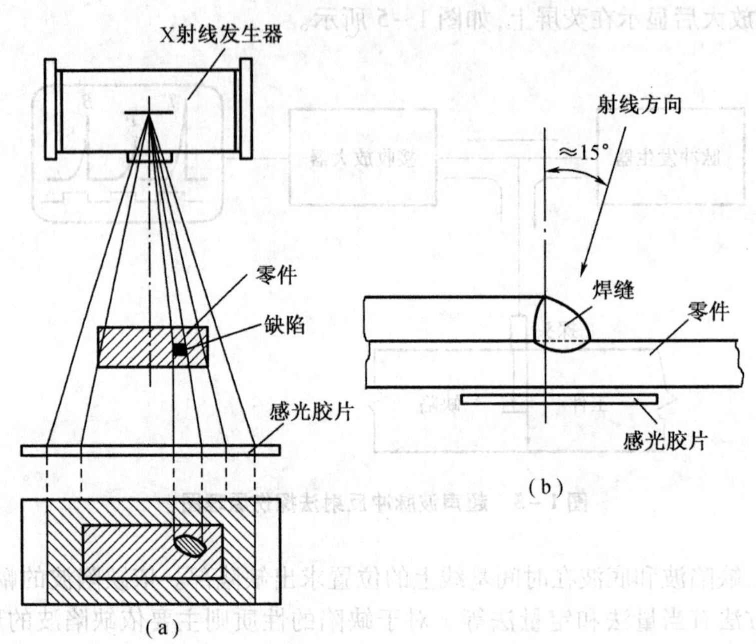

图 1-6 射线探伤原理及实例示意图

(a)原理示意图;(b)搭接焊缝探伤

(2)射线探伤的特点

射线探伤能够直接观察零件内部缺陷的影像,便于对缺陷定性、定量和定位,适用于所有的材料;探测厚度范围广,从钢片到厚达 500 mm 的钢板,但不能超过 500 mm,且对薄片表面缺陷(如表面疲劳裂纹及发纹等细小线状和分层缺陷等)探测较难。其缺点是设备昂贵、检验费用高及射线有害人体健康需加防护等。

射线探伤可探测金属材料和非金属材料的内部质量及探测铸件、焊接件的内部缺陷。

6. 声发射探伤

声发射无损检测技术是 20 世纪 60 年代发展起来的一种探测材料和构件内部缺陷以对其进行质量评定的新技术。

材料和构件受外力或内应力作用时,会引起内部缺陷处或微观结构不均匀处产生应力集中,进而导致裂纹的产生和扩展,这是一种应变能的释放过程。其中一部分能量是以弹性应力波的形式快速释放,这种现象称声发射。材料内部产生滑移、弯晶、位错运动、马氏体相变、微观开裂和裂纹扩展等过程中都会产生声发射。由于声发射信号中包含着材料内部缺陷和应变等信息，所以通过接收声发射信号，处理和分析后判断材料内部缺陷位置和性质的技术就是声发射无损检测技术。

声发射检测是一种动态无损检测技术，是利用加载条件下零件内部缺陷活动发射出声波信号来探测缺陷。而其他无损检测则是静态的，是用外加信号检测零件内部缺陷。声发射无损检测具有以下特点：

(1)除极少数材料外，金属和非金属材料在一定条件下均有声发射现象，所以声发射检测不受材料限制；

(2)不但可以探测缺陷，而且可依声发射波的特点和诱发条件了解缺陷形成和预测其发展；

(3)操作简便，可大面积探测和监视缺陷的活动情况；

(4)在声发射检验时环境有很大的干扰噪声，排除噪声干扰较为困难，限制了声发射检测技术的应用。

7. 综合探伤法

随着科学技术的发展，无损探伤技术不断地提高，新的探伤方法不断出现。在生产实践中，如何合理选用探伤方法进行有效的检测，这是无损探伤工作中的重要环节。

综合探伤法是在充分了解各种无损探伤方法的前提下，根据零件检测部位、检测质量的要求和经济性进行全面分析，合理地选用探伤方法，达到相互配合，准确、可靠和经济地进行检验。

第二节　柴油机零件的修复工艺

一、柴油机零件修复工艺的选择

柴油机零件发生磨损、腐蚀和裂纹等损坏而失效时，其中大部分零件可以采用各种修复工艺使之恢复原有功能重新投入使用。不但延长了零部件的使用寿命，而且节约了经费和时间，提高了营运效益。管理人员在柴油机维护工作中对于各种修复工艺、最佳修复工艺的选择和修复质量均应了解，才能有效和经济地进行零件修复。本节将介绍目前国内外先进和常用的修复工艺。

1. 零件修复的意义

针对零件的具体损坏情况选用合适的修复工艺进行有效修复，不仅能使已损坏或将报废的零件恢复使用功能、延长使用寿命，尤其能在缺少备件的情况下解决应急之需。除此以外，零件修复还具有以下几点重要意义：

(1)可以减少备件数量，从而减少闲置资金，有利于生产的发展；

(2)减少新零件的购置或制造，不但可以大幅度降低维修费用，而且可缩短维修时间；

(3)促进修复工艺的发展和修理技术水平的提高。

2. 磨损零件的修复原则和磨损极限标准

柴油机上有相对运动的配合件，由于工作条件不同将产生不同的磨损状况。当磨损较重但尚未达到磨损极限，或达到磨损极限但有适合的修复手段可以使其恢复使用，或应报废但无备件而必须采用修复工艺使之继续使用时，应进行修复。

有相对运动的配合件，磨损后不但零件尺寸、形状等发生变化，而且使配合间隙增大，工作性能下降。配合件修复后应使配合间隙值恢复原设计要求，以恢复其工作性能。因此配合件磨损后依照以下原则进行修复：

(1)改变配合件的原设计配合尺寸，恢复配合件原设计配合间隙值，从而恢复其工作性能，如采用修理尺寸法、尺寸选配法等修复工艺；

(2)恢复配合件的原设计配合尺寸，恢复配合件原设计配合间隙值，从而恢复其工作性能，如采用喷焊、电镀和堆焊等修复工艺。

柴油机运行过程中，对有相对运动的配合件按机器使用、保养说明书的要求或船舶检验机关的要求，定期进行磨损检测，或依运转情况进行磨损检测。例如主、副柴油机的活塞与气缸套、曲轴主轴颈与主轴承、曲柄销轴颈与连杆大端轴承等配合件的磨损测量。测量后计算出的磨损量、磨损率和几何形状误差等磨损指标与标准比较，作出判断。磨损指标是否达到或超过极限值，磨损零件是否应该修理或换新等需要有权威的磨损极限标准作为判断的依据。

3. 修复工艺的选择

(1)修复工艺的种类

目前我国修船厂中普遍使用的柴油机零件修复工艺主要有表1－2中所列各种。

表1－2 常用修复工艺

修复工艺	种类	方法	适用范围
机械加工修复	镗缸、镶套、局部更换	修理尺寸法、尺寸选配法等	磨损、腐蚀
变形修复	冷校法、热校法、加热－机械校直法		变形
手工修复	拂刮、修锉、研磨		磨损、腐蚀
黏接修补	有机黏接、无机黏接		腐蚀、裂纹、断裂、微动磨损、装配
金属扣合工艺	强固扣合法、强密扣合法、加强扣合法		裂纹、断裂
热喷涂	喷涂、喷焊	氧－乙炔焰、等离子	磨损、腐蚀
电镀	有槽电镀、电刷镀	镀铬、镀铁	磨损
焊补	焊接、堆焊	手工电弧焊、气焊	磨损、腐蚀、裂纹、断裂

(2)修复工艺的选择

柴油机修理时，针对零件损坏形式合理选择修复工艺是提高修理质量、降低修理费用、加速修理速度和缩短修理时间的有效措施。选择修复工艺时，应根据零件修理的要求和修复工艺的特点全面考虑。

①修复工艺对零件材料的适用性

任何一种修复工艺都不可能适用于所有的材料，有其使用的局限性。应根据待修零件的材料选用适合的修复工艺。表1－3为修复工艺适用材料的情况。

表1-3 常用修复工艺对常用材料的适应性

序号	修复工艺	低碳钢	中碳钢	高碳钢	合金结构钢	不锈钢	灰铸铁	铜合金	铝
1	镀铬	+	+	+	–	–	+		
2	镀铁	+	+	+	+	+	+		
3	气焊	+	+		+		–		
4	手工电弧堆焊	+	+	–	+	+	–		
5	焊剂层下电弧堆焊	+	+						
6	振动电弧堆焊	+	+	+	+	+	–		
7	钎焊	+	+	+	+	+	+	+	–
8	金属喷焊	+	+	+	+	+	+	+	+
9	塑料粘补	+	+	+	+	+	+	+	+
10	塑性变形	+	+					+	+
11	金属扣合	+	+	+	+	+	+		

注:“+”为修复效果良好;“-”为修复效果不好。

②修复工艺能够达到的修补层厚度

柴油机零件磨损程度不同,要求恢复原设计尺寸时所需增加的厚度不同,而各种修复工艺所能达到的修补层厚度各异。所以亦应根据修复零件的要求来选择修复工艺。图1-7为常用修复工艺的修补层厚度。

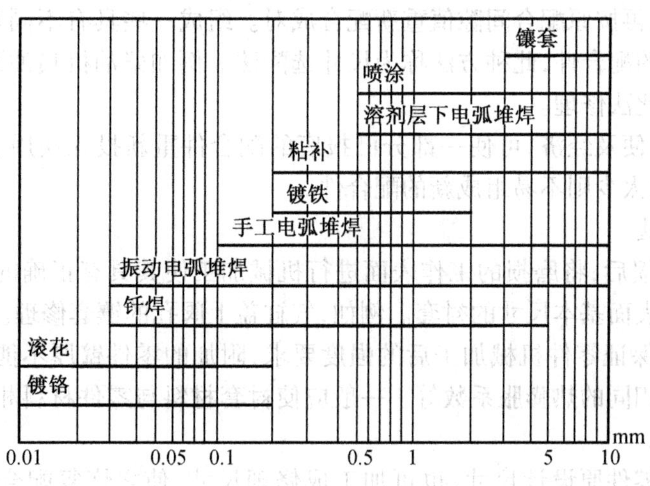

图1-7 常用修复工艺修补层厚度图

③零件结构、尺寸对修复工艺的限制

零件的尺寸、结构并非适用任何修复工艺,甚至使某些修复工艺无法进行。例如孔径太小的零件无法进行喷涂,壁厚太薄的零件不能采用扣合工艺等。

零件修后的强度、修补层强度、修补层与零件的结合强度等均是修理质量的重要指标,是选择修复工艺的依据。

④修复工艺对零件变形和材料性能的影响

在常温或温度不高的条件下进行修复,对零件变形和材料性能几乎没有影响。但在高温下,如喷焊、堆焊时零件容易变形,且零件材料在高温下会发生组织、性能的变化。

二、机械加工修复

柴油机零件产生磨损、腐蚀等损坏后可以采用机械加工方法进行修复。虽然改变了零件的尺寸,但是使零件具有要求的几何形状和配合间隙,从而可以恢复使用性能。常用的方法有:修理尺寸法、尺寸选配法、附加零件法、局部更换法和成套更换法。

1. 修理尺寸法

具有相对运动的配合件磨损后配合间隙增大甚至超过极限间隙值,零件工作性能变坏。修理尺寸法是将配合件中较重要的零件或较难加工的零件进行机械加工,消除其工作表面的损伤和几何形状误差,使之具有正确的几何形状和新的基本尺寸——修理尺寸。依此修理尺寸制造与之配合的另一零件,使二者具有原设计配合间隙值。例如,曲轴主轴颈过度磨损后,在保证轴颈强度要求下,光车主轴颈,依光车后的尺寸重新配制主轴瓦使其具有原有的轴承间隙。

孔的修理尺寸大于孔的基本尺寸;轴的修理尺寸小于轴的基本尺寸。修理尺寸等于磨损件实测尺寸加上(或减去)为消除缺陷所需的最小加工余量。

修理尺寸法简单、经济,可延长零件的使用寿命。但使零件失去原有的互换性,给备件供应带来麻烦。此法在修船厂中被广泛应用。

2. 尺寸选配法

集中一小批相同机型的已过度磨损的配合件,分别进行机械加工消除配合表面的缺陷和几何形状误差,再按原配合间隙值重新配合成对。组成一些具有不同基本尺寸但具有相同配合间隙的新的配合件,此种方法称为尺寸选配法。例如柴油机喷油泵和喷油器中的精密偶件就可采用此法修理。

此法简单、方便及经济,可使一部分已报废的配合件重新投入使用。缺点是必须有一小批配合件,数量太少则不易组成新的配合件。

3. 附加零件法

零件过度磨损后,将磨损的工作表面进行机械加工使其具有正确的几何形状,并在其上附加具有工作表面基本尺寸的衬套。例如,气缸盖上阀孔的镶套修理。

采用此法应保证零件机械加工后的强度要求,附加的零件壁厚不能过薄,衬套材料应与零件材料具有相同的热膨胀系数等。一般应使衬套材料与零件材料相同,采用热套法或压入法安装衬套。

此法可恢复零件原设计尺寸,也可加工成修理尺寸,使之恢复配合性能,延长使用寿命。因影响修理质量的因素较多,故使用时应慎重。

4. 局部更换法

零件局部损坏或磨损严重时可采用更换零件局部的方法修理。例如,活塞顶部烧蚀严重或产生裂纹,可将损坏部分除去,镶上与之完全相同的局部,如图1-8所示。铸钢活塞可采用焊接,铸铁活塞则采用螺钉连接。

5. 成套更换法

为了缩短修理时间,拆下有严重磨损或损伤零件的部件或设备,迅速换上备件继续运转的过程，称为成套换修。设备或部件经修理后作为备件使用或供同类机型使用。例如柴油机运转中高压油泵柱塞——套筒偶件咬死，立即换上备用油泵，而损坏的油泵经修理后作为备件使用。

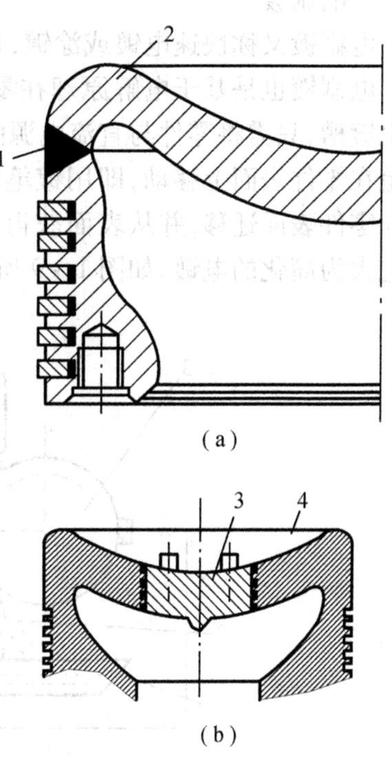

图1-8　活塞顶部局部更换示意图

1—焊缝；2—新制活塞顶部；3—局部更换活塞顶部；4—活塞；

三、电镀工艺

电镀工艺是利用电解原理在金属或非金属零件表面上镀覆一层金属的过程。它是一种修复工艺，也是一种强化工艺。可以修复磨损严重的零件使之恢复原设计尺寸和改善零件工作表面的性能，如提高耐磨性、耐蚀性等。电镀工艺广泛应用于修船，例如活塞环槽、缸套镀铬和曲轴镀铁等。近年来电刷镀，即无槽电镀的应用进一步扩大了电镀工艺在修船领域中的应用范围。

1. 电镀

(1)电镀工艺

电镀分为有槽电镀和无槽电镀——电刷镀。有槽电镀是以被镀零件作为阴极，欲镀金属作为阳极，并使阳极的形状符合零件待镀表面的形状。电镀槽一般采用不溶金属或非金属，如铅、铅锑合金和塑料等。电解液是所镀金属离子的盐溶液。

电镀使用直流电源。电镀时，阳极金属失去电子变为离子溶于电解液中；阴极附近的离子获得电子而沉积于零件表面发生还原反应。根据电镀质量、镀层厚度等的不同，电镀时所选用的电流密度、电解液的温度和电镀时间等工艺参数不同。严格控制电镀工艺参数是获得优良镀层的关键。目前柴油机零件常选用镀铬和镀铁来修复和强化零件工作表面。

(2)镀铬

镀铬时，零件作为阴极，采用铅锑合金作为阳极，用铬酐(CrO_3)和硫酸(H_2SO_4)制成电解液盛于电镀槽中。

(3)镀铁

目前生产中广泛采用不对称交直流低温镀铁工艺。它是在常温的氯化亚铁水溶液中，以工业纯铁或低碳钢板作阳极，零件为阴极，依次通过不对称交流电起镀、不对称交流电过渡镀和直流镀，使零件表面上牢固地沉积一层高硬度镀铁层的工艺。

一般工业上用的交流电为正弦波交流电，是由两个相等相反的半波组成。电镀时采用此种交流电，一个半波使零件呈阴极极性沉积镀层，另一半波则使零件呈阳极极性把镀层(甚至基体)电解除掉。因此对称交流电不能进行电镀。不对称交流电是使两个半波不等，较大半波进行电镀获得镀层，较小半波电解镀层，沉积的镀层总比电解掉的多。所以，在开始镀前10~20 min内，采用不对称交流电起镀，可以使镀层晶粒细小均匀，表面较平滑，内应力较相同电流密度下的直流电镀层小，结合强度也较直流电镀层高得多。结合强度可达450 MPa，镀层不易脱落。

2. 电刷镀

电刷镀又称快速电镀或涂镀，是一种无电镀槽的快速电镀工艺。

电刷镀也是基于电解原理在零件工作表面上快速沉积金属形成镀层的工艺。刷镀不需电镀槽，只需将零件与直流电源的负极相接，镀笔与正极相接。刷镀时，将蘸满电镀液的镀笔在零件表面上移动，即用镀笔涂刷零件工作表面。在电场作用下，电镀液中的金属离子向零件表面迁移，并从表面获得电子后沉积其上形成镀层。所以，电刷镀是一种设备和工艺大为简化的电镀，如图 1－9 所示。

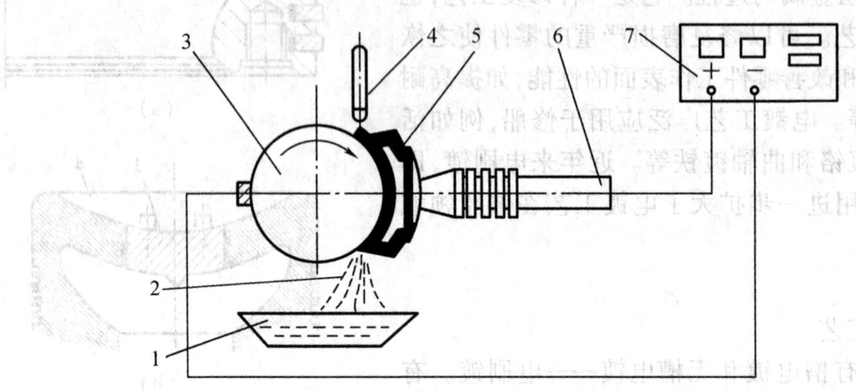

图 1－9 电刷镀示意图

1—集液器；2—电解液；3—零件；4—输液管；
5—阳极和包套；6—镀笔；7—电源

四、热喷涂工艺

热喷涂是近代各种喷涂和喷熔（或称喷焊）工艺的总称。它是把丝状或粉末状材料加热到近熔化或熔化状态，并使之雾化、加速，最后喷至零件表面形成覆盖层的工艺。热喷涂工艺既是一种表面强化工艺，也是一种修复工艺。作为强化工艺，可以根据工作需要在零件表面喷涂各种不同的材料，使之分别具有耐磨、耐腐蚀和抗高温氧化等性能。作为修复工艺可以使磨损、腐蚀零件表面恢复原有尺寸，延长零件使用寿命。

1. 热喷涂工艺的分类

一般根据熔化喷涂和喷熔材料所用能源分类。

喷涂有：电弧喷涂、等离子喷涂和火焰喷涂（包括爆炸喷涂、超音速喷涂）等；

喷熔有：火焰粉末喷熔和等离子粉末喷熔等。

喷涂材料有：丝状和粉末状。

2. 热喷涂工艺

（1）热喷涂设备

热喷涂的主要设备是热源、喷枪及辅助设备，根据热喷涂的种类不同，具体设备也不同。

电弧喷涂是利用电弧热加热金属使之熔化，并用压缩空气将已熔化的金属吹成雾状喷到零件工作表面上形成涂层的工艺。主要设备有直流电焊机、空气压缩机、电喷枪和各种辅助设备。电弧喷涂的最高温度可达 5 538 ~ 6 649 ℃。

等离子喷涂是将电流和惰性气体(如氮气、氦气等)通过等离子喷枪,造成强烈电弧放电,形成的等离子流是一束能量高度集中的弧柱,温度可达 11 093 ℃。等离子喷涂是利用等离子弧作热源熔化金属并喷至零件工作表面形成涂层的工艺。等离子喷涂的主要设备有等离子喷枪、硅整流直流电源和各种辅助设备。

火焰喷涂是利用氧－乙炔火焰熔化金属,并用压缩空气将其喷至零件工作表面形成涂层的工艺。喷涂使用氧和乙炔为 1∶1 的中性焰,温度可达 3 100 ℃左右。火焰喷涂设备主要有气源、喷枪和辅助设备等。

(2)工艺过程

①零件表面的准备为保证涂层与零件表面的结合强度,在热喷涂前对零件表面进行以下准备工作:

凹切:对零件表面机械加工,为容纳涂层提供一定的厚度尺寸,即在零件表面上车去或磨去一定的尺寸,如图 1－10①。

清洁:除去零件表面的油污、铁锈和漆皮等。一般采用四氯化碳除油污。

粗化:为提高结合强度,对待喷表面采用喷砂、拉毛、开槽、车螺纹和浪花等方法使之粗化,如图 1－10②。待喷熔表面不需粗化。

②非喷涂表面的隔离保护采用胶带、有机硅树脂、水玻璃或其他保护材料(玻璃布、石棉布等)遮盖保护。

③预热:热喷涂前零件待喷表面应预热,以除掉表面上的潮气,降低涂层的收缩应力,防止涂层产生裂纹。预热温度在 70～150 ℃,最高不超高 270 ℃。

④热喷涂和喷后涂层的机械加工,如图 1－10③,④。

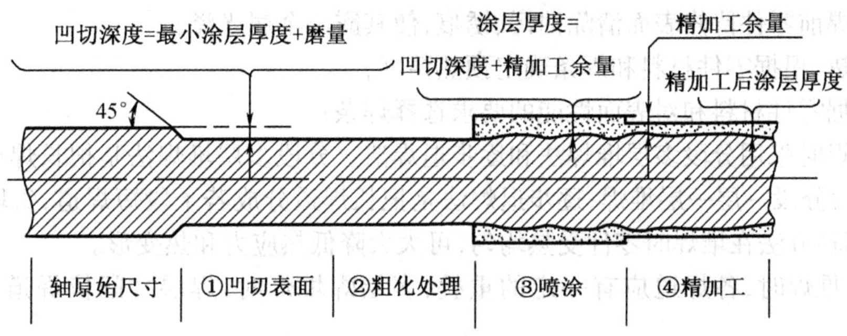

图 1－10　零件表面处理示意图

3. 热喷涂工艺的特点

(1)适用材料范围广,各种金属或非金属材料零件的表面均可获得预定性能的涂层。

(2)喷涂材料广,可喷涂金属、合金、陶瓷和有机树脂等材料。

(3)设备和工艺简单、操作容易、涂层形成快、加工时间短、生产效率高。

(4)喷涂的热应力小,零件变形非常小。喷熔零件温度高、热应力大、变形较大。

(5)涂层厚度从 0. 05 mm 至几毫米,且被喷涂零件尺寸不限。

(6)涂层内部多孔,可存油,润滑性好。

(7)喷涂层与零件表面主要为机械结合,结合强度低,为 5 MPa～50 MPa,抗冲击性能差。喷熔涂层与零件表面为冶金结合,结合强度高,为 300 MPa～700 MPa。

五、焊补修理工艺

焊补工艺是柴油机零件的修理方法之一，对于零件的裂纹、断裂、严重磨损、腐蚀和烧蚀等损坏的修理有其独特的作用。焊补工艺包括焊接和堆焊。可采用手工电弧焊或气焊等方法实施焊补工艺。

焊补工艺的特点：成本低、工时少、效率高，堆焊层与零件基体结合强度高，但焊补时零件温度高，易产生变形和裂纹。因此，为了保证质量，对焊补工艺要求严格，焊前要预热，焊后要退火。

1. 焊接

焊接是通过外加热或加压，或同时加热加压的方法，使两个金属件连接达到原子间的冶金结合，形成永久性连接的一种工艺。焊接方法依施加能量不同分为熔焊和压焊两大类：

熔焊是用加热使金属熔化的方法进行焊接。随加热的热源不同有：气焊、电弧焊、电渣焊、铝热焊、等离子弧焊、电子束焊和激光焊等。

压焊是用加压或同时加热、加压的方法进行焊接。依加压形式的不同有：接触焊、摩擦焊、超声波焊和爆炸焊等。修船厂通常多选用气焊和电弧焊修理损坏的零件。例如应急焊接断裂的曲轴和曲轴裂纹、焊接修理螺旋桨桨叶裂纹等。

2. 堆焊

堆焊是用熔化焊条的方法在零件磨损或腐蚀的表面上熔敷一层或多层金属的操作。堆焊一般采用熔焊。堆焊工艺适用于修补零件大面积磨损、腐蚀破坏或补偿较大的尺寸以恢复零件原有尺寸。为了保证堆焊修理的质量，应注意以下几点：

(1) 堆焊前零件待修表面清除油污、锈痕，使其露出金属光泽；

(2) 预热，根据零件材料和焊条确定预热温度；

(3) 根据零件材料和对表面性能的要求选择焊条；

(4) 堆焊时采用分段多层堆焊法和逐步退焊法。分段多层堆焊法是把长焊层分成若干短焊层，然后分段一层一层堆焊；逐步退焊法是把长焊道分成若干段短焊道，每段由后向前焊。以上两种方法在堆焊时零件受热均匀，可大大降低热应力和热变形。

多道焊堆焊时，各焊道应有一定的重叠；多层焊堆焊时，焊层之间依焊道方向成 90°重叠；

(5) 零件堆焊后进行消除应力的低温退火和机械加工。

3. 铸铁件的焊补修理

铸铁零件的焊补修理向来是人们畏惧的难题，这主要是由于铸铁零件焊补后容易产生裂纹，难于保证质量。铸铁零件焊补难于保证质量的原因主要有：

①铸铁含碳量较高，一般为 2.5% ~4.0%，焊补时铸铁熔化后冷却，由于冷却速度较大易产生白口(Fe_3C)，且白口收缩大；铸铁塑性很低，而焊补时热应力很大；铸铁中含有较多的硫和磷，一般含硫 0.02% ~0.2%、含磷 0.01% ~0.5%，不但引起脆性，而且促进白口。这些都会造成焊补后零件产生裂纹。

②铸铁中的碳以片状石墨形式存在，焊补时石墨被高温氧化生成 CO 气体，使焊缝金属易产生气孔或咬边。

③作为摩擦零件使用时，铸铁组织中浸透油脂，一般难以除去，焊补时使焊缝中产生

气孔。

④铸铁零件在铸造时产生的气孔、缩松和砂眼等也容易造成焊补缺陷。

铸铁零件采用手工电弧焊的焊补方法主要有：热焊法、半热焊法和冷焊法。冷焊法是铸铁零件整体温度不高于200 ℃时进行焊补的方法。冷焊法的特点是方法简便、焊补速度快和零件变形小。缺点是易产生淬硬组织而出现白口，所以对焊补技术要求高，工艺要求严格，以免产生裂纹和气孔。

（1）铸铁零件裂纹的冷焊修理工艺

①确定裂纹部位后在裂纹两端前方 3 ~5 mm 处钻止裂孔，依零件壁厚决定止裂孔的直径大小。

②在裂纹上开坡口。

③预热，用氧－乙炔焰对施焊部位烘烤，预热温度为 200 ℃左右，并对油污不大的零件还可除油，有效地防裂。

④选择焊条，依零件材料和要求选择焊条。国产铸铁冷焊用的电焊条种类很多，使用较为广泛的是镍基铸铁焊条。焊条直径越细越好，并且按说明要求使用。

⑤焊接，选用直流电焊机，并常用细焊条低电流施焊，以减少母材的熔化量。一般冷焊铸铁用的电流较焊接钢件用的电流小 10% ~25%。

⑥焊后处理，焊后应缓冷防止出现白口或采用低温退火处理。

（2）磨损铸铁零件的堆焊修复

采用短段热焊法：对焊段进行 600 ~700 ℃预热，趁热堆焊，然后预热下一个焊段和堆焊，其余类推。每个焊段长度控制在 25 ~40 mm。由于焊前预热温度高，能够及时彻底除净虹吸在零件表面上的油脂，因此焊缝内不会产生气孔。采用短焊段热焊法修复磨损件，零件的整体温度仍较低，故仍属冷焊法范畴。

用气焊预热，电焊施焊、预热施焊交替进行，协调配合。并且对焊后部分的缓冷保温等要求细致严格，以获得优良的堆焊修复质量。

（3）铸铁件的钎焊修复

①钎焊

采用比母材熔点低的金属材料作钎料，将焊件和钎料加热到高于钎料熔点且低于母材熔点的温度，使液态钎料润湿母材，填充接头间隙并与母材相互扩散而连接焊件的方法称为钎焊。

钎焊分为硬钎焊和软钎焊。钎料熔点高于 450 ℃的钎焊称为硬钎焊；钎料熔点低于450℃的钎焊称为软钎焊。常见的硬钎焊有铸铁件的黄铜钎焊，软钎焊有铸铁件的锡铋合金钎焊。

②铸铁件的黄铜钎焊修复

小型铸铁件或大型铸铁件的局部多采用黄铜钎焊。钎焊时，利用氧－乙炔焰加热母材与熔化钎料，因母材虽处高温但未熔化，所以接头处不会产生白口，也不会产生裂纹。

修复过程：清洁修复部位，除去油污、铁锈等；选钎料和钎剂；调整火焰，用弱氧化焰进行钎焊，并在焊后机械加工。

黄铜钎焊修复铸铁件的缺点是钎料与母材颜色不一致。

六、金属扣合工艺

金属扣合工艺是利用高强度合金材料制成连接件,通过材料的塑性变形把零件的裂纹或断裂处连接起来,使之恢复使用性能的一种修理方法。

1. 金属扣合工艺的特点

(1)金属扣合工艺是在常温下完成修理,零件不变形,也不破坏其原有的形状、尺寸及位置精度。

(2)修理质量可靠,能够保证零件要求的强度、密封性等。

(3)工艺简单,操作方便、灵活、快速,生产效率高,成本低。

(4)不需特殊设备,可原地(现场)修理。

2. 扣合键的材料

作为金属扣合工艺的连接件,即扣合键的材料一般要求具有强度高、塑性和韧性好和冷加工硬化性能好的特点。材料冷加工塑性变形后强度大大提高,受热零件用的扣合键材料膨胀系数应略低于或与零件材料的膨胀系数相同。一般选用镍铬不锈钢:1Cr18Ni9,1Cr18Ni9Ti 等,冷变形后强度可提高 50%;也可选用普遍低碳钢 10,15,20 号钢等,冷变形后强度可提高 10% ~20%。高温零件可选用含镍量高并与零件材料膨胀系数相近的高温镍基合金:Ni36,Ni42 等,此种材料膨胀系数与铸铁相近,或选用 10,15,20 号钢等。

3. 金属扣合工艺的应用

目前,金属扣合工艺作为修理裂纹和断裂的方法被广泛应用,尤其对于难焊补的铸钢件和铸铁零件,不允许有变形的零件,是一种最佳修理方法。例如船用主、副柴油机的机座、机架、气缸体、气缸套和气缸盖,各种机械的壳体和螺旋桨等的裂纹修复均可采用。近年来,金属扣合工艺与胶黏剂配合使用不仅增大连接强度,而且有利于提高密封性。

4. 金属扣合工艺的种类

(1)强固扣合法

强固扣合法或称波浪键扣合法。在零件上垂直裂纹方向加工出一定形状和尺寸的波形槽,将与波形槽相吻合的扣合键——波浪键镶嵌其中,键与槽间有 0.1 mm 的间隙,常温下铆击波浪键,使其产生塑性变形而充满波形槽腔。由于波浪键与波形槽的相互啮合而将零件上的裂纹拉紧形成牢固的整体,如图 1-11 所示。此法适用于修理壁厚在 8 ~45 mm 有一般强度要求的零件。

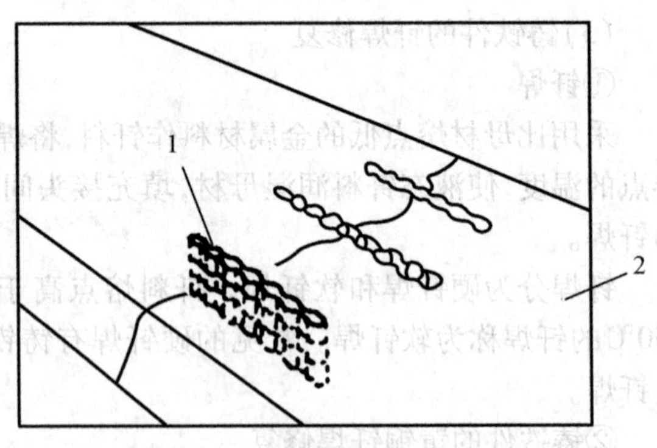

图 1-11 强固扣合法示意图

1—波浪键;2—零件

(2)强密扣合法

强密扣合法或称波浪键-密封螺丝法。是在上述强固扣合法的基础上,再沿裂纹钻孔攻丝,旋入涂有胶黏剂的密封螺钉。钻削第二个孔要切入已装好的密封螺钉,使密封螺钉间有 0.5 ~1.5 mm 的重叠。全部裂纹上装满密封螺钉后用砂轮打磨平整。如图 1-12 所示。

强密扣合法不仅满足零件的强度要求,而且满足零件的密封性要求,例如柴油机气缸套、气缸盖和压力容器等。

(3)加强扣合法

加强扣合法是在机件上垂直裂纹方向加工出一定形状和尺寸的键槽,嵌入与之相应形状和尺寸的高强度合金钢块,再在钢块与零件界面处镶入圆柱销。要求圆柱销分别在钢块和零件上各半,从而使加强块与零件牢固结合,如图 1－13 所示。

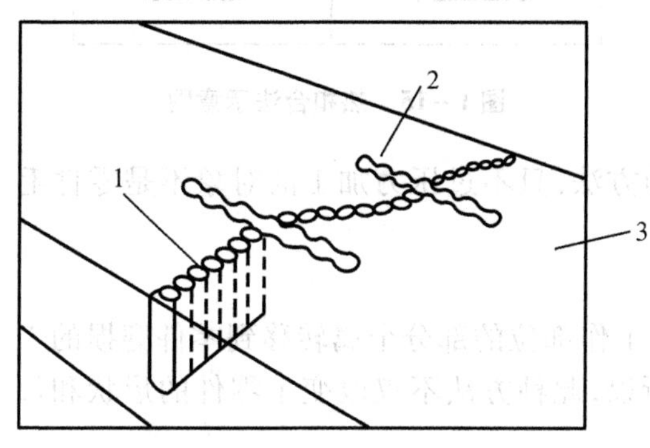

图 1－12　强密扣合法示意图

1—密封螺丝;2—波浪键;3—零件

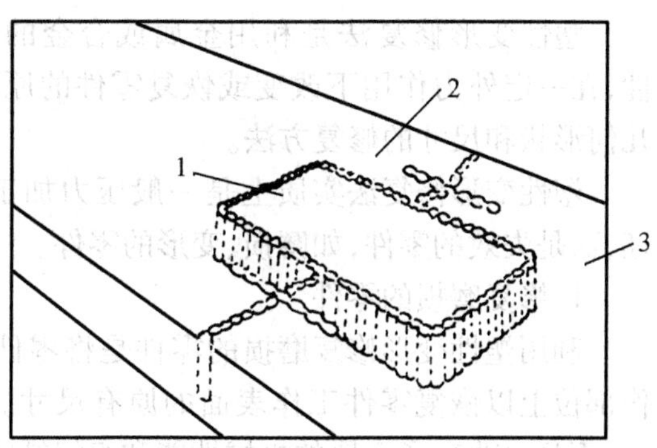

图 1－13　加强扣合法示意图

1—矩形加强块;2—圆柱销;3—零件

加强扣合法主要用于承受高载荷、壁厚超过 45 mm 的机件。加强扣合键(或称加强块)的形状各异,有矩形、十字形和 X 形等,如图 1－14 所示,根据机件和裂纹情况选用。

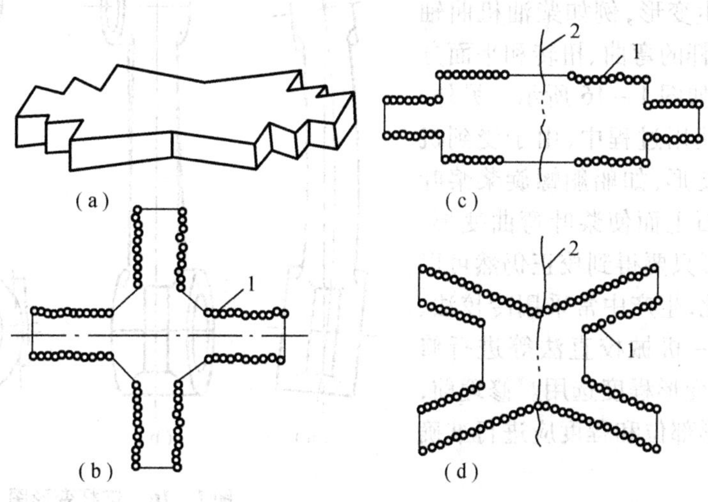

图 1－14　加强块的形式示意图

1—圆柱销;2—裂纹

(4)热扣合法

热扣合法是利用金属材料的热胀冷缩的特性来修复零件裂纹的方法。将一定形状的扣合键加热至一定温度后嵌入零件裂纹处的相应形状、尺寸的键槽中,当扣合键冷却收缩后将零件裂纹拉紧而成一体,如图 1－15 所示。

扣合键的形状、尺寸根据零件裂纹部位的形状和安装的可能性设计成不同的形式,例如圆环形及工字形等。

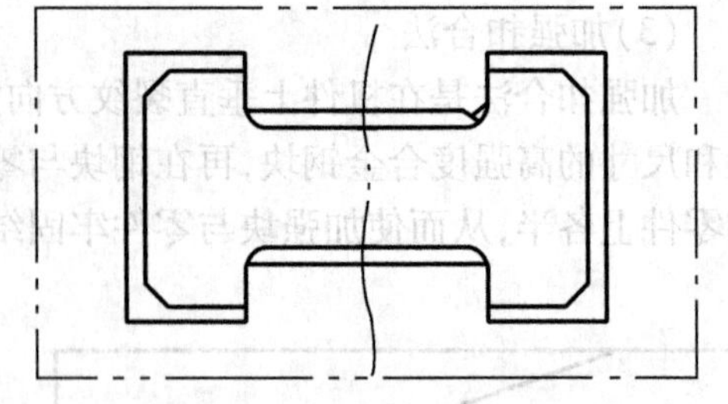
图 1-15 热扣合法示意图

金属扣合工艺修理零件的裂纹和断裂具有较好的效果和较高的经济效益，目前已广泛应用于修船工作中。

七、塑性变形修复法

塑性变形修复法是利用金属或合金的塑性，在一定外力作用下改变或恢复零件的原有几何形状和尺寸的修复方法。

塑性变形修复法实质上是一般压力加工的方法，只不过压力加工的对象不是零件毛坯，而是失效的零件，如磨损、变形的零件。

1. 修复磨损的零件

利用塑性变形修复磨损的零件是将零件非工作部位的部分金属转移到零件磨损的工作部位上以恢复零件工作表面的原有尺寸。所以，此种方法不仅改变了零件的形状和尺寸，而且也改变了金属的机械性能和组织结构。

对于含碳量低于 0.3% 的未经热处理的碳钢零件或有色金属（或合金）零件进行塑性变形修复时可不加热；对于含碳量大于 0.3% 的碳钢或合金钢零件，因其塑性低，变形阻力大而需要加热后进行塑性变形修复。常采用的方法主要有镦粗法、挤压法和扩张法。

2. 修复变形的零件

零件在长期使用中，由于受到弯曲、扭转等作用产生变形，例如柴油机曲轴的弯曲变形，连杆的弯曲、扭转和平面方向的弯曲变形，如图 1-16 所示。另外，零件在长期的使用过程中，由于受到机械碰撞而引起变形，如船舶螺旋桨桨叶打在缆绳或礁石上而使桨叶弯曲变形。零件产生的变形只要得到校正仍然可以继续使用。因此，生产中常采用冷校法、热校法和加热－机械校直法等进行修复，根据零件的变形程度选用。修理前，对于零件的变形部位和程度应进行准确检测予以确定。

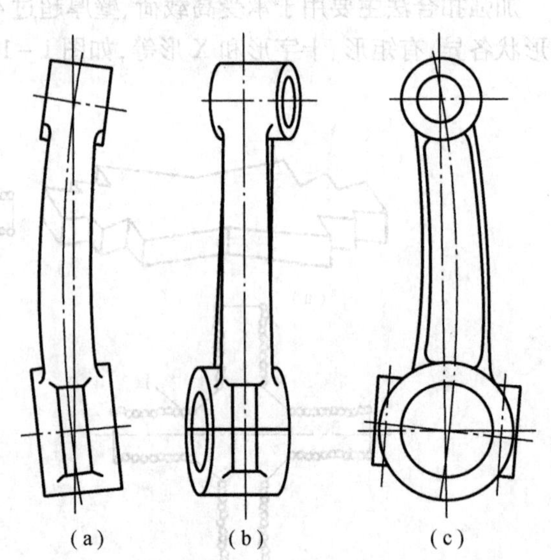

图 1-16 连杆变形图

(1)冷校法

对于材料塑性较高和尺寸较小的零件可以选用冷校法。冷校法是基于反变形原理，即使零件变形部位发生相反的变形。由于弹性变形使反变形减小，所以反变形应较原变形适当增大，以达到变形消失，恢复零件原有形状的目的。

①敲击法

用锤子敲击零件变形的背面，使其发生反向变形。根据零件材料、形状、尺寸及变形程度选用木槌、铜锤或铁锤和锤击力度。敲击时，不可在一处多次敲击，而应移动地敲击，每处敲击 3～4 次。

此法校正变形稳定，并且对零件的疲劳强度影响不大。例如，小型曲轴的弯曲变形采用敲击法进行校直。用铁锤敲击曲柄臂内外侧，使变形的曲轴轴线发生变化达到校直曲轴的目的，如图 1－17 所示。

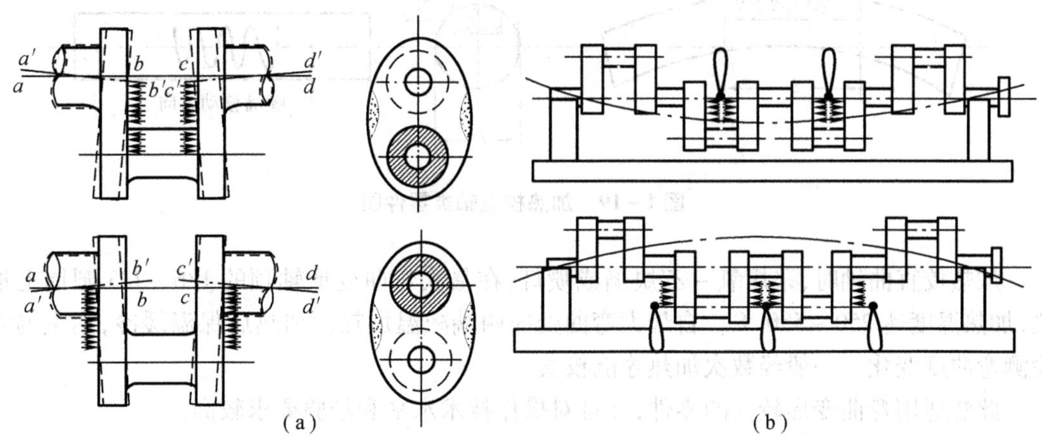

图 1－17　敲击法校直曲轴示意图

$a'b'$，$c'd'$—校直前主轴颈轴线位置；ab，cd—校直后主轴颈轴线位置

②机械校直法（或称静载荷法）

在一般压床上或专用机床上进行校直，适于弯曲变形不大的小型轴类零件。例如小型曲轴校直，在曲轴两端或弯曲部位附近的两个主轴颈处支承曲轴，并将弯曲凸面朝上，用压力机或千斤顶作用使之反向变形，且比原弯曲量大 10 ~15 倍，保持压力 1 ~2 min 后卸载。如此施压数次可使曲轴校直，如图 1－18 所示。

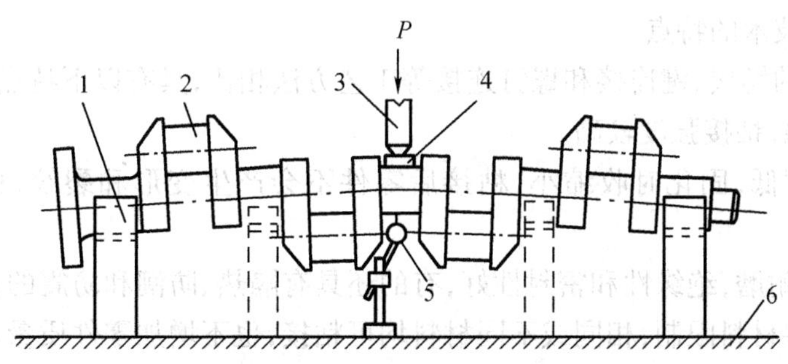

图 1－18　机械校直曲轴示意图

1—V 形铁；2—曲轴；3—压力机；4—铜片或铅皮；5—百分表；6—平台

此法校直后的零件内存有残余应力，采用低温退火也难以完全消除，会在以后的使用中再度弯曲变形。由于校直后轴上截面变化处（如过渡回角）塑性变形较大，产生残余应力较大，降低了轴的疲劳强度。

(2)热校法

利用金属材料的热胀冷缩的特性校正变形零件。在轴的弯曲凸面进行局部快速均匀加热，因受热膨胀，使轴的两端向下弯曲，即轴的弯曲变形增大。当冷却时，受热部分收缩产生相反方向的弯曲变形,从而达到校正变形的目的。图1-19示出轴的热校直。

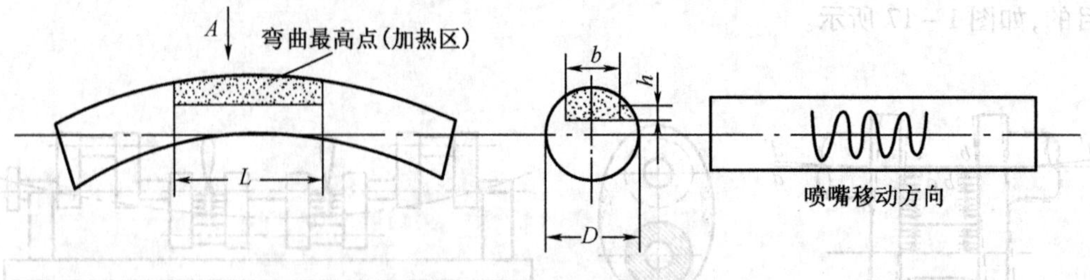

图1-19 加热校直轴类零件图

加热校直曲轴时,采用氧-乙炔焰或喷灯,在最大弯曲变形轴颈的1/6~1/3圆周上加热,加热温度达250~550 ℃。自最大弯曲处向两端减温加热。加热后保温缓冷,达室温时检测弯曲度变化。一般经数次加热才能校直。

此法适用弯曲变形较大的零件,并且对操作技术水平和经验要求较高。

(3)加热-机械校直法

此法为加热法与机械校直法的联合应用,适用于弯曲变形较大的零件。一般先用机械校直法使零件产生一定的相反的弯曲变形,再用加热法校直。

八、粘接修复技术

用胶黏剂把相同或不同材料或损坏的零件连接成一个牢固的整体,使其恢复使用性能的方法,称为粘接修复技术。用胶黏剂修复损坏的柴油机零件成功地解决了某些用其他方法无法修复的零件的维修问题,使之恢复使用。另外,利用胶黏剂还可进行装配工作和使零件保持密封性要求,从而使修造船工作中的某些配装工艺大大简化,生产率明显提高。

1. 粘接修复技术的特点

粘接与传统的铆接、键连接和螺钉连接等工艺方法相比,具有以下特点:

(1)粘接力强,粘接强度较高。

(2)粘接温度低,固化时收缩小;粘接后零件不会产生变形和裂纹,也不破坏材料的性能。

(3)耐腐蚀、耐磨,绝缘性和密封性好,有的还具有隔热、防潮和防震的性能。

(4)不受零件材料限制,相同或不同材料均可粘接,也不增加零件质量。

(5)工艺简单,操作方便、灵活,成本低,生产率高。

(6)工作温度低,不耐热。一般在50 ℃以下使用,有的也可在150 ℃以下长期工作,耐高温黏接剂可达300 ℃。抗冲击性和抗老化性较差。

2. 粘接方法

胶黏剂粘接法是利用胶黏剂把两种材料或两个零件粘合在一起,并在粘接接头上施以足够的黏接力,使之形成牢固的结合。

3. 胶黏剂的种类

胶黏剂粘接法可以粘接各种材料,如金属与金属、金属与非金属和非金属与非金属等。胶黏剂的品种很多,分类方法也多;

按胶黏剂的物性属类，分有机胶黏剂、无机胶黏剂；

按原料来源，分天然胶黏剂、合成胶黏剂；

按粘接接头强度特性，分结构胶黏剂、非结构胶黏剂；

按胶黏剂状态，分液态胶黏剂、固体胶黏剂；

按胶黏剂热性能，分热塑性胶黏剂、热固性胶黏剂。

4. 胶黏剂的选用

粘接质量与胶黏剂的选用得当与否关系极大。所以，选用胶黏剂应注意以下几点：

(1)掌握被粘接物的种类、性能、表面状态、裂纹缝隙大小和修复要求等情况。

(2)了解胶黏剂的性能特点，如黏度、黏接强度、使用温度、收缩率、线胀系数、耐蚀性、耐水性、耐介质及抗老化性等。

(3)根据粘接目的选用胶黏剂，如要求密封应选用密封胶；要求连接好则应选用高强度胶黏剂。

(4)黏接件的受力情况及使用环境。

(5)工艺上的可能性、经济性和胶黏剂来源情况。

5. 粘接工艺

为了保证粘接质量，应按图 1 – 20 的工艺流程完成粘接操作。只有准确、严格地完成每一工序，才能获得牢固的粘接。所以，粘接工艺是获得牢固黏接的关键。

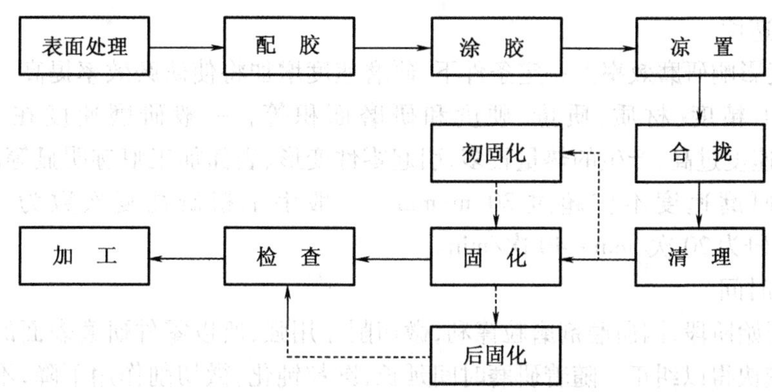

图 1 – 20　粘接工艺流程

九、研磨技术

研磨是精密和超精密零件精加工的主要方法之一。研磨加工可使零件获得极高的尺寸精度、几何形状和位置精度、最高的表面粗糙度等级以及提高的配合精度。零件的内、外圆表面、平面、圆锥面、斜面、螺纹面、齿轮的齿面及其他特殊形状的表面均可以采用此种方法进行加工。船舶主、副柴油机燃油系统中的三对精密偶件：柱塞 – 套筒偶件、针阀 – 针阀体偶件、出油阀 – 出油阀座偶件的内、外圆表面、圆锥面、平面在制造时都需要采用研磨进行精加工。在针阀 – 针阀体配合锥面磨损和柴油机的进排气阀配合锥面磨损后均需采用研磨技术进行修复，使配合面恢复密封性能。

进行研磨的零件材料可以是经淬火或未经淬火的碳钢、合金钢及硬质合金，也可以是铸铁、铜及其合金等有色金属材料和玻璃、水晶及塑料等非金属材料。

灵活的研磨技术是进行精密零件修理的有效方法，尤其是在备件缺乏、时间紧迫的情况下此法尤为重要。例如，主、副柴油机的喷油器故障大多是针阀－针阀体偶件的锥面配合不良引起的，管理人员经常进行针阀偶件的研配工作。

1. 研磨原理

研磨是使零件与研磨工具在无强制的相对滑动或滚动的情况下，通过加入其间的研磨剂进行微切削和研磨液的化学作用，在零件表面生成易被磨削的氧化膜，从而加速研磨过程。所以研磨加工是机械和化学联合作用完成的精密加工。

(1)零件与研磨工具的相对运动

零件与研磨工具不受外力的强制引导，以免引起误差和缺陷；运动方向周期变换，以使研磨剂均匀分布在零件表面上并加工出纵横交叉的切削痕，均匀研磨零件表面；研磨表面上各点相对于研磨工具表面的滑动路程相等，以达到均匀切削的目的。

(2)研磨压力

在实际应用的压力范围内，研磨效率随压力增加而提高。研磨压力取决于零件材料、研磨工具材料和外界压力等因素，一般通过实验确定。常用的压力范围为 0.05 MPa ~ 0.3 MPa，粗研宜用 0.1 MPa ~ 0.2 MPa，精研宜用 0.01 MPa ~ 0.1 MPa。研磨压力过大会导致研磨剂磨粒被压碎、切削作用减小、表面划痕加深及研磨质量的降低；过小则会导致研磨效率大大降低。

(3)研磨速度

研磨速度影响研磨效率。一定条件下，研磨速度增加将使研磨效率提高。研磨速度取决于零件加工精度、材质、质量、硬度和研磨面积等。一般研磨速度在 10 m/min ~ 150 m/min。速度过高，产生的热量较多，引起零件变形、表面加工痕迹明显等质量问题，所以精密零件研磨速度不应超过 30 m/min。一般手工粗研往复次数为 30 次/min ~ 60 次/min，精研为 20 次/min ~ 40 次/min。

(4)研磨时间

在研磨开始阶段，因研磨剂磨粒锋利，微切削作用强，所以零件研磨表面的几何形状误差和粗糙度较快得以纠正。随着研磨时间延长，磨粒钝化，微切削作用下降，不仅加工精度不能提高，反而因热量增加导致质量下降。一般精研时间之所以为 1 ~ 3 min，是因为超过 3 min后研磨效果不大。

所以，粗研时选用较粗的研磨剂、较高的压力和较低的速度进行研磨，以期较快地消除几何形状误差和切去较多的加工余量；精研时选用较细的研磨剂、较小的压力和较快的速度进行研磨，以获得精确的形状、尺寸和最高的粗糙度等级。

2. 研磨膏

研磨膏是在研磨粉中加入油溶性或水溶性辅助材料制成的。研磨膏在使用时需用研磨液稀释。

(1)磨料

常用的磨料有以 Al_2O_3 为主要成分的各种刚玉、SiC 和 Cr_2O_3 等，其种类和用途如表 1－4 所示。

表 1-4　常用磨料的种类及用途

名称	代号	主要化学成分	颜色	硬度和强度	用途	
					加工方法	工件材料
棕刚玉	A	92.5% ~ 97% Al_2O_3	棕色，灰褐，暗红	具有较高的硬度，韧性高，承受力大，锋利	粗研	各种碳钢、合金钢、铸铁、硬青铜
白刚玉	WA	97% ~ 98.5% Al_2O_3	白色	比棕刚玉硬，但韧性稍低，锋利、切削性好	粗研和精研	淬硬钢、高速钢、铸铁
黑碳化硅	C	97% ~ 98.5% SiC	黑色（半透明），深蓝	比白刚玉硬，性脆，锋利	粗研	青铜、黄铜、铸铁、大理石、玻璃等非金属材料
绿碳化硅	GC	94% ~ 99% SiC	绿色（半透明）	比黑碳化硅硬，但次于人造金刚石和碳化硼，锋利，性脆	粗研和精研	淬硬钢、硬质合金、硬铬、金刚石、硬度高的非金属材料
铬刚玉	PA	97.5% ~ 98% Al_2O_3	玫瑰红色	比白刚玉韧性好	粗研和精研	淬硬钢、工具钢、合金钢等到韧性大的材料
立方碳化硅	SC	87% ~ 92% SiC	黄绿色	强度大，棱角锋利	精研	轴承钢、淬硬钢
碳化硼	BC	85% ~ 95% B_4C	灰色至黑色	比绿碳化硅硬而脆，但次于人造金刚石，颗粒能自行修磨保持锋利，高温易氧化	粗研和精研	硬质合金、硬铬、宝石、淬硬钢
人造金刚石	JR		灰色至黄白色	硬度仅次于天然金刚石，强度也稍低，自锐性较好	粗研和精研	硬质合金、光学玻璃
氧化铬		Cr_2O_3	深绿色	质软，极细抛光剂	精研及抛光	铜、青铜、淬硬钢、铸铁
氧化铁		Fe_2O_2（或 FeO，Fe_2O_3）	红色、暗红	比氧化铬软，极细抛光剂	抛光	淬硬钢、玻璃、水晶铜
氧化镁			白色	质软	抛光	淬硬钢、玻璃、水晶铜
氧化铈			土黄色	质软	抛光	淬硬钢、玻璃、水晶铜

磨料的粒度是指磨料颗粒的尺寸大小,粒度号是根据1英寸($2.54\ cm^2$)长度上有多少个孔的筛网而定。按磨粒的颗粒尺寸范围和粒度号分为磨粒、磨粉、微粉和超微粉四种。研磨加工仅使用粒度号为100以上的磨料,称为研磨粉。研磨加工常用磨粒所能达到的表面粗糙度分别如表1-5所示。

表1-5 常用磨料加工能达到的表面粗糙度

加工方法	磨料粒度		能达到的表面粗糙度/μm
粗研磨	磨粉	240~280	R_a 0.20
		280~W 40	R_a 0.10
半精研磨	微粉	W 28~W 20	R_a 0.10
		W 20~W 14	R_a 0.05
		W 14~W 10	R_a 0.025
精研磨		W 7	R_a 0.012
		W 5	R_a 0.008

磨料的研磨性能与其粒度、硬度和强度有关。磨料的硬度是指磨料表面抵抗局部塑性变形的能力。研磨加工就是利用磨粒与零件材料的硬度差来实现的,所以磨粒硬度越高,切削能力越强,研磨性能就越好;磨料的强度是磨粒承受外力不被压碎的能力。磨粒强度越高,切削力越强,寿命越高,研磨性也越好。以金刚石的研磨能力为准,设为1,其他磨料的研磨能力为:碳化硼0.50;绿碳化硅0.28;棕刚玉0.10;黑碳化硅0.26;白刚玉0.12。

(2)研磨膏

研磨膏分为油溶性和水溶性两大类。油溶性研磨膏使用时需用煤油或其他油类研磨液稀释。油溶性研磨膏可使加工表面获得最高粗糙度等级和精确尺寸,水溶性研磨膏使用时需用水、甘油等研磨液稀释,研磨后需用水、酒精等将零件洗涤干净。研磨膏用研磨液稀释后才能进行研磨加工。研磨液应具有一定的黏度和稀释能力才能黏吸磨料并使之均匀,具有较好的润滑和冷却能力,此外还应具有加速研磨的化学作用及具有化学活性和无腐蚀性。

研磨膏是一种重要的表面光整加工材料,除船用外,广泛用于仪表、仪器、光学玻璃镜头、量具、金相试片和精密零件的精研磨和抛光。常用氧化铬、氧化铝、碳化硼、碳化硅和氧化铁等研磨膏。常用研磨膏的品种、规格和应用范围见表1-6所示。

表1-6 普通研磨膏的品种、规格及应用范围

产品名称	颜色	磨料代号	粒度范围	应用范围
氧化铬研磨膏	深绿	Cr_2O_3	W3.5以下	金属镀件的精抛和钢件的最后抛光
氧化铁研磨膏	深红	Fe_2O_3	W3.5以下	贵金属如金银制品、有机玻璃和玻璃制品的抛光
棕刚玉研磨膏	棕色	A	60~280	普通碳钢、合金钢、可锻铸铁、硬青铜的研磨
白刚玉研磨膏	白色	WA	60~W1	淬火钢、高速钢、轴承钢、不锈钢等的研磨、抛光
绿碳化硅研磨膏	淡绿	GC	60~W5	铜、铝等有色金属,硬质合金,玻璃等的研磨、抛光
碳化硼研磨膏	褐黑色	BC	60~280	硬质合金、陶瓷、宝石、光学玻璃等的研磨、抛光

注:除磨粒磨粉60~280为软膏外,微粉和超微粉均为硬膏。

研磨分为粗研、半精研和精研三种。粗研可选用 W14～W10 的氧化铝研磨膏；半精研选用 W7～W5 的氧化铬研磨膏；精研和偶件互研时选用 W5 以下的氧化铬研磨膏。

3. 研磨工具

研磨是精密和超精密加工方法，是精密零件加工制造的最后工序。在研磨过程中，零件与研具表面接触并相对运动。研具的几何形状精度直接影响零件的加工表面，因此对研具有较高的要求。研具分为手工研具和机械研具；按研具工作表面形状分为研磨平板、研磨尺、研磨盘、研磨棒、研磨套和研磨环等；按用途分为平面研磨工具、外圆、内孔、锥面、球面、螺纹和齿轮等研磨工具。研磨工具的材料一般常用灰铸铁、低碳钢、铜、铝、木材和皮革等。

对零件外圆或内孔研磨时，分别用机床夹持零件或研磨棒，使之按一定转速回转，然后用手握住研磨套或零件，涂上研磨膏使磨粒随研磨具作往复和回转运动进行研磨切削。

用研磨进行修复配合件配合面磨损、腐蚀时则采用配合面上涂研磨膏，使之相对运动相互研磨的方法，即互研。

4. 柴油机零件的研磨修复

在船上，当配合件磨损失效时由轮机员进行研磨修复，例如柴油机的进、排气阀和燃油系统精密偶件的配合面磨损失效后，是由轮机员进行研磨自修恢复其使用功能的。

(1) 平面研磨修复

柴油机零件工作表面或其他配合面为平面的配合件，当平面发生磨损或腐蚀时，如果零件尺寸较小和研磨要求不太高，可以在精度高的研磨平板上手工研磨修复。

研磨前，先将零件加工表面和平板清洗干净，将研磨剂均匀涂于零件待修表面上，并放于研磨板上；研磨时，用手按住零件，沿 8 字形轨迹运动，使磨痕交叉以提高表面粗糙度等级；研磨一段时间后，将零件转动一定角度再继续研磨。一般圆形零件转 120°，方形零件转 90°，矩形零件转 180°，目的是研磨均匀。研磨平板是带有交叉沟槽（深度为 1.5～2 mm）的铸铁板。

针阀体端面发生腐蚀，套筒端面密封不良均可以在平板上研磨修复，如图 1－21 所示。研磨时根据腐蚀和磨损情况，即研磨量的大小确定研磨工序和选用研磨膏。当研磨量大，就需要先进行粗研，再精研。一般选用氧化铝研磨骨粉粗研，氧化铬研磨膏精研。按 8 字形轨迹在研磨平板上滑动，直至零件端面呈均匀暗灰色为止。清洗后，再与相对应的配合平面互研，使之吻合。互研时只需加润滑油而不需研磨膏。

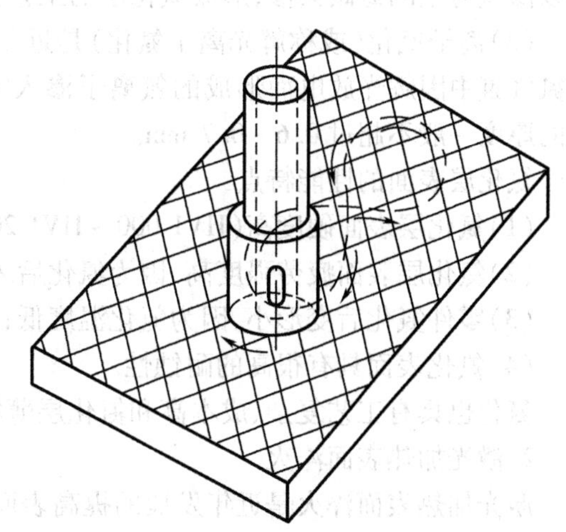

图 1－21　高压油泵套筒端面的研磨示意图

(2) 锥面研磨修复

喷油器针阀偶件的锥面配合面和进、排气阀的阀面磨损、腐蚀后，在船上条件下采用互研方法进行修复。

针阀偶件锥面磨损后，锥面上环形密封带（正常宽度为 0.3～0.5 mm）变宽或中断、模糊不清时，采用互研修复。一般选用极细的氧化铬研磨膏或润滑油进行手工互研。先在针阀锥面上放少量(一点点)研磨膏,准确、迅速地插入到针阀体座面,严防研磨膏粘到内圆表面上以免破坏内孔精度。一手握针阀体,另一手拿针阀,适当施力使二者相对左右转动,相互研磨,直到针阀锥面上出现细窄光亮环形密封带为止。研磨中,依针阀锥面磨损情况可先用研磨膏互研,再用润滑油互研,或只用油互研。最后进行雾化试验以检验针阀密封性。研磨是一项精细的工作,研磨中的清洁尤为重要,并应细心、耐心地研磨,操之过急,会产生不良效果。

(3)圆柱面的研磨修复

喷油泵柱塞偶件和喷油器针阀偶件的圆柱配合面磨损后偶件密封性下降,使泵油压力和喷油压力下降。一般采用镀铬修复。镀后进行机械加工和最后研磨和互研,使之恢复偶件的配合间隙。修复后进行油泵及喷油器密封试验。

十、表面强化工艺

柴油机零部件失效的主要形式有磨损、腐蚀和疲劳裂纹等,多发生在零件的表面或始于表面。所以,提高材料的表面性能对提高零件的使用性能和延长其使用寿命极为重要。镀铝、镀铁、电刷镀和热喷涂等是修复工艺,也是强化表面的工艺,因为这些工艺不仅恢复零件的尺寸而且还使零件表面具有耐磨性及耐蚀性等。当这些工艺仅是为了使零件表面具有某种性能时,那么这些工艺则是一种强化表面性能的工艺。一般是在新造零件表面上涂敷或进行表面处理。其他几种表面强化工艺简介如下:

1. 氮化

氮化就是渗氮,是指向零件表面渗入活性氮原子以形成高氮硬化层的表面化学热处理。氮化可以提高零件表面硬度和耐磨性及提高疲劳强度和耐腐蚀性。氮化的方法很多,目前应用最广泛的是气体氮化法。

(1)气体氮化是利用氨加热分解产生活性氮原子被零件表面吸收形成氮化层。

(2)软氮化(或称氮碳共渗)零件在活性氮原子和活性碳原子介质中,在 500 ~ 700 ℃进行以渗氮为主的氮碳共渗,形成氮化层的工艺。

(3)离子氮化(或称辉光离子氮化)是近年来迅速发展的较为先进的氮化工艺,它是使渗氮气氛中因辉光放电而形成的氮离子渗入零件金属表面的一种表面化学热处理。氮化层的厚度一般不超过 0.6 ~ 0.7 mm。

氮化层表面的性能特点:

(1)氮化层表面硬度高(HV1 000 ~ HV1 200)、耐磨性高,并具有高的热硬性;

(2)氮化层表面疲劳强度高,因为氮化后表面层比容增大,表面层产生压应力;

(3)零件氮化后变形小,因为氮化温度低;

(4)氮化表面具有很高的耐蚀性。

氮化也具有工艺复杂、成本高和氮化层薄等缺点。

2. 激光加热表面淬火

激光加热表面淬火是近年发展的提高表面耐磨性的新工艺。主要用于钢和铸铁零件。

激光是方向性极好的单色光,能集中成很细的光束,具有很高的能量,可使金属表面重熔、合金化、焊接、切割和热处理。例如激光切割用于造船钢料切割,激光焊接用于造船船体钢板的焊接。

激光表面淬火的特点:

(1)加热、冷却速度快,不需冷却介质,靠金属自身冷却;

(2)硬度高、硬化层浅,零件变形很小;

(3)零件表面层残余压应力高,可显著提高零件表面的疲劳强度、耐磨性和耐蚀性;

(4)加热时间短、生产率高,适于成批生产。

激光表面淬火的缺点是设备费用高、测温困难及质量不稳定等。

国外已将激光加热表面淬火用于气缸套、活塞环和环槽、活塞销及凸轮轴等的制造与修理工艺中。例如 MAN - B&W 公司对大功率柴油机气缸套内圆表面进行激光强化处理以提高耐磨性,使其寿命提高到 80 000 h,磨损率仅为 0.04 mm/kh。

3. 氧化和磷化处理

(1)氧化处理

钢的氧化处理又称发蓝或发黑处理。零件经氧化处理后在零件表面生成一层 Fe_3O_4 保护性氧化膜。膜的颜色取决于零件表面状态、材料成分和氧化处理工艺,一般呈黑色或蓝黑色,有的呈黑褐色。膜厚 0.6 ~ 1.5 μm。

氧化处理可以提高零件表面的耐蚀性,且不影响零件精度。钢铁氧化处理的方法有:碱性氧化法、无碱性氧化法和电解法,较常用的是碱性氧化法。可用于处理仪器和仪表的壳子、工具、手柄、轮和一些标准件(螺栓、螺母)以及武器等。

(2)磷化处理

钢铁零件在含有锰、铁、锌的磷酸溶液中进行化学处理,使零件表面生成一层难溶于水的磷酸盐保护膜。膜的成分主要是磷酸氢盐等。膜的颜色由于零件材料和磷化工艺的不同而呈暗灰色到黑灰色。膜厚 5 ~ 20 μm。

磷化膜在大气条件下较为稳定,耐蚀性是氧化处理的 2 倍以上。磷化膜呈显微孔隙,所以具有润滑性能,此外还具有较高的电绝缘性能。一般电机转子、定子等电磁装置的硅钢片均采用磷化处理。

磷化处理设备简单、操作方便、成本低和效率高。在船舶工业中被广泛应用。

4. 金属表面机械强化

采用喷丸、滚压等机械方法使零件表面金属发生塑性变形,从而形成一定厚度的冷加工硬化层,并产生较高的残余压应力。当零件受到交变载荷时可以抵消一部分拉应力,从而使零件表面的疲劳强度显著提高。

(1)喷丸加工强化

将金属球以高速(50 ~ 70 m/s)喷射至零件金属表面上使之发生变形强化。喷丸强化层可达 0.5 ~ 0.6 mm,表面硬度可达 HRC40 ~ HRC50,有效地提高零件表面的疲劳强度和耐磨性。喷丸强化不影响零件的形状、材料和热处理。目前,柴油机曲轴、连杆、气阀弹簧、摇臂和传动齿轮等均已采用。例如曲轴喷丸强化可使其弯曲疲劳强度提高达15% ~ 25%,但由于轴颈表面会变得粗糙,因此应用不普遍。但其对过渡圆角处喷丸强化效果更佳,可使其疲劳强度提高 40%。

(2)滚压加工强化

在零件金属表面用滚轮或滚珠进行滚压加工使其表面变形强化。滚压强化层可达 0.2 ~ 5 mm。滚压加工使表面产生残余压应力,可使表面获得较高的疲劳强度和使零件表面粗糙度等级提高,耐磨性和耐蚀性也得到改善。

在国外,表面的滚压加工适用于常温下塑性变形金属,如低、中碳钢,铸铁,铝、铜及其合金等。也常用于大型零件,如船舶轴系的中间轴和柴油机曲轴轴颈等的光整加工。又如钢曲轴过渡圆角经滚压可使弯曲疲劳强度提高 20% ~ 70%,球墨铸铁曲轴提高 50% ~90%。

由于镀铬零件的镀层中产生的残余拉应力和微细裂纹会使疲劳强度降低,因此零件镀铬后常采用喷丸或液压的方法对其进行强化处理。

5. 表面改性强化新技术

现代科技发展需要使用大量功能各异的金属材料,这些材料用传统的生产方法难以获得。对材料表面的化学成分和金相组织进行改造以期获得符合要求的材料性能则是一种新技术。例如,离子注入是将金属或非金属元素的离子注入材料表面 1 μm,从而改变材料表面性质的方法,可使金属表面具有耐磨和耐蚀等性能。电子束热处理是用通过阴极发射的电子流被高压加速和磁性聚焦后形成的一束高速电子流扫描零件表面。高速的电子动能转化为热能使金属表面被加热,从而改变金属表面性能。物理气相沉积(或称为离子镀)和化学气相沉积都是在金属表面形成具有要求性能的镀膜,从而达到改变材料表面性能及满足使用要求的目的。物理气相沉积包括真空蒸发、溅射和离子镀三种方法,且均是在真空条件下,在零件表面形成镀膜,故又称为真空镀膜法。化学气相沉积是使挥发性化合物气体发生分解或化学反应而在零件表面上沉积成膜。

第三节 柴油机故障诊断的思路和方法

一、柴油机故障诊断的思路

柴油机的故障诊断是从事柴油机维修和服务工作的难点之一。通过长期的实践,摸索出了一套诊断柴油机的故障的思路和基本方法,介绍如下:

1. 熟悉柴油机的结构是故障诊断的基础

要进行柴油机的故障诊断,必须首先熟悉柴油机的基本结构和工作原理。

在诊断柴油机故障时,重点需要知道柴油机基本配置,比如该柴油机的燃油系统是电控的还是机械式的,是机械单体泵还是分配泵,是电控高压共轨还是电控单体泵等。另外也要知道该柴油机的常用技术参数,如气阀间隙、供油提前角、循环供油量和喷油压力等。

对柴油机的基本结构和工作原理有一个较全面的了解和掌握,对诊断柴油机故障是有很大帮助的。例如,在对柴油机中部发出不正常的敲击声这类故障的诊断时,首先就应该想到,柴油机中部的主要部件是:缸套、活塞、活塞环、连杆、喷油器和进排气阀等。活塞与气缸之间的配合间隙过大或连杆小头衬套与活塞销配合间隙过大等都可能引起敲击声;喷油器故障或气阀间隙不对(可能导致气阀与活塞碰撞)等都可能产生敲击声。由此入手就不难查出敲击声的出处。但如果对柴油机的结构一无所知,就无从下手,想要查找或诊断该类故障是不可能的。所以熟悉柴油机的基本结构是诊断和排除柴油机故障的必要条件。

2. 以故障现象和特征为依据诊断故障位置

柴油机出现故障时,无论是简单故障还是复杂故障,必然会以一定形式表现出来。根据故障表现出的现象和特征,就不难找到故障根源,然后用相应方法去排除。

例如,柴油机排气冒黑烟这一故障。根据柴油机工作原理知道,柴油机的燃料是柴油,柴油与空气按一定比例混合形成混合气后,才能充分完全燃烧。如果柴油量过多、空气量不足会导致柴油不能完全燃烧而冒黑烟。

柴油由燃油供给系统供给,空气由配气机构和进气系统提供,这样就可以初步诊断是燃油供给系统或配气机构和进气系统可能存在问题;继续分析,燃油供给系统由输油泵、喷油泵、调速器和喷油器等组成,如果喷油器雾化不良、开启压力过低、喷油泵供油提前角太小及喷油泵供油量过大等,都将使油气混合不均匀而导致燃油燃烧不完全及排气冒黑烟。

进气系统由空气滤清器和进气管等组成,如果空气滤清器阻塞或进气管阻塞、进排气阀密封不良及气阀间隙不对等,都会导致进气量不足和气缸压缩压力低等现象的出现,最终反应为柴油机冒黑烟。由以上分析就可以对柴油机黑烟故障有一个基本的判断,结合其他现象,就不难找到柴油机冒黑烟的真正原因。

3. 寻找故障原因和位置的基本思路

通过上面的分析,可以找到柴油机冒黑烟的一般原因,但对一台具体的柴油机来说,柴油机排气冒黑烟的原因可能是上述情况中的一种或几种的组合,这就必须进一步诊断。常用"问、看、听、摸、嗅"等方法综合判断故障的具体位置。

问:主要是通过询问操作人员故障发生时,有无不正常的声响、烟色和异味等异常情况,然后进一步有的放矢地诊断,这样可大大节省时间,提高故障诊断的准确率。

看:是认真观察各种仪表的读数、排气烟色及水油等的变化情况;柴油机各零部件是否有断裂变形、紧固件是否有松动、分离或脱落情况;各零部件装配的相对位置是否正确,等等。如发现有不正确的现象,应立即予以纠正。比如,观察到柴油机排气烟色呈蓝色,这就说明有机油窜入了燃烧室,究其原因往往是活塞环与缸套配合间隙太大、活塞环装反了或者活塞环的切口未错开等。

听:是用细长金属棒或螺钉刀作"听诊器",用该"听诊器"触及柴油机外表面相应部位来"听"运动部件发出的声音,了解其变化情况。比如,在对柴油机的中部发出不正常的敲击声这一故障的诊断时,如果发现是活塞的敲缸声,可将柴油机的转速降低到怠速,这时敲击声会加大;而转速升高时,这种敲击声会减弱,这就说明敲击声是由于活塞与气缸之间配合间隙过大引起的。

摸:是凭手的感觉检查配气机构等零件的工作情况和高压油管、喷油器等零件的振动情况。例如,把手放在高压油管上,当感觉到高压油管的脉动强劲时,说明高压供油良好;当感觉到高压油管的脉动微弱,则说明喷油泵柱塞磨损供油不良;当感觉到高压油管毫无脉动时,说明喷油泵内有空气,也可能是柱塞或出油阀磨损严重,失去泵油作用所致。

嗅:是感官的嗅觉,嗅出柴油机是否气味异常,以诊断故障的具体位置。比如,柴油机排气呈蓝色烟雾时,往往伴随有特殊异味。

4. 借助先进的检测设备诊断故障

诊断柴油机(特别是电控柴油机)故障时,应尽量借助先进的检测设备,帮助提高故障诊断的效率和准确性。例如,检查喷油器雾化质量,靠直觉是很困难的,而放在试验台上便可见分晓。目前,有很多种诊断柴油机故障的计算机检测系统,利用这样的系统可以很迅速地把柴油机的各种故障以故障码、图像和文字的形式表示在屏幕上,为维修人员提供帮助。

在对电控高压共轨燃油喷射系统、单体泵电控供油系统和电控分配泵供油系统进行故障诊断时,就必须使用相应的该类柴油机专用的故障诊断仪和诊断方法进行诊断。原有的普通柴油机燃油系统的故障诊断经验不能用在电控燃油喷射系统中。

5. 一些应急措施

柴油机发生故障时,有些故障不能一下诊断清楚,而这些故障可能会继续发展。为防止大事故的发生,必须降低柴油机转速或熄火后再进一步诊断。比如,柴油机发生了“飞车”现象,必须立即用断油、断气或加大负荷的方法使柴油机熄火。因为柴油机处于飞车状态时,柴油机各零部件磨损加剧,寿命急剧下降。

二、柴油机故障诊断的基本方法

柴油机故障诊断与排除是一项系统工程,因此,在对柴油机进行故障诊断时,应将其看成一个整体(一个系统),而不是仅当成某个组件。要掌握故障发生的整个情况,应该向操作者全面了解,观察该柴油机,并做必要的检查以及做出能说明故障原因的分析。

1. 了解故障现象

首先,要认真听取故障情况说明并了解故障现象。一些故障的征兆可能是模糊不清的,而另一些故障则可能较为特殊。某些具有共同现象的故障,其故障的真实原因却是千差万别的,必须找到故障的根源才能开始进行故障排除工作。

尽管柴油机的许多故障情况可以快速而简单地了解,但真正能够排除故障又是另一个问题。某些故障的特征和现象似乎是一样的,但故障的位置和原因却完全不同。当出现一种故障现象时,很多操作者和维修人员都会想起过去排除的类似故障案例,往往以此作为排除这个故障的依据,结果发现根本不能排除当前故障。这些情况之所以发生,是由于没有了解到某些重要情况,或是忽略了这些重要情况的个性因素。简单地说,比如柴油机出现了较为严重的黑烟故障,之前的成功案例是喷油提前角不对,因此,当柴油机再次出现黑烟故障时,就一定认为该机的喷油提前角有问题,不去查找其他原因,直奔喷油提前角而去,结果白费工夫,因为这次黑烟故障可能是由于空气滤芯堵塞导致的。

对于检修人员来说,必须向操作者,尤其是向当班的操作者询问,以便对故障有充分的了解,有些情况只有操作者知道,而这些情况往往就是导致柴油机出现该故障的基本因素。因此,全面了解故障现象和可能出现过的其他情况,是真正找出故障原因的关键。

2. 提问了解相关故障信息

柴油机出现故障后,作为维修人员,可以通过下列一些提问了解故障的基本原因和现象以及其发生前的相关情况。

(1)柴油机使用状况

①故障发生之前有何反常的噪声,是重载运行还是轻载运行,是加速还是减速,机油压力或冷却液温度是否正常?

②柴油机出故障前的机油、燃油、冷却液消耗是否正常,近期有什么变化,排气颜色如何?

③柴油机的运行是否正常、是否出现动力不足现象,柴油机的加速性能如何,柴油机是否存在启动困难或不能启动现象?

④机油牌号是否合适、多长时间更换一次机油,柴油机的“三滤”是否定期更换和清洗,补充机油是否用的是同一个牌号的机油等?

⑤柴油机是否出现过热现象?

(2)柴油机的维修史

①柴油机近来是否修理过,怎样进行维修的?

②以前是否发生过这种故障，上一次调整（保养）是在什么时候，最近做过什么样的维修保养和检查调整？

③维修制度是否严格，维修类别和配件来源是否可靠？

④柴油机累计运行的里程数或小时数、运行条件如何？

⑤更换机油滤清器时，是否检验过滤芯，是否发现有任何金属杂质？

(3)观察结果

①柴油机干净还是脏污，传动带松紧情况如何，外部有无机油、燃油或水的渗漏现象？

②柴油机上是否有临时修理痕迹或不到位维修情况（如零件未固紧、零件破损等）？

③怠速时柴油机的声音如何，带轮是否颤摆，近来修理或更换过何种零件？

④柴油机上有无不属于该柴油机的或非标准的零件，有无不良管件？

⑤机油油面、冷却液液面和燃油油面是否合适，是否存在事后补充机油的痕迹？

⑥拆卸时，柴油机内有无异味、积炭、油泥及零部件是否存在润滑不良的痕迹等？

(4)开始检修前需要考虑的问题

①只是简单地询问和了解情况，解决不了任何问题。因此，在检修前必须了解与故障有关的情况，看到每个问题的相互依赖关系，才能做出判断。

②利用所有可用的测试仪器仪表，对于判断故障是有帮助的，但不一定需要次次使用。

③维修人员必须熟悉柴油机型号、设备型号和操作方面的知识。柴油机上的其他设备，诸如转矩变换器、散热器和空压机等都必须考虑。

④柴油机使用者对不必要的停机和盲目的东拆西补式故障排除方法非常反感，因此必须准确判断故障后才开始有计划和有针对性的检修，并努力做到每次检修都能彻底和成功。

⑤由于柴油机任何一个零件出了问题，都可能影响整机的运行。所以必须具有鉴别柴油机运转的丰富经验，能成功地排除故障的重要条件是熟练掌握有关柴油机及其零部件运行方面的综合知识，这也是一种智力运筹活动。

⑥查找与排除柴油机故障时，首先要进行某些检查，这是不难做到的，检查所得的资料必须同故障有关；不能说眼前这台柴油机出现了与之前的另一台柴油机相同的故障现象，就认为故障原因相同。实际上，现象相同，而位置及原因完全不同的故障是很多的。比如，柴油机冒蓝烟，机油加得太多和呼吸器故障都可能导致柴油机冒蓝烟，现象基本一样，但两者的具体原因和处理方法却完全不同。

第四节　柴油机故障诊断技术

一、船用柴油机故障诊断技术的目的和任务

柴油机在使用中的可靠性、动力性、经济性和排气污染除了决定于结构设计、制造工艺外，运行中维修保养的好坏也有很大影响。柴油机运转期间，技术状态恶化是难免的。其技术状态变差至发生故障往往是一个逐渐积累的变化过程，同时必然会引起有关参数的变化。传统的管理正是通过这些参数（如温度、压力、振动和噪声等）的变化，进行综合分析，来判断发生故障的原因。为此，对运转的柴油机应进行日常例行管理。此外，为了保证柴油机设备的可靠性等性能良好，对设备采用定期预防（计划）性维修，根据柴油机说明书所

规定的维修周期确定各主要部件的检修周期，当运转累计时间达到规定时间后应停机拆检以便维修和更换新部件。定期预防性检修制度可使故障造成的损失下降。但这种固定周期的拆检策略没有顾及柴油机在运转状态、管理水平等方面的差异而采用统一的(一刀切)管理模式，这必然会做一些不必要的拆检工作，使得保养和维修的耗费增大，浪费大量的人力、物力并造成不必要的经济损失(如停航损失等)。而且仅凭运行操作人员的经验发现故障、查找原因，有时可能不能及时地发现和排除，会引起性能恶化而使柴油机可靠性下降，耗油率增加，引起总运行消耗的增大。因而随着柴油机测试诊断技术的发展，逐渐发展了视情维修管理。

视情维修管理是在不拆检柴油机部件的条件下，对运转柴油机的各有关参数和部件的磨损状态，进行连续或间断性测量、记录及数据处理，采取各种诊断手段对柴油机的运转状态进行判断和趋势预报等，最后根据这些测试结果决定相应的维护管理措施，增大了修理间隔期，提高了易损件利用率。显然，这是一种更合理的维护管理措施。随着柴油机技术性能指标和自动化水平的提高、运行操作人员的减少，更是需要进行开发研究发动机自动故障诊断新技术。采用视情维修是以现代监测技术为基础的。近年来随着监测技术的发展，柴油机的视情维修已日趋完善。

通常，柴油机监测系统有以下优点：

(1)为实现无人机舱提供可靠保证。监测系统对柴油机各参数进行自动巡回监测、处理、打印和报警，并具有与全球通信系统连接的功能；

(2)可保证柴油机始终在最佳状态下运行。利用诊断技术可对柴油机运转状态进行判断。控制排气污染，满足新规范的要求；

(3)可实现趋势预报，防止发生故障。实现趋势预报，早期预测故障，查找原因，排除主观估计，减少查找故障原因的时间，以提高设备的可靠性和使用效率，增大修理间隔期，提高易损件利用率，延长寿命，降低使用经费；

(4)可减少船舶备件费用(据介绍可降低备件费75%)，可降低5% ~40%的维修费用；

(5)可降低轮机人员的劳动强度；

(6)可避免计划外的停泊检修时间。

二、诊断范围简介

目前柴油机故障诊断内容主要有以下几个方面。

1. 性能诊断

利用发动机中的介质，如空气、燃气、燃油、冷却液和润滑油等的参数来判断柴油机的性能是否正常以及零件或部件的技术状况。它运用了传热学、热力学及流体力学等学科的理论和发动机工作过程的知识，这种方法理论上研究最多，比较成熟，是目前应用最广的方法。还可加上烟气分析数据的采集计算，效果更好。

2. 振动诊断

柴油机运转中的不平衡力和力矩将引起振动。设备发生故障时往往会引起异常振动，近代使用振动监测技术对柴油机的振动进行监测，利用发动机各结构的振动信号来评定其技术状况。由于发动机结构的复杂性，难于把产生振动的源泉和信号建立用于分析的数学模型，只能建立在广泛的试验研究基础之上，因此，使本法的应用受到限制。

3. 磨损诊断

磨损监测技术有直接测量法、试样中金属颗粒分析法与电感式传感器测量法几种。

直接测量法是把磨损传感器安装在磨损部件表面使其直接承受磨损，当它的尺寸由于磨损而发生变化时输出相应的电信号，此信号经相应处理后可得到该部件的磨损量和磨损率。

试样中金属颗粒分析法是指定期或连续抽取一定量的机油试样，分析其中所含金属颗粒的形状、类别和数量，以间接评定不同组件的磨损情况的方法，如磁塞检查法、光谱油样分析法、铁谱分析法和微粒计数技术等。

电感式传感器测量法是把电感式传感器安装在摩擦副表面，连续监测磨损件的磨损量及其工作状态，其诊断范围限于摩擦副的部件。

第二章 柴油机启动异常故障诊断与排除

第一节 柴油机不能启动故障诊断与排除

一、柴油机不能启动原因的综合分析

1. 启动系统因素

(1)蓄电池因素

①蓄电池电力不足。蓄电池电力不足,一定会导致柴油机启动困难或不能启动。基本现象是:按下启动按钮后,启动机有动作,但柴油机基本不转或转动困难。

②启动电路故障。如果启动电路有问题,同样可能导致柴油机不能启动。

a. 启动电路虚接。不认真检查是不能发现的,粗略一看,线路完好无损,但启动机就是不动作。

b. 启动电路断路。若要启动根本不可能。

启动电路虚接或断线,导致柴油机不能启动的基本现象是:按下启动按钮后,启动机没有动作。

(2)启动机故障

①启动机损坏。启动机的继电器、电刷或其他电器元件损坏,导致启动机不能正常工作,柴油机不能启动。

②启动机齿轮损坏。虽然启动机动作正常,可以听见启动机旋转的声音,但是柴油机曲轴没有任何反应。

(3)压缩空气启动系统因素

①压缩空气压力不足。启动空气瓶压力不足导致柴油启动困难或不能启动。基本现象是:启动操作后柴油机基本不转或转动困难。

②各阀件故障。主启动阀、启动控制阀或气缸启动阀出现故障,致使启动空气不能进入气缸启动柴油机。

③空气分配器故障。空气分配器故障,致使启动空气不能按正确的定时进入气缸启动柴油机。

2. 供油系统因素

(1)油路系统因素

①燃油阀未开或日用油柜中的燃油用光,或燃油中沉积有大量残水未能放出。

②油路系统中有空气,导致柱塞泵油不足或根本不泵油,所以柴油机无法启动。此类故障经常发生在更换滤芯或油管之后。而如果油路系统中有接头密封不严或其他漏油现象,也可能导致柴油机不能启动。

③油路系统堵塞。如果油路系统中有软管成90°直角和其他死结或油箱进油口(被杂质)堵死,柴油机不能启动就是正常现象了。

④柴油滤芯太脏，导致柴油通过能力下降或基本不能通过。所以柴油机启动困难或根本不能启动。

⑤燃油温度低，黏度过大，流动不畅。

油路系统因素导致柴油机不能启动，其基本现象是：即使柴油机偶然启动成功，但运转几分钟后就会自动熄火。即便不自动熄火，柴油机作业时也显出动力不足、转速下降严重且排气无烟。

(2)喷油泵因素

①柱塞、出油阀严重磨损。如果喷油泵的柱塞和出油阀大面积严重磨损，柴油机自然不能启动或启动困难。由于柱塞和出油阀磨损严重，启动时转速较低，(柱塞副)燃油泄漏相对严重一些，高压油路系统建压困难，所以柴油机启动困难或不能启动。

柱塞、出油阀导致柴油机不能启动的基本现象有：

a. 柴油机机油越用越多。

b. 柴油机作业时严重动力不足且冒黑烟。

②油量控制齿杆卡死。由于某些原因(比如：燃油中的水分太多导致齿杆锈蚀)导致油量调节齿杆卡死在断油位置，柴油机无法启动。此类故障常发生在停机一段时间后重新启动柴油机时。基本特征是：柴油机其他因素一切正常，就是不能启动。

③输油泵或回油单向阀损坏。低压输油泵或单向阀损坏后，在喷油泵柱塞腔内无法形成足够的燃油预压，导致柱塞泵油不足，所以柴油机不能启动。

排除方法：检查低压油路的燃油预压(对于普通喷油系统：$p \geqslant 0.15$ MPa；对于单体泵喷油系统：$p \geqslant 0.3$ MPa ~ 0.5 MPa)，如预压不足则建议进一步检查输油泵或回油单向阀。

④调速器故障。喷油泵调速器飞锤或拉杆等损坏，导致调速器不能正常工作，也将使柴油机启动困难或不能启动。

3. 调整因素

柴油机维护保养时，对某些参数调整不当，也将导致柴油机不能启动。

(1)喷油提前角

①检查调整喷油提前角时，看错位置或方向，使喷油提前角完全错位，柴油机不能启动。

②拆下检修喷油泵后，安装时未对准原有记号或对错记号(可能错位180°或滞后对应的喷油角度)，柴油机不能启动。

如果柴油机在调整喷油提前角或拆卸检修喷油泵后导致不能启动，则应该重新检查并调整喷油提前角。

(2)气阀间隙

如果柴油机气阀间隙变化太大，导致柴油机的配气相位不对，也可能使柴油机启动困难或不能启动。

(3)启动油量

如果柴油机启动油量太小或启动加浓电磁阀损坏，均可能使柴油机启动困难或不能启动。

4. 操作系统因素

柴油机油门操作系统故障，比如：油门拉杆球头脱落、断掉或卡死、喷油泵上油门拉杆回位弹簧断掉或停机电磁铁故障等，均可使柴油机不能启动。

(1)油门拉杆因素

①油门拉杆球头脱落或断掉,油门控制系统失效,柴油机肯定不能启动;观察油门控制系统可以发现:油门控制手柄有动作,但油门拉杆没有动作。

②如果油门控制器卡死在断油位置,柴油机一样不能启动。其可能现象是:油门控制系统失灵或不能动作。

③启动操作过快,发动机尚未达到启动转速就开始供油。

(2)喷油泵油门回位弹簧折断

如果喷油泵油门回位弹簧断掉,喷油泵油门控制联动系统失灵,柴油机无法启动。基本现象是:柴油机一切正常,就是不能启动。

(3)盘车机未脱开

如果盘车机未脱开,盘车机连锁阀仍在关闭位置,启动空气不能通过。脱开盘车机则可解决。

(4)安全保护装置动作

①设有安全保护装置的柴油机,因润滑油或冷却水压力不足,保护装置未解除对燃油供应的控制,应将压力调至正常值。

②超速保护装置动作后未复位,燃油供应被切断。

5. 机械故障因素

柴油机某些部位的机械零件损坏,也可能造成柴油机无法启动。这些原因是:

(1)喷油提前器损坏

众所周知,喷油提前器的作用是随柴油机转速的升高而自动提前喷油角度,以满足燃烧系统的最佳喷油时间要求。因此,这个部件如果损坏,就可能导致柴油机完全不能启动。

(2)喷油泵联轴器损坏

喷油泵联轴器或正时齿轮损坏,柴油机启动时一切正常,但喷油泵高压油管无油。此类故障对于外挂喷油泵的柴油机非常容易判断,但对于V型柴油机等高压泵安装相对隐蔽的柴油机,判断此类故障就相对困难一些。

(3)飞轮齿圈损坏

如果飞轮齿圈损坏,柴油机启动时,启动机有动作和空转声,柴油机曲轴不动。

(4)正时齿轮或正时带损坏

柴油机正时齿轮如果出现诸如掉齿、紧固螺栓断裂等故障后,打乱了原有的运行规律,柴油机不能启动是很自然的事情。

6. 其他综合因素

(1)环境因素

一般柴油机都有一个自然启动的极限温度(比如,-10 ℃),在此温度以上,可以顺利启动;低于此温度,就必须采取启动前辅助预热灯方法才能启动。

(2)设备因素

如果柴油机驱动的设备或其他联动装置故障,可能使柴油机启动时的阻力增大,导致柴油机启动困难或无法启动。

(3)电控系统故障

对于电控高压共轨喷油系统的柴油机,如果电控系统的ECU、传感器或执行器出现故障,也可能导致柴油机不能启动。

柴油机不能启动故障的影响因素虽然很多,但对于一台柴油机来讲,不能正常启动的影响因素可能只是其中的一个。因此,遇到具体问题时,需要具体分析。只有这样,才能不断积累经验,排除各类疑难故障。

二、柴油机不能启动故障实例

1. 蓄电池电力不足导致不能启动

一台 BF12L513C 风冷柴油机,大修后在试验台上试机时,开始启动正常(在启动试机开始前,该蓄电池也充电数小时),但在一次因油路故障导致柴油机高速停机而再次启动时,启动机突显无力并由正常转动到(1 ~2 s 内)停止转动,再打启动机不再转动,好像柴油机已经抱轴了一样。但用撬杠转动柴油机还是可以转动的,可能是心理因素的影响,手感很重。因此,怀疑刚才的高速停车可能导致了拉缸故障。但卸下缸盖后逐缸检查,未发现活塞或缸套有拉伤现象。此时回过头来再检查蓄电池,测量电压发现,电压不足(仅 20 V),至此确认该机不能启动的原因是蓄电池电力不足,更换一对蓄电池后,柴油机启动正常。

2. 油路堵塞导致柴油机启动困难

一台工程机械用 F8L413F 柴油机,一直工作正常,有一天突然启动困难,此前每次启动只需打启动机 2 ~3 s 柴油机就可以顺利启动了,但此时却打启动机 10 s 也不能启动,连续打启动机数次后勉强可以启动,但启动后运行 3 ~5 min 就会熄火。一开始,维修人员怀疑是油路问题,但是检查了所有油箱以外的管路、滤芯和阀门等,没有发现堵塞或漏气等任何问题。因此,维修人员开始怀疑是喷油泵或调速器出现了问题。所以卸下喷油泵进行专业调试,未发现喷油泵和调速器存在问题。重新装上喷油泵后,故障现象依然存在,没有任何好转的迹象。但维修人员发现,在打启动机的同时,用手油泵泵油,柴油机就可以启动,启动后如果一直泵油,柴油机也能正常着火,但如果停止泵油,柴油机运行 1 ~2 min 后就会熄火。因此,可以断定故障在油路系统。

由于前面已经检查油箱外的所有油路,只剩下插入油箱内的油管没有检查。拆卸插入油箱的油管发现,该油管进油口上有一个外包滤网,滤网上布满了吸附物(杂质)。至此,找到了该柴油机启动困难的根本原因是油箱出油管口堵塞,导致燃油的通过量不足。清洗后安装好该油管,柴油机启动正常。

3. 气阀间隙为零导致柴油机不能启动

一台道依茨 F12L413F 风冷柴油机,在一次作业过程中突然产生异响,并随即自行停机,停机后柴油机就不能启动,但启动机运转正常。开始维修人员怀疑油路系统故障,但仔细检查油路系统(包括喷油提前角等),未发现异常情况,检查空气滤芯等也未发现问题。最后打开气阀室检查气阀间隙时发现,几乎所有的气阀(包括进气阀和排气阀)的间隙都为零。由此判断影响该机启动的原因是气阀间隙为零。按要求调整气阀间隙后,柴油机启动正常。

后经了解,该柴油机大修后使用近一年的时间,没有检查和调整过气阀间隙,因配气机构相关部件的磨损而导致气阀间隙逐渐减小,直至为零,造成了该柴油机的不能启动故障。在正常情况下,按照该柴油机维修手册的要求,新机或大修后柴油机,在最初运行 50 h 后,需要检查并调整气阀间隙;正常工作后,每 300 h 就需要检查并调整气阀间隙。这个故障虽然是个案,但从侧面说明定期检查和调整柴油机的气阀间隙是必要的。

4. 喷油提前角调整不当导致柴油机不能启动

一台 F12L413F 柴油机，在一次正常检修保养后，柴油机无论怎样都启动不了。维修人员分析后认为可能是喷油提前角不对造成的，因为在此前的检修中，检查了喷油提前角并做了相应的调整。根据资料，该机的喷油提前角为 22° ±1°，维修人员再次检查喷油提前角时，发现喷油提前角完全不对，似乎相差很大。仔细观察后得出结论，该机的喷油提前角完全调整错了。本来应该是在上止点前 22°喷油，而实际喷油提前角为上止点后 22°左右。造成这个错误的原因是：当班维修人员对该柴油机不是很熟悉，对柴油机旋转方向理解错误，且由于该柴油机没有专门的刻度盘表示相关角度，所以导致了错误的调整。按要求重新调整了喷油提前角后，故障排除。

5. 空气分配器故障导致主机不能启动

(1)故障经过

某轮主机为 6RLB56 型，气缸启动阀是双气路式。经过一次小修在出厂约半年后的一天，船即将到某港前，接到驾驶室停车铃后，关停主机；不一会又下达前进一车钟，这时主机就启动不出，换向再启动亦失灵，只好要求抛锚检查。因启动时听到主启动阀有开启声，但听不到各气缸启动阀的启跳声，判断可能是空气分配器有故障。将该分配器拆解后，发现里面有六只滑阀，五只已咬死，一只略有松动，即全部清洗吹干，涂上滑油装妥，再启动主机，情况正常。

(2)分析与处理

修船出厂开航后，就发现启动主机之后，主启动阀上的泄放阀泄放较慢，启动空气总管内气压下降也缓慢，即使到正航后，总管上的气压表还有 0.3 MPa ~ 0.4 MPa 气压的存在。当时认为主启动阀有泄漏，就没引起注意，直至发生启动不出，追查原因时才发现第 4 缸启动阀上控制启动分路管摸上去很烫手，这种情况只有在气缸启动阀泄漏的情况下，燃气才可能倒窜使管子发烫。拆下气缸启动阀，发现启动阀的阀壳与缸盖上的座相接处的紫铜垫片(厂方工人没对准就安装好)已被轧坏在内，燃气从损坏处倒窜至启动空气气路和控制启动分路管内，刚开始时泄漏量少，管路也长，漏至分配器时，温度也低，不至于把分配器内滑油一下子烘干，所以分配器尚能正常运转，但经半年之后，随着漏气逐渐严重，管内温度也越来越高，最后将分配器内滑油烘干而发生咬死，启动不出的故障就出现了。

6. 空气分配器漏泄导致的主机启动故障

(1)故障过程

某轮，B&W 6K45GF 型柴油主机，可集控室操纵和机旁应急操纵方式，气电联合式遥控系统。航行中发现，主机换向启动时，启动成功率下降。仔细观察，发现以下异常现象：

①集控室遥控，换向过程还没结束，启动空气分配器已经开始动作，提前启动；

②集控室遥控，换向启动时，启动油量变小，调速器输出负荷指示为 3.5 格(正常为 5.5 格)；

③切换到机旁应急操纵时，启动正常。

(2)分析与处理

故障诊断：因该遥控系统电气控制环节较多，且故障率较高，先从启动逻辑条件开始，检查分析遥控系统。

①电气控制的启动逻辑条件：遥控系统电气控制启动逻辑，如图 2 - 1 所示。

a. 正车启动：操纵手柄至启动位置，s16 开关闭合、ah1 车钟正车信号开关闭合、s3 空气分配器正车位置开关闭合、s5 凸轮轴正车位置开关闭合、s2 燃油泵零位开关闭合，符合正车

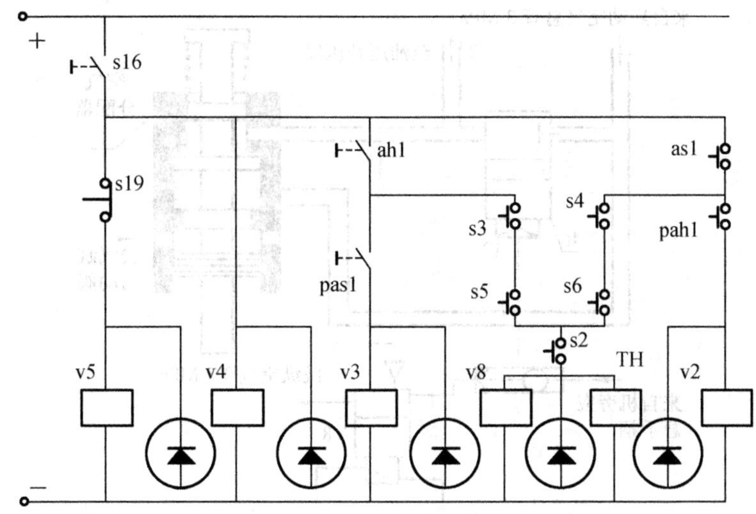

图 2-1　B&W 6K45GF 柴油机遥控系统电气控制图

s2—燃油泵零位开关;s19—盘车机联锁开关;v5—主机启动电磁阀;TH—转速预调继电器

启动逻辑,v8 空气分配器电磁阀有电,输出正车启动信号。

b. 倒车换向启动

Ⅰ. 操纵手柄放至倒车启动位置,s16 开关闭合,ah1 车钟信号开关断开,as1 倒车信号开关闭合,由于空气分配器仍处于正车位置,则空气分配器倒车位置开关 s4 断开,v8 失电。

Ⅱ. 因换向升压器处于正车,升压器正车位置开关 pah1 闭合,则倒车电磁阀 v2 有电,凸轮轴及空气分配器向倒车换向。

Ⅲ. 换向到位后,s6 凸轮轴倒车位置开关及 s4 空气分配器倒车开关闭合,v8 有电才能倒车启动。

从以上逻辑推断,换向到位后才能启动。但现在换向过程还没结束,启动空气分配器就开始动作,提前启动,必须检查电气逻辑关系。在 v8 及 v2 的电磁阀处,并联两个 24 V 的指示灯,再多次换向试验,观察指示灯发光的顺序。检查结果,v2 的灯先亮,说明电气方面正确。

②气动系统控制检查:集控室遥控操纵时,启动控制阀由启动空气分配器电磁阀 v8 控制。既然电气控制的启动逻辑已证实电磁阀 v8 的动作正确,下一步从启动控制阀(如图 2-2 所示)查起。

a. 拆除它的控制空气管 12,试验换向启动,发现启动空气分配器仍然在换向过程中动作。

b. 继续拆除输出空气管 2,发现分配器端有压缩空气漏出,可确定故障是由启动空气分配器泄漏造成的。

c. 拆出空气分配器滑阀,发现有三个缸的分配滑阀有明显的泄漏痕迹。可以肯定,故障的原因,是空气分配器的三个分配滑阀泄漏。

③故障现象分析

a. 换向过程未结束,主机就提前启动:在集控室遥控换向启动时,换向电磁阀和主启动阀的控制电磁阀 v5(见图 2-1)都由 s16 操纵手柄启动位置开关控制,换向时主启动阀打

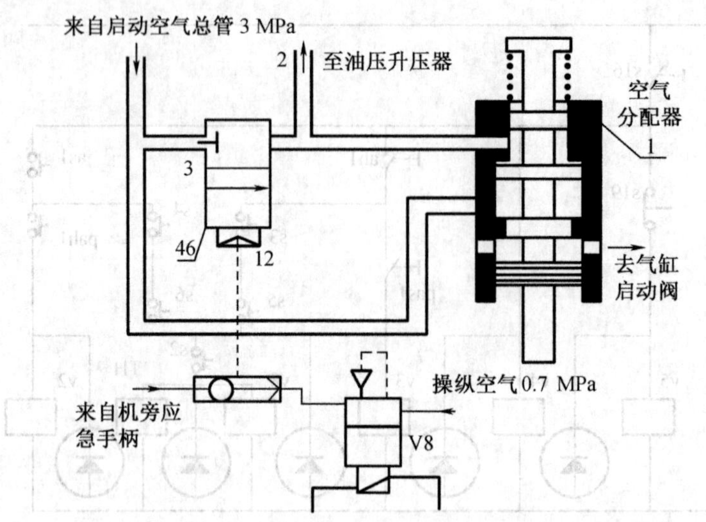

图 2－2　B&W 6K45GF 柴油机部分压缩空气启动系统图

开，压缩空气进入启动空气分配器。由于空气分配器滑阀泄漏，压缩空气进入到空气分配器滑阀的控制端，打开启动空气分配器进气口，启动空气送入气缸启动阀，导致主机提前启动。

b. 机旁应急操纵时，主机启动正常：机旁应急操纵换向启动时，先是用换向手柄进行换向操作；换向到位后，再用启动手柄进行启动操作。而且换向和启动各有控制阀，换向时主启动阀是关闭的，压缩空气不能到达空气分配器，反映不出空气分配器的泄漏。所以主机能正常换向启动。

c. 换向启动时，调速器输出启动油量变小：该柴油机配备的调速器，是 WOODWARD PGA 调速器。柴油机启动时，转速低，不能建立调速器的工作油的正常压力，不能输出启动油量。为此，用气动遥控的主机，PGA 调速器配备有压缩空气控制的升压器，使它在启动时能建立油压。油压升压器的压缩空气，来自空气分配器的控制端。因为换向时有泄漏的压缩空气，升压器提前动作，调速器动力活塞下部油压升高，推动调速杆，给出较大供油量；但因换向期间供油电磁阀是关闭的，该油量无法送入。而当换向完毕，启动信号到达时，该油压升压器由于积分针阀的泄放已略有降低，导致调速器的实际启动油量减小。

船上设备限制，无法彻底修复空气分配器滑阀，只能暂时维持使用，待年修时彻底修复。

维持使用：从故障的现象确定，只影响需要换向的启动，不影响不需要换向的启动。所以在集控室遥控换向启动时，为了提高启动的成功率，可采用如下操作：

①先把操纵手柄推入启动位置，根据车令自动换向，观察换向指示；

②当换向成功后，把手柄拉回停车位；

③再进行正常的启动操作。

第二节　柴油机启动困难故障诊断与排除

前面介绍了柴油机不能启动故障的原因和故障排除实例，与此类故障相似的是柴油机虽然可以启动，但启动非常困难。一般来讲，如果按照柴油机启动程序操作，连续3次以上都不能启动，甚至采取辅助手段，如向水箱内加热水，向进气管加机油，在进气口处点火助燃，或两人协作合力摇车仍不能启动柴油机时，即可认为该柴油机发生启动困难故障。柴油机启动困难故障原因分析如下。

一、导致柴油机启动困难的因素

柴油机在使用中启动困难问题比较突出，尤其在冬天严寒低温情况下，柴油机本身温度低，启动吸入的空气温度过低，柴油机润滑油的黏度大，加之柴油的低温流动性差，很难将柴油雾化引燃。在此情况下，启动是相当困难的，因此，它是柴油机燃料系统故障的预防重点之一。

1. 柴油机顺利启动条件

柴油机顺利启动的关键在于喷入气缸的柴油能否与被压缩的空气迅速组成可燃混合气并及时发火燃烧。因此使进入气缸的空气被压缩后具有较高的温度和压力，是保证柴油机顺利启动的主要因素。为满足以上要求，必须具备以下条件：

(1)要有足够的启动转速。转速高，气体渗漏少，压缩向缸内传热的时间短，热量损失少，易造成较高的压力和温度。

(2)气缸密封性要好，可减少气体渗漏，增加压缩结束时的压力和温度。

(3)喷油提前角要符合要求，喷油质量好，否则不能形成可燃混合气。

因此，影响柴油机启动的三要素是启动能量、压缩和供油。因此，如果柴油机启动困难，首先应该在这三个方面找原因。

2. 因供油系统本身故障引起启动困难的原因

(1)喷油器发卡或堵塞、喷油泵柱塞卡滞、出油阀密封不严、供油调节拉杆功能不良、输油泵工作失效；有关部件损坏等，均会致使喷油泵不能产生高压油雾。

(2)喷油定时不准，其原因有顶杆滚轮及凸轮磨损，喷油泵驱动连接部件损坏及调校不当。

(3)喷油压力过低及喷油雾化不良，多属喷油器针阀卡滞或喷油器调节弹簧断损等。

(4)油面过低或油路不供油多为燃油箱中无燃油、油管裂损进气产生气阻、连接件松脱、燃油中进水(结冰堵塞)、燃油滤清及溢流阀堵塞或滤网堵塞等。

(5)使用的润滑油牌号不对。

3. 柴油机启动困难的其他原因

(1)启动转速过低；蓄电池容量不足；导线松脱、接触不良或启动无力；机油黏度过大，致使阻力增加。

(2)环境温度过低(排气管冒白烟)；未将热水加入水箱预热缸体和缸盖。

(3)气缸压力不足；气缸衬套烧蚀；缸盖螺钉松动、气缸漏气；气阀及气阀座烧蚀等。

4. 启动困难故障维护检修要点

(1)检查油箱柴油存量及其质量(是否干净、清洁)；油路有无堵塞之处，必要时清洗维护。

(2)检查和拧紧供油系统油路的每个油管接头,必要时排除燃油中的空气。

(3)维护滤清器,按规定清洗、擦干或更换滤芯。

(4)清洗喷油泵和喷油器偶件,装复后经压力调试合格后装车。

(5)按当地不同季节选用优质润滑油品。

5. 柴油机低温启动措施

(1)做好入冬前的换季保养,全面清洗柴油供应系统,根据不同气温换用适合本地区特点的低温轻柴油;清洗润滑系统,换用低温用的柴油机机油,并加注防冻液和防锈液;提高蓄电池电解液密度,注意蓄电池保温。

(2)启动前向散热器加注 80 ℃左右的热水(指未加防冻液的车辆),用热水浇喷油泵及高压油管。

(3)先盘车数圈,然后使机油进入,以使表面机体各部件得到充分润滑。

(4)对于冷却系统未加防冻液的车辆,尤其在严寒低温下,要边放水,边加热水,直至机体温度合适为止。大型低速柴油机可直接用加热的冷却水打循环来暖缸。

(5)安装有低温启动辅助装置的柴油机,可采用低温启动辅助装置启动柴油机。

综上所述,柴油机启动困难故障,原因是多方面的,有时是一个因素所致,有时是多种因素的综合。所以在处理启动困难故障时,首先要弄清故障属于压缩、运转或供油三种中的哪一方面,然后再根据故障更深层次的表现形式,来判定其原因所在。如运转不灵活可能是运动副配合过紧或减压不彻底所致,压缩压力低可能是气阀漏气所致,供油不正常的主要原因可能在于喷油泵及喷油器的问题等。

二、柴油机启动困难异常故障实例

1. 电控柴油机启动困难故障

某单位有两台美国卡特公司生产的 D10R 型推土机,使用过程中有一台出现了启动困难、作业时柴油机转速及动力大幅度降低的现象。

该推土机采用的是 V12 液压电子控制单元喷射柴油机。这种电喷柴油机主要由电子控制单元(ECM)、油门控制器、油门开关、速度/正时传感器、温度传感器、压力传感器、喷油器和液压供油泵组等部件构成。电子控制单元(ECM)是柴油机的核心部件,实现调速、正时及燃油限定等功能,同时通过卡特数据线读取传感器信号,并通过与仪表显示系统连接进行通信;油门开关可使柴油机以 700 r/min 的低怠速运行或以全速运行;传感器拾取转速、温度和压力等信号,输入至电子控制单元(ECM),用于柴油机的控制;电子喷油器由电磁阀控制的高压机油驱动部分和燃油喷射柱塞组成,当电子喷油器的电磁阀得到 ECM 的驱动电流时,机油驱动部分的阀芯打开,高压机油推动燃油喷射柱塞将燃油高速喷出雾化;液压供油泵组向喷油器提供驱动压力,压力的高低由 ECM 通过向泵控制阀输送信号完成控制调节。

本着“先易后难”的原则,首先更换了空气滤芯和柴油滤芯,但故障现象没有得到改善。使用卡特公司的 ET(电子技师)进行软件检查时,发现全机 12 个电子喷油器均不动作,于是怀疑是电路有故障。检查柴油机电子控制单元的电源,结果供电正常,同时查得油门开关和油门位置传感器,以及正时传感器的工作均正常;用另一台 D10R 型推土机上的柴油机电子控制单元与之对换后结果也没有得到改善,说明不可能是电路存在故障。将一新喷油器临时挂接于线路上,并使用ET检修软件进行试验,发现此新喷油器动作,据此怀疑是全部喷油器都卡死。拆下几只喷油器并解体后,果然发现其高压机油驱动部分的阀芯已卡死。清洗后装回,柴油机可以勉强启动,但动力仍然不足,只得将全部喷油器换新,但启动仍有困难;用ET检修软件检测时,发现喷油器驱动机油压力只有3.0 MPa(正常值应在5.0 MPa以上)。经检查,发现机油变量泵的端面松动,产生了较大的豁口,造成端面漏油严重。但紧固端面螺栓后,油压并未上升。将机油变量泵解体,发现柱塞和斜盘的接合面处有明显磨损。由于对该泵的要求极高,只得更换。换新泵后机器启动迅速,动力也完全恢复正常。

分析认为,因为机油变量泵和喷油器间是直通关系,由于泵的端面松动,导致机油变量泵在启动时因缺油而产生干磨,且外界灰尘和沙土等杂质进入了泵内管路,使该泵磨坏,进而引起喷油器因磨损而失效。

于是,在更换机油变量泵前,对相关油路进行了彻底清洗,去除了可能残留的杂质;为防止像原泵那样,因端面螺栓无紧固措施导致长期振动后漏油,采用了加弹簧垫和涂螺纹紧固胶的方法以避免泵的端面松动。采取上述处理措施后,该机一切正常。

2. 启动耗气很大

某轮主机为B&W 874 - VT2BM - 160型,当将空气瓶气压打至2.5 MPa启动主机时,即发现启动三四次,气压很快就跌到1.0 MPa左右,再启动主机就启动不了。

根据一开始主机启动后,主启动阀有大量的泄气声,说明主启动阀内的启阀活塞没有复位。后拆检主启动阀,并与船存说明书上的结构图纸对照,发现主启动阀内的启阀活塞顶无复位弹簧,故主机启动运转后,启动控制阀已完成,空气分配器的气源也截断,但主启动阀不能靠自重和控制空气压力使它马上下落,而与它相连一体的泄放阀也就不能落座,因此大量空气由此泄放出去。后在航修时与厂方联系,设计安放了一根适当的复位弹簧,并在阀盖上车出弹簧座槽以作定位。装上后试用,情况就正常了。从设计结构和出厂后运行了若干年这两方面来说,不可能无此复位弹簧,因此只有怀疑船员以前拆检该阀时忘记装上。

3. 主机气缸启动阀卡阻后启动迟缓

(1)故障经过

某轮主机为B&W 6L70MC型。机舱设有集控和遥控设备。一天快抵锚地前,作机动操纵中,发现6#缸气缸启动阀处的保护装置发出“轰!轰!”的声音,估计该缸启动阀阀头有故障而发生漏气,引起启动空气管内燃气倒奔撞击保护膜发出响声。抛锚停妥后,立即换备件装上。第二天准备进港,进行冲车启动,经二次正车启动,均告失败,即改为换向再启动,启动成功。转换给驾驶室作正、倒车试车,无异常。第三天离港前作开航准备,冲车启动正常,转驾驶室后操纵倒车启动时却失灵,换向正车亦不动,立即转集控室启动,又正常,再转驾驶室,亦正常。

四天后即将到港前,在大海中驾驶室又做了正倒车启动试验,一次从倒车换向为正车再启动,约待15 s后方能启动,经研究估计可能还是机械上的故障。为了慎重起见,决定还是先停车抛锚,从机、电各路分头检查。又考虑到以往这种故障较少,仅发生过空气分配器的故障使启动失灵。这次6#缸换了一只启动阀,装前没有检查是否有关,于是又重新选了一只新气缸启动阀,经解体检查良好再装上,后经试验使用再也没发生不能启动情况。

(2)分析与处理

后解体换下的两个气缸启动阀,阀内启动活塞与套壁锈蚀较严重,故而产生咬住现象。第二次换上的启动阀情况比较好,故装上后经四天的运转,在热态下受到主机的振动后,使启动活塞有些松动,虽在启动时受到摩擦阻力的影响,但拖延了15 s后终于启动。至于这两个启动阀为何锈蚀严重,据说是因缸头漏水,启动阀正好位于漏水部位,水汽进入,引起锈蚀。

4. 主机需启动数次才能成功

(1)故障经过

某轮主机为6RLB56型,机舱设有集控,驾驶室有遥控。一天开航前,机舱作冲车准备,经连续启动主机数次后方成功。准备好后即转换到驾驶室遥控。离泊开航船长一直没有使用过停车,所以在上海港内未再次遇上启动不灵的情况。后在港外抛锚避风时,当班轮机员才提起开航前主机启动不顺利之事。轮机长与大管轮听闻后认真对待,立即投入检查。当主机冲车运转后发现不能马上喷油发火,判定是断油伺服器未及时释放油量调节杆的缘故。于是在电路与气路方面作了一些检查,当听到断油伺服器顶杆处有气漏出的声音时,决定将其解体,结果发现在断油伺服器的工作气缸内,用于活塞上与缸壁起密封的橡胶圈(其断面为Y形)已老化并严重磨损,因而大量漏气。因船上一时无此种备件,即选用其他一般的O形圈暂代,勉强还能保持密封使用。

(2)分析与处理

由于断油伺服器气缸中密封圈老化而磨损泄漏,致使气压不足,推动不了活塞背面弹簧的力量,因此位于活塞杆一端连接的油量调节杆始终被顶住不放,导致无油进入高压油泵而不能启动,当连续启动数次之后,由于不断向气缸内供气,气量大了之后,克服了瞬时的漏气量,终于将活塞推动,活塞杆移动后也就释放了油量调节杆,高压油泵得以进油,主机遂能发火动车。

5. 正车换向为倒车后启动困难

(1)故障经过

某轮主机为6L70MCE型,经使用两年有余后,开始出现正车换向有偶然不灵的现象,逐渐发展到不能启动,最后经常要派人到机旁应急操纵。后与制造厂家联系询问,答复是空气分配器可能有故障,结果拆解空气分配器后发现换向盘和分配盘已磨损严重,分配器的轴与轴承之间磨损也出现松动,手感间隙很大,后换备件修复后启动正常。

(2)分析与处理

该空气分配器的结构复杂、紧凑,内有关闭盘、分配盘和换向盘,分配盘上设有内外两圈气槽与换向盘上两组孔相应通到气缸启动阀。一组把从分配盘外圈正车气槽来的空气通到气缸启动阀,另一组把从分配盘上的圈内倒车气槽来的空气通到气缸启动阀。传动是由齿轮和链条来带动的。航行中只要一个气缸启动阀发生泄漏情况,那么高温燃气将作用在分配器上起压紧作用,又因平时在摩擦面间很少加注滑油,造成分配盘与换向盘间磨损严重。由于该轮一直是在远洋作业,进出港频率小,使用倒车亦不多,故未能及早发现换向后的启动困难。长时间的运转中使分配盘处于正车面的磨损也大,但这时接触面还平服,一旦换向盘转一角度后,位置异位了,接触面也不平了,这时又因分配器传动轴与轴之间也出现磨损过量的松动,所以分配盘转动时就发生了摇晃,换向启动时来的高压空气大部分从增大的间隙中直接逃逸到大气中了,剩余气压已不能控制气缸启动阀开启,故倒车不能启动。

6.船用主机启动困难

(1)故障过程

某轮主机采用德国 MAK 柴油机厂生产的 M32 型船用中速 9 缸柴油机，额定功率 6 400 kW，转速 400 ~ 600 r/min，采用单独脉冲涡轮增压，驱动轴带发电机和变距桨。

主机备车妥当冲车正常后，关闭示功阀。将机旁机械停车限油手柄放于运行位置，按下机旁启动按钮，调速器在控制空气的作用下迅速将柴油机的油量调节杆推至最大供油位置（额定负荷时油门，油门格数为 45 格），主机转速迅速上升到 200 r/min 左右，然后启动燃油限制器（如图 2 - 3 所示），在控制空气的作用下立即动作将油量调节杆推至最小供油位置（螺旋桨螺距为零，主机空车运行时的油门，油门格数为 20 格）。正常情况下，此时主机转速应迅速上升到四百多转并在调速器的作用下稳定在 400 r/min，与此同时，启动燃油限制器控制空气释放，主机转速完全由调速器来控制。但此时主机转速却往下降，并在降到 50 r/min 时启动燃油限制器控制空气信号释放，调速器驱动油量调节杆使之重新回到最大供油位置，转速又上升到 200 r/min 左右，继而启动燃油限制器在控制信号的作用下动作，又将油量调节杆推至最小位置，转速则又下降到 50 r/min。如此过程循环往复，使得主机不能正常启动而进入正常工作状态。

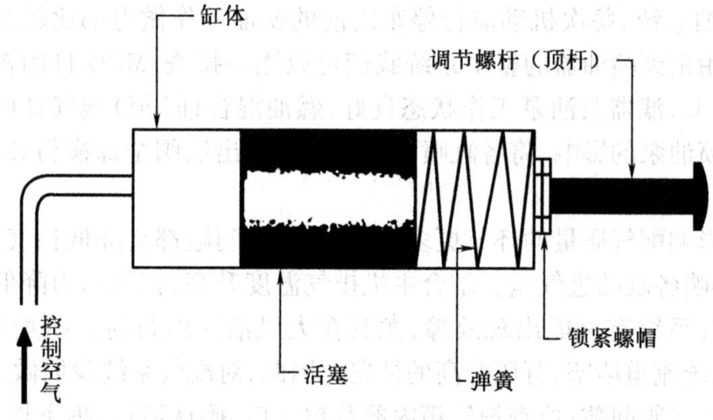

图 2 - 3　启动燃油限制器工作原理图

(2)分析与处理

从上述故障现象我们可以看出，主机可以在压缩空气的作用下启动并发火燃烧，但不能进入稳定运转转速，转速总是在 50 ~ 200 r/min 之间波动。这是因为：

主机的启动(成功)转速设定在 150 r/min，启动失败转速设定为 80 r/min。当主机转速上升到 150 r/min 时，电器控制系统检测到转速信号后，认为启动成功而发出控制信号到启动燃油限制器使之动作，将油量调节杆推至最小位置以防止供油量太大致使燃烧粗暴并造成飞车现象。而此时主机转速没有像正常时那样升到 400 r/min 并稳定下来，而是下降，当降到 80 r/min 时控制系统认为启动失败，重新将加到启动燃油限制器的限油信号释放，调速器将油量调节杆推至最大位置，以至于上述过程重复进行。转速之所以在 50 ~ 200 r/min 之间波动，是因为控制系统及执行机构的迟滞造成的。

主机转速上升到 200 r/min，启动燃油限制器将油量调节杆推至最小供油位置后，主机转速没有上升,反而下降,显而易见,因为此时燃油燃烧做功输出的驱动扭矩明显小于柴油机运动件的惯性扭矩与摩擦扭矩之和,即阻扭矩,才使得转速下降。在此应急情况下,为了船舶的营运及安全,船上将启动燃油限制器的最小限油格数调大至30格左右(松开启动燃油限制器的锁紧螺帽,向内旋入调节螺杆即可),使得主机能正常启动并稳定运转,当然启动过程较正常启动情况下相对粗暴且有飞车的危险。显然,分析其中原因我们应从两方面入手,即影响燃油燃烧做功的因素和影响阻扭矩的因素。再检查确认螺旋桨没缠有异物;盘车机盘车电流没有增大;润滑系统、冷却系统一切正常后,我们可以排除阻扭矩有异常增加的可能。

影响燃油燃烧做功的因素包括燃油系统、配气系统、定时机构和燃烧室密封状况等方面。经检查,定时机构正常。用电子示功器测量示功图来检测各缸状况,各缸示功图与接船时海上试验所测示功图相比较发现,各缸示功图没有畸形变化,各缸压缩压力也基本没有变化,同样负荷下各缸排气温度平均值较接船实验时明显上升50 ℃左右,各缸爆压均匀,满足误差要求。另外,扫气压力较以前降低0.03 MPa左右。对排烟温度最高的1[#]和6[#]缸进行吊缸检查,组成燃烧室的各部件没有发现异常,各间隙及磨损情况都正常。吊缸后各缸运行参数与吊缸前比较没有任何改善。由此说明燃烧室密封状况没有问题。

燃油系统和配气系统比较复杂,每个系统中都包含多个设备及部件,无论哪一环节出现故障都会影响燃油燃烧做功。

我们先看燃油系统,每次机动航行停车之前的换油工作做得都比较充分,确保主机的下次启动。从日用柜到喷油器的整个系统我们可以逐一排查:MDO日用柜放残没有水,油温自动控制在60 ℃,滤器及油泵工作状态良好,燃油混合桶(柜)透气良好,油压稳定。为了排除喷油器和喷油泵的影响,将各缸喷油嘴及油泵的出油阀全部换新装复,启动主机,上述故障现象依旧。

配气系统中影响配气质量的环节更多,任一环节有问题都会降低扫气箱内空气密度和扫气压力,进而影响各缸的进气量。结合主机排气温度升高,扫气压力降低这一症状,我们更有理由怀疑扫气系统有可能出现故障,尤其在大风浪天航行时主机增压器时有喘振发生,这也是扫气系统流道堵塞、背压升高的征兆。因此,对配气系统我们做了以下工作:

检查调整各缸气阀间隙;检查扫气箱内部及扫气口,确认清洁;拆下增压器透平侧排烟管及透平侧端盖检查各缸烟管、喷嘴环及涡轮机叶轮并清洁,同时检查增压器转子,其在自由状态下运转平稳;拆下增压器压气机侧滤网及扩压器检查压气机叶轮及扩压器流道,确认畅通;检查废气锅炉烟管并吹洗及人工清洁。另外,主机扫气温度由冷却系统自动控制在50 ℃。上述工作后主机启动困难及排气高温现象仍不能消除。

由于船舶船期紧,加之船上条件所限,配气系统中只剩空冷器还没拆洗,我们先测量空冷器前后压差。船上没有合适的表及接头,采用自制的U型管测量,测量结果可以看出前后压差较大(正常情况下,要求前后压差小于20 cm水柱)。不得已将空冷器拆下,机舱没有足够大的清洗槽浸泡,只好将其架在木方上浇上清洁剂,用锅炉蒸汽吹洗。用这种清洗方法虽不能清洗彻底,但也能清洗出大量的油泥。空冷器风干装复后,启动柴油机,柴油机的各缸及平均排气温度高温现象立即消除,停车后将启动燃油限制器的最小限油格数调回到20格,再启动柴油机,上述启动困难现象不复存在。

7. 调速器转速设定气压阀动作不灵活致主机启动困难

(1)故障过程

某轮主机,型号 MAN B&W 6L60MCE,功率的 8 050 kW,配有 WOODWARD PGA 调速器,以及 AUTO - CHIEF - IV 遥控系统。

机动航行中,偶有遥控主机倒车启动不成功的现象。观察证实,每次主机启动失败:

①压缩空气启动,能达到发火转速;

②各气缸也进油发火;

③随后,调速器主机转速设定空气的压力表显示压力不足,回升缓慢,主机转速下降以致停车。

每次启动不成功都是在驾控位置,待驾控三次不成功再转到集控室操作,因启动空气压力已大幅度下降而必须手动延长启动时间。

查阅该轮记录发现,此启动偶尔失败的故障,一年前就已发生,船舶也曾向公司反映过这个问题,但是一直没有解决。据留任的轮机员反映,最近故障已发展到连正车启动时也会出现偶尔启动不成功。

此外,还发现控制空气压力会达到 0. 75 MPa 左右,大于说明书的 0. 6 MPa ~ 0. 7 MPa 的要求。为何控制空气压力要保持高于说明书的规定值?

(2)分析与处理

该故障影响船舶机动航行时的安全,必须尽快排除。查找故障原因需要深入分析。分析的依据是故障现象,图纸、说明书等资料,以及检查嫌疑设备的结果。

此次处理故障时间宽裕,故按照最基本的分析思路,即依次分析启动功能故障的换向、压缩空气启动和油气并进、启动后的进油等各个环节。

①换向

a. 观察确认换向系统无问题。

b. 空气分配器换向到位。

高压油泵换向也到位(倒车换向结束后,倒车指示灯亮,即倒车换向指示正确)。另发现去倒车换向的一根不可能导致该故障的空气管接头松动,上紧螺丝消除泄漏后试车,故障依旧。

②压缩空气启动和油气并进

如前所述,压缩空气启动能达到发火转速,气缸也进油发火。但这里还有两个问题:一是油气并进的油门是否足够大;二是油气并进持续时间够不够。

a. 油气并进的油门取决于调速器的升压器启动前,离心式调速器本身不可能有输出;启动过程,调速器本身压力尚未建立或还未稳定,也不能形成稳定的输出,不能带动高压油泵齿条使燃油进入气缸。为解决启动阶段打开油门的问题,调速器设有升压器,把从空气分配器接来的启动空气的压力,转变成油压推动高压油泵齿条,使油泵喷油,实现油气并进。

检查升压器的空气压力表,压力稳定在规定范围;检查油气并进时的油门开度,确认大于前进一时的油门开度。

b. 油气并进持续的时间查阅主机遥控气动控制图可知:

Ⅰ. 主启动空气的关断,由两位四通阀 27 换位控制;

Ⅱ. 阀 27 换位,由单向节流阀 32 节流延迟,从而保证主启动阀的关闭延时至开始供油后。

检查发现，节流阀32的调节螺丝已完全处于松开状态。

按说明书要求上紧调节螺丝，试车，主启动阀的关闭延时达到说明书规定的1 s左右，每次压缩空气启动和油气并进阶段，转速都能达到50 r/min左右（相当于前进一）。但启动偶尔失败的故障并未消除。

c.启动后的进油

启动后，油门受调速器控制。如前所述，每次启动失败，都是气缸进油发火后，调速器主机转速设定空气的压力表显示压力不足，回升缓慢。若调速器主机转速设定空气的压力回升在主机转速低于发火转速之后，启动肯定不成功。与这种情况有关的，可能有调速器本身、停油机构及调速器转速设定空气的管系阀件等三方面。

Ⅰ.调速器本身

检查调速器，换油，再观察调速器的工作情况，没有发现任何不正常情况，排除了因调速器本身而导致该故障的可能性。

Ⅱ.停油机构

检查与停油有关的气动阀件和机械传动部件，没有发现异常。

Ⅲ.调速器转速设定空气管系阀件

拆检全部调速器转速设定空气管系阀件，用相应压力的压缩空气试验，发现供给调速器转速设定空气的阀71动作不灵活，控制空气压力低于0.68 MPa时就不能动作。经拆检活络，再用相应压力的压缩空气试验，阀71恢复正常。

装复全部被拆检的阀件，进港前多次试车，以及进港航行使用，主机启动正常，证实故障已经排除。

③故障机理分析

a.阀71本例故障的原因，主要在于阀71。阀71是一个气控二位三通阀，作用是：控制空气压力正常时，接通控制空气去调速器，作为转速设定空气。当控制空气压力低于0.50 MPa时，切断调速器转速设定空气，从而使主机停车，以免损坏主机。

出厂前，调节到气源气压低于0.50 MPa时，气控室调节弹簧的预紧力大于控制空气所产生的向上的力，使此阀动作，保证只要控制空气压力大于0.50 MPa，就有控制空气去调速器作为转速设定空气。阀71动作不灵活，控制空气不能去调速器，转速设定空气压力不足，主机油门打不开，造成启动失败。

b.控制空气压力波动

控制空气，由主空气瓶通过减压阀供应。主空气瓶压力不低于0.7 MPa，控制空气压力不应有波动。控制空气的压力范围是0.6 MPa～0.7 MPa。控制空气压力低（例如管路破裂导致大量漏气）至0.55 MPa时，会发出低压报警。

阀71不能动作故障的控制空气压力是0.68 MPa，略低于说明书规定的控制空气压力高限，高于低限，更远高于报警压力。但其压力略有波动，说明压缩空气减压阀不够灵敏，应该检修（事后检修调整过）。

前面提到控制空气压力调高至0.75 MPa，就是希望通过提高控制空气压力，减少启动不成功的概率。

c.为什么倒车启动不成功比正车多？这要考虑正倒车的启动差别：

其一，该型主机的启动设计，是以正车为主兼顾倒车，高压油泵、排气阀凸轮、活塞和缸套的密封等都是按正车运行工况设计的（即在倒车时的喷油和排气阀的定时与正车一样）；

其二，螺旋桨桨叶、船尾线形等形成的阻力，也是倒车比正车大；

其三，主机启动多数是在船舶前进的情况，虽然主机已经停止运行，但螺旋桨仍在水涡轮工作状态。水涡轮作用产生的转矩，对于倒车是不利于启动的反方向转矩，而对于正车是有利于启动的正方向转矩。这都导致倒车启动比正车启动困难，消耗压缩空气也多。

倒车比正车消耗压缩空气多，主空气瓶压力下降也多，减压阀（不灵敏）出口控制空气压力下降也多，压力回升时间也长，控制空气低于0.68 MPa的可能性就比正车大，出现倒车启动不成功的机会也就比正车的多。这些就是主机启动失败主要发生在倒车的原因。

d. 应急措施

启动失败多发生在驾驶台操纵。驾控三次不来，空气瓶压力已大幅度下降，转到集控室操车也很难启动成功。

建议的应急措施，是尽快转到机旁操车，手动延长启动时间，待调速器的转速设定空气压力恢复后，再停止压缩空气启动（关闭主启动阀），以保证启动成功。

8. 燃油切断开关的进气管考克异常关闭致主机遥控启动失灵

(1) 故障过程

某轮是一艘3800TEU的全集装箱船，1994年在日本建造，主机型号是MAN B&W 10L80MC，营运转速89 r/min，最大功率为34 300 kW。2004年3月上旬在国内某修船厂修船，出厂后几天，在航行过程中，经厂修过的主机5#缸高压油泵的压盖床垫和燃油进口管与高压油泵的连接法兰床垫，相继被吹掉，致使大量的燃油喷出。由于发生在早晨或晚上，又是无人机舱，所以喷出的燃油从缸头层一直流到舱底才被发现。主机应急操纵台周围的各种管路和阀件沾满了漏出的燃油，致使主机高压油泵VIT工作失灵，主机驾控启动失灵。现将这两例故障的分析和处理过程介绍如下。

(2) 分析与处理

3月21日该轮离开日本清水港后，发现主机各个缸高压油泵的VIT齿条刻度都在零位，即VIT全不工作。从现象上看，每个缸的VIT都不动作，这说明不是VIT的执行机构上出了问题，应该是控制机构上出现了问题。经查图纸，VIT的控制原理如下：控制空气经53#控制阀后，到达一个2位电磁阀，再通过一个选择节流阀，然后进入各缸的VIT执行器。53#控制阀由主机油门杆控制，在一定的油门范围内，油门越大，该阀的输出量就越大。该输出量进入VIT的执行器，使其阀芯受控，控制两位阀通道的开度，使0.7 MPa的气源进入执行器放大气缸，推动活塞，通过连接机构而达到控制VIT齿条刻度的大小的目的，即控制高压油泵喷油提前角的大小。

根据以上原理，VIT执行器不工作，其原因是要么执行器的气源没气，要么执行器的控制空气没气。经拆VIT执行器的两路空气管接头，发现气源有气，而控制空气没气。至此目标明确，锁定在控制路上。控制路选择节流阀后有一个压力表，读数为0.35 MPa。问题是没气哪来的压力？说明压力表已损坏，更换一新表后，读数为0.02 MPa。拆53#阀前，空气管接头有气；拆53#阀后，空气管接头没气。由此立刻判断为53#阀不通气。原因可能是在16日主机5#高压油泵床被吹掉，大量漏油，导致主机应急操纵台上及其周围的控制空气管上都是重油，重油渗进阀芯，堵塞通道孔。

由于船正在航行中，若马上拆53#阀，会影响整个控制系统的控制空气失压而导致停车。所以采取临时措施：强制将53#控制阀的阀芯压进到最大量，再用垫片顶住，想不到阀芯会咬死在最大量位，无法复位，此时53#阀后的输出量为0.2 MPa，再观察VIT的齿条刻度为“4”，通过调节选择节流阀，使输出量到0.35 MPa，这时VIT齿条读数在8.5~9.0之间，是正航时的正常量。

3月29日船到洛杉矶，解体53#控制阀，发现其阀芯处有重油，小孔堵塞，顺便解体49#选择节流阀，清洁后装好。船离开洛杉矶后，该系统恢复正常。

3月28日15:00时，该轮在洛杉矶港前试车时发现驾控无法启动，同时在安保系统和控制系统面板上的两个转速信号红灯（reveration singal）亮。转到集控室启动则正常，集控室启动好后，再转回驾控，由驾控加车也正常。因时间紧迫无法作更多的试验，继续航行。

结合图纸进行分析，得知从集控室到主机这一段的气动控制是好的，问题是出在驾驶台到集控室这一路上，而驾控启动与集控启动的区别在于多了一个启动电磁阀和四个启动条件限制（即燃油零位，鼓风机自动，盘车机脱开，遥控电源有电），由于主机在运行，只有燃油零位灯不亮（即燃油不在零位），其他三个条件灯都亮。由此可将目标锁定在启动电磁阀和燃油零位这两点上，而这只能在停车及再次启动时才能检查。

3月29日16:30时上引水，1600时请求驾驶台先停车，以便检查判断。停车后发现燃油零位灯不亮，其他三个条件灯都亮，驾控启动时检查电磁阀无启动信号。由此得知，驾控不能启动的原因是停车时燃油不归零，驾控启动的四个条件只满足了三个而不能启动。而燃油不归零又导致了停车状态有转速信号，所以转速信号红灯亮。这两个红灯起初转移了视线，隐蔽了真正的原因。因时间关系，先转集控控制进港，到港后，马上着手检查燃油不归零的原因。

①查高压油泵燃油齿条停车时的读数与集控室的燃油齿条读数结果均为“12”，调整油门总杆的调节螺丝使其归零，但燃油零位灯还不亮，说明原因不在此处。

②拆开油门刻度——对电信号转换器盒子进行检查，未发现异常。

③拆开电子调速器盖子检查，也未发现异常。

以上三点均与燃油零位有直接关系。因为不是其故障原因，所以无计可施，只有到现场（注油器层）再仔细观察气路。果然在主机应急操纵台后面，发现有一个燃油切断开关，此开关在主机气动控制图上并没有标注。燃油切断开关的进气管上有一个小考克处于关闭状态，将此开关打开，再到集控室观察到燃油零位灯已亮，故障消除。船在离开洛杉矶时驾控正常。

这个小考克应是常开的，之所以被关闭的原因可能是主机5#高压油泵床被吹掉后，大量漏油，导致整个应急操纵台都是重油，做清洁时不小心碰到考克手柄而使其关闭的。主机控制系统的两个故障看来都是漏油惹的祸。

第三节　柴油机热启动困难故障诊断与排除

一、热机启动困难的原因

所谓热机启动困难，应该理解为：柴油机冷态启动正常，但柴油机大负荷作业一定时间后，正常停机并再次启动时，柴油机不易启动或启动不着。但停机一段时间后，柴油机又可以正常启动且热机停车后还是不能立即启动。

柴油机冷机启动困难，不难理解，但柴油机热机后启动困难，就是不太容易被理解的事情了。事实上，柴油机在实际使用中，经常发生热机启动困难的故障，而导致柴油机热机启动困难的因素主要有：

（1）柴油机有时出现在热机状态下反而比冷机状态更难启动的现象，造成这种反常现象的根本原因是柴油机容易过热，而冷却系统无法及时散热，从而引起零部件受热膨胀卡住。这种反常现象大多发生在新机或者大修后的柴油机上。新机或大修后的柴油机装配间隙、活塞环间隙、活塞与缸套的配合间隙以及各轴的轴向间隙过小，零部件受热后缺少膨胀的余地，因而卡住，使运转阻力和摩擦生热增大，以致摇臂曲轴运动非常吃力。

（2）当活塞环被卡死，气阀杆与气阀导管之间间隙过小或者积炭、结焦，引起气阀尤其是排气阀卡滞，造成燃烧室密封不良，混合气压缩不足，也是热车难以启动的重要原因。这种柴油机往往装配质量不好，零件材质不佳。因此应严格按柴油机磨合期的规定，对新机或大修后的柴油机耐心进行磨合操作，杜绝超速和超负荷；加强冷却系统的保养，定期清除水垢；正确调整供油时间和各部配合间隙；采用质量合格的润滑油，适当缩短换油和保养机油滤清器的间距，以避免出现拉缸、烧瓦等严重事故。

（3）如果柴油机发生机体（曲轴箱）变形、曲轴弯曲、活塞轻微拉缸等内部故障时，也会导致柴油机热机启动困难。

（4）一些用电量较大的大型工程机械，当充电柴油机充电不足或有故障时、启动机某些电器元件受热损坏、某些其他零部件异常损坏时，都可能导致柴油机热机启动困难。

二、热机启动困难故障实例

1. 气阀弹簧长度不对导致热机启动困难

（1）故障现象

一台 S195 柴油机，冷机时能顺利启动，热机时却难以启动。在一次作业停机后，不能启动，但约半个小时后很快就能启动。另外，柴油机的牵引力明显不足。

（2）故障检查

起初，认为是缸套、活塞磨损造成故障的，但换新件后，故障依旧。进一步检查，发觉摇转飞轮阻力较小；松开减压手柄摇转飞轮，听到排气管里发出“哧”的声音，于是怀疑气阀关闭不严，致使气缸压力过低。但经拆卸检查，气阀头部和气阀座圈没有烧损，也无偏差。反复查找终于发现，原来是气阀弹簧自由长度比标准高度缩短了 1.5 mm。

（3）故障排除

在气阀弹簧一端加上 2 mm 厚的平铁垫后，该柴油机冷、热机均能顺利启动。

（4）故障分析

由于气阀弹簧长期处在高温下工作，因退火而使自由长度缩短且张力降低，造成气阀关闭不严或关闭滞后，柴油机便气缸压力过低而难以启动。当该机冷却后，其弹簧张力有所恢复，柴油机便又能启动了。

2. 充电发电机损坏导致热机启动困难

（1）故障现象

一台 F12L513 风冷柴油机，在使用过程中逐步出现热机启动困难的故障，刚开始时，偶然会出现热机启动困难的故障，但不明显。随着工作时间的延长，热机启动困难的现象越来越明显，一次性工作时间越长，停机后不能立即启动的概率就越高，一般要停机 30 min 后才可以再次启动。现场操作人员检查了所有可能导致此类故障的原因及位置，未能排除故障。

(2)故障排查

在对柴油机进行了仔细的检查,未发现柴油机有异常情况,且柴油机启动后的声音、动力和运转都很正常。因此,维修人员怀疑是启动机或蓄电池电力不足所致,进一步观察启动过程发现,冷态时启动转速明显高于热机启动转速。也就是说,柴油机带负荷作业后停机再次启动时,启动机虽然可以转动,但转速达不到着火要求,等待 30 min 后,启动转速就明显高了许多。至此,基本上找到了该机热机启动困难的原因,可能是大的充电发电机坏了。

(3)原因分析

该设备为大型铁路养护设备,平时作业时用电量较大,该柴油机随机附带了两个充电发电机,一个 55 A/28 V,另一个 120 A/28 V。由于大的充电发电机坏了,不充电,但设备却在大量消耗电能,所以引起蓄电池亏电。作业时间越长亏电越严重,热机启动越困难,但停机一段时间后,由于蓄电池的自恢复作用,柴油机又可以顺利启动。

3. 启动机故障导致热机启动困难

故障现象及原因分析:一台道依茨 F12L513 柴油机,出现了热机启动困难的现象,开始时怀疑是柴油机内部原因引起的,但仔细观察分析后,发现该柴油机不存在内部原因导致热机启动困难的其他现象。因为该柴油机不存在动力不足、异响、黑烟等问题,也不存在充电不足的问题,所以,即认为可能是启动机自身的问题,拆下启动机检修时发现,该启动机继电器接点有烧蚀的痕迹,分析认为是接触不良所致,进一步检测发现,该启动机继电器受热后动作不灵活,而冷态时没有这个问题。至此判断该机热机启动困难的原因是启动机元器件受热后动作不到位,导致启动机动力不足而使柴油机启动困难。

因此,更换一台新的启动机后,该机热机启动困难的故障消失。

4. 柴油机机体变形导致热机启动困难

(1)故障现象

F12L413F 风冷柴油机,柴油机作业停机后启动困难,刚停机时不能马上启动。停机 15 min 后启动正常,但中低速运行时柴油机有异响且动力有轻微不足等现象。

由于柴油机存在异响和动力不足等现象,分析认定该柴油机内部可能出现了问题,机体或曲轴变形的可能性最大,因此决定拆机检修。

(2)故障原因

柴油机解体后,仔细认真地检查相关零部件,发现该机曲轴止推轴瓦单边及侧面磨损严重,曲轴止推挡主轴颈拉伤,另有两道主轴瓦露铜,曲轴箱止推挡有轻微错位现象。专业测量发现:机体主轴承盖宽度定位尺寸全部小于标准值,严重的误差达 0. 1 mm,因此造成定位不准,拧紧主轴承盖螺栓后,主轴承盖产生相对位移。所以,该机热机启动困难是由于主轴瓦损坏且曲轴箱变形造成的。

(3)排除方法

柴油机解体维修,修磨曲轴(尺寸加大一级),采用热喷涂的方法修复曲轴箱主轴盖定位尺寸和损伤部位并精确加工,酌情更换其他零部件。柴油机修复后,原有的热机启动困难故障消失。

5. 4ZC1 – JT 型柴油机热机启动困难

(1)故障症状

柴油机冷机状态启动正常,而热机状态却启动不良。早晨启动性很好,长时间停止运行后再启动,启动性也很好。柴油机处于冷机状态时启动性没有问题。但行驶一段时间之后停机,就启动不了,热机状态启动性不好。

(2)故障检修

先进行故障确认,上车后启动柴油机,启动后再停下,停下之后再启动,反复操作,几次之后故障症状即重现了。调查自诊断系统的故障码,输出的故障码表明控制系统正常。然后再一次摇转摇柄,柴油机一次就启动了,不能再现故障症状。让柴油机怠速运行,目视检查柴油机室内各部分,没发现什么异常的地方。

只是在热机之后启动不良,说不定是有关配线接触不良,用手拨动 ECGI(电子控制汽油喷射系统)的导线束,突然柴油机停了下来。触动部分是仪表板后沿安装的 ECGI 继电器附近。

在怠速运行状态下测量 ECGI 主继电器电压。图 2 – 4 所示的主继电器的连接器(6 端子)的黑白花线端子只有 5 V 电压。这根线是 ECGI 电子控制单元的电源线。

使柴油机停机,在这种状态下摇转摇柄,柴油机完全不能启动,当然喷油器也没有动作声。关上点火开关,然后再合上点火开关,这次黑白花线的端子电压是 12 V。感觉继电器输出电压不稳定。估计是柴油机室温升高后引起接点接触不良。

摇几次摇柄也启动不了,一般都发生在点火开关合上后,若 ECGI 主继电器接触不良,摇摇柄是没有用的。若此时切断点火开关,然后再重新合上,如果碰巧这一次接点接触良好,柴油机就可以正常启动了。

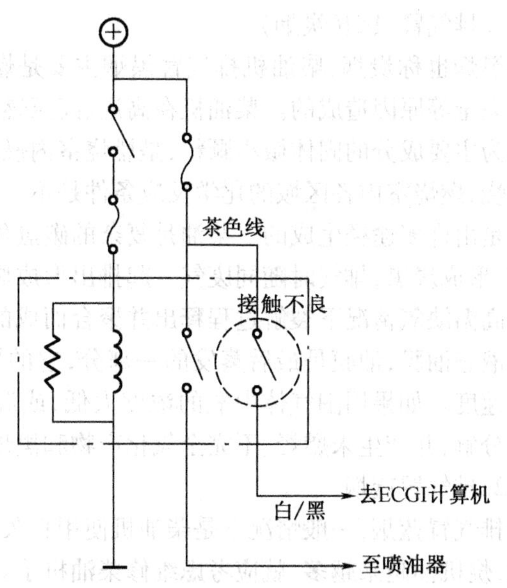

图 2 – 4　ECGI 主继电器电路

第三章　柴油机排烟异常故障诊断与排除

柴油机在正常工作温度下，其排气烟色应该是无色或淡灰色的。所谓无色不是完全没有颜色，而是在无色中伴有淡淡的灰色，这是正常排气烟色。柴油机在怠速时排气烟色可能重一些，在高速、高负荷时也可能重一些，要注意观察正常排气烟色，才能对非正常的排气烟色进行判断和分析。柴油机燃料完全燃烧后，正常颜色一般为淡灰色，负荷略重时为深灰色。柴油机在工作中，会经常出现冒烟现象，柴油机排烟有黑烟、蓝烟、白烟和灰烟等四种，它们是判断柴油机故障的重要条件。

第一节　柴油机排烟异常现象综述

1. 排气冒黑烟（炭烟）

黑烟也称炭烟，柴油机排气冒黑烟主要是燃料混合气过浓，可燃混合气形成不良或燃烧不完全等原因造成的。柴油机在高温、高压燃烧条件下，局部缺氧、裂解并脱氢而形成的以碳为主要成分的固体微小颗粒，是燃烧室内燃料燃烧不完全的表现。由于柴油机是非均质燃烧，燃烧室内各区域的化学反应条件是不一致的，而且会随着时间而变化，所以黑烟很可能是由许多途径生成的。柴油是复杂的碳氢化合物，喷入燃烧室内未燃烧的柴油受高温分解，形成炭黑，排气时随同废气一起排出形成黑色烟雾。黑烟是不完全燃烧产物，是烃燃烧在高温缺氧情况下裂解过程释出并聚合而成的。某些情况下燃油喷射在燃烧室壁面上，形成液态油膜，油膜是最后蒸发的一部分，它的燃烧取决于其蒸发速度和燃油蒸气与氧的混合速度。如果周围气体中氧的浓度太低，或混合的速度不够时，从油膜蒸发的燃料气体将被分解，并产生未燃烃、不完全氧化产物和黑烟。

2. 排气冒蓝烟

排气冒蓝烟，一般情况下是柴油机使用日久，慢慢开始烧机油引起的，随着蓝色烟雾的加重，烧机油越来越多，就应考虑维修柴油机了。有时燃油中混有水分，或有水分漏入燃烧室，引起燃烧的改变，柴油机会冒浅蓝色烟。

3. 排气冒白烟

白烟是指排气烟色为白色，它与无色不同，白色是水蒸气的白色，表示排烟中含有水分或含未燃烧的燃油成分。白烟呈液珠状态，和蓝烟相比较直径稍大，一般大于 1 μm。在光的折射下呈白色，柴油机的白烟是未燃烃（含燃油和润滑油）、水蒸气以及不完全燃烧的中间产物（如含氧碳氢化合物），除水蒸气外，它们也都属于微粒范畴。柴油机在刚启动或冷机状态时，排气管冒白烟，是因为柴油机气缸内温度低油气雾化而形成，冬季尤为明显。柴油机在寒冷天气运行时，柴油机温度低，排气管温度也低，有水蒸气排气凝结成水气形成白色排烟，是正常现象。若当柴油机温度正常，排气管温度也正常时，仍然排出白色烟雾，则说明柴油机工作不正常，可判断为柴油机故障。

4. 排气冒灰烟

排气冒淡灰色烟，柴油机工作还算正常，但烟雾颜色加重呈灰色或接近于黑色就不正常了,除了上述排烟黑色的原因外,还可能有进气不畅即空气供给不好的原因。当取下空气滤清器后,排气烟色由深变浅甚至变为无色时,就说明空气滤清器堵塞了,应检查引起进气不畅的原因。

第二节　柴油机冒黑烟故障诊断与排除

一、柴油机冒黑烟故障的影响因素

一台完整的设备,运行时冒黑烟大多是由柴油机自身系统造成的,设备系统因素除了特殊情况外,一般不会导致柴油机严重冒黑烟。如果柴油机在使用过程产生冒黑烟故障,首先应该在柴油机上找原因。导致柴油机冒黑烟的因素是多种多样的,但汇总起来,主要有以下几方面。

1. 柴油质量问题

柴油质量不好,导致柴油机冒黑烟的故障屡见不鲜,也有不少经验总结。

(1)故障实例

一辆后轮驱动的长城哈弗 CUV 汽车,行驶里程为 2 300 km,搭载 GW2.8TC 型增压共轨柴油机、5 速手动变速器。柴油机能顺利启动,怠速平稳,加速有力。但是,怠速运转时排烟为灰白色;均匀加速,排气管冒黑烟;突然加速,黑烟滚滚。

(2)故障诊断

该柴油机为电控共轨燃油喷射系统,如图 3-1 所示。

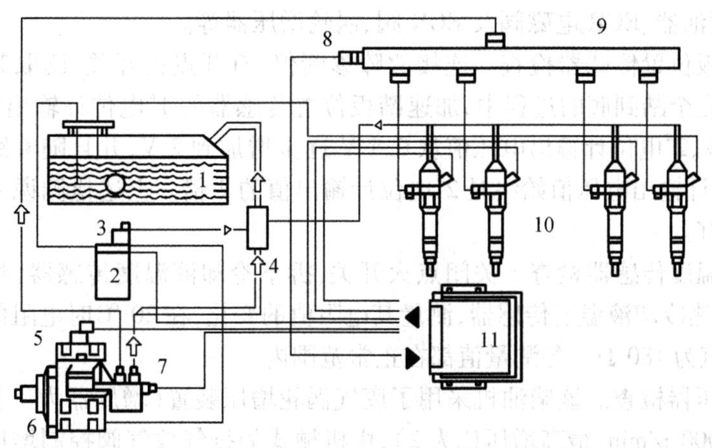

图 3-1　GW2.8TC 共轨柴油机燃油系统原理图

1—燃油箱;2—燃油滤清器;3—回油阀;4—回油三通;
5—高压泵进油计量比例电磁阀;6—CPIH 高压油泵;7—输油泵;
8—共轨压力传感器;9—高压共轨;10—喷油器;11—EDC16C39 电控单元

该柴油机的供油量、供油提前角及供油规律,均主要由 ECU 根据加速踏板位置传感器、柴油机转速传感器空气流量计及冷却液温度传感器等输出的参数通过喷油器上的电磁阀控制。喷油压力由 ECU 根据工况的需要,通过高压油泵进油计量比例电磁阀进行控制。

使用该车专用的元征 X431 故障诊断仪，打开点火开关，进入柴油机诊断功能，读取故障码，无故障码输出；启动后，柴油机怠速运转待冷却液温度上升后，读取柴油机系统的数据流（共 40 个），部分数据流如表 3－1 所示。

表 3－1 GW2.8TC 柴油机（部分）数据流

数据流项目	参数值	数据流项目	参数值
柴油机转速	799 r/min	滤波前的加速踏板度	0.00%
燃油系统轨压	31.64 MPa	系统设定的喷油量	9.02 cm^3/s
轨压设定值	30.95 MPa	油量计单元供油设定值	1.64 cm^3/s
实际轨压最大值	31.42 MPa	轨压控制器供油预设值	1.11 cm^3/s
轨压传感器输出电压值	1.20 V	空气流量计温度信号输出的占空比	7.06%
当前系统每循环喷油	8.63 mg	冷却液温度传感器输出的低电压值	1.30 V
进气系统要求的 EGR 率	60.78%	柴油机冷却液温度	63.86 ℃
加速踏板 1 电位计电压	0.80 V	蓄电池电压	14.47 V
加速踏板 2 电位计电压	0.39 V	油量计量比例电磁阀输出的占空比	20.17%

分析数据流，未发现明显异常的数据。用故障诊断仪的“柴油机测试”功能，采用逐缸断油，来判断各缸是否工作正常，测试结果说明柴油机的 4 个气缸怠速良好。

考虑到该车为新车、柴油机怠速运转平稳、加速性能良好、数据流无明显异常，但柴油机冒黑烟等现象，结合以前维修柴油机的经验，决定重点检查加速踏板位置传感器、冷却液温度传感器、喷油器、EGR 电磁阀及 EGR 阀、涡轮增压器等。

①加速踏板位置传感器检查。连接故障诊断仪，打开点火开关，读取其数据流。加速踏板从不踩到完全踏到底的过程中，加速踏板位置传感器的 1[#]电位计输出电压值从 0.8 V 逐步增加到 4 V，2[#]电位计输出电压值从 0.4 V 逐步增加到 2 V，并且随着踩加速踏板位置的不同，1[#]电位计输出电压值始终是 2[#]电位计输出值的 2 倍。上述检测说明加速踏板位置传感器性能良好。

②冷却液温度传感器检查。关闭点火开关，拆下冷却液温度传感器，测量线束侧插头电压为 5 V；加热冷却液温度传感器，测量其电阻值的变化，在 20 ℃时电阻值为 2 530 Ω，在 100 ℃时电阻值为 180 Ω。各测量值都在正常范围内。

③涡轮增压器检查。该柴油机采用了废气涡轮增压装置（增压器为三菱 TF035HM 型、最高转速 180 000 r/min、最高增压比为 2），由机械式的排气放气阀控制增压压力。检查增压器的涡轮、压气机及润滑部分，未发现异常；用手动真空泵检查排气放气阀，动作良好。

④EGR 电磁阀及 EGR 阀检查。EGR 电磁阀有两个接线端子，由 ECU 控制，测量其电阻值，正常；拆下 EGR，发现阀门处有积炭，但关闭良好。用化油器清洗剂清洗了 EGR 阀，EGR 电磁阀及 EGR 阀应该无故障。

⑤喷油器检查。喷油器为 BOSCHCRIP2 型，喷油器规格为 6 × 0.137，电磁阀灵敏度为 0.2 ms。拔下主继电器柴油机启动后，待柴油机自然熄火（卸压），关闭点火开关，拔下喷油器插头，测量各喷油器线圈的阻值为 0.07 Ω 左右，供电电压为 12.4 V，正常；拆下高压油管、喷油器，发现喷油器喷油嘴积炭严重；分解喷油器下体，用化油器清洗剂检查发现所有

喷油器的喷孔均未堵塞。考虑到喷油嘴积炭严重,用柴油机专用的超声波清洗剂清洗了所有喷油器(注意:若更换新的喷油器,必须用故障诊断仪进行“匹配”,并输入新的喷油器的代号)。

检查至此,未能发现故障原因。将相关部件重新装配好后,启动柴油机,故障依旧。此时,想到该故障是否是由于燃油不良造成的呢。询问驾驶员得知该车始终在某个加油站加0#柴油,从未在小的加油站加油。从燃油滤清器通往油箱的油管,放出约500 mL的柴油,肉眼观察未发现问题。无奈之下,决定更换另一个品牌的0#柴油试试。将原油箱的燃油全部放出,加入10 L另一个品牌的0#柴油,用手油泵放气后,启动柴油机,怠速运转约5 min后,突然踩加速踏板。柴油机排烟居然恢复正常。由此看来柴油机冒黑烟故障的确是燃油品质不良所致。两种不同厂家生产的柴油,除色泽、透明度有所区别外,由于不具备燃油检测手段,很难具体分析出故障原因。

(3)维修小结

因燃油质量不好而导致GW2.STC型增压共轨柴油机冒黑烟的故障很多,更换另一品牌的0#柴油,清洗喷油器及EGR阀后,加速冒黑烟故障便消除。因此,对此类故障,维修时请注意燃油品质,以免走弯路。

2.空气滤芯问题

(1)故障原因分析

空气滤芯堵塞或脏污是不少柴油机带负荷冒黑烟的主要原因,但新的空气滤芯也可能使柴油机带负荷冒黑烟。判断柴油机黑烟是否是空气滤芯所致的基本方法是:

①如果柴油机平时无黑烟,也无其他异常现象,带负荷时才有黑烟喷出,负荷减小黑烟也消失,一般可以认为是空气滤芯的问题。

②拆掉空气滤芯,启动柴油机工作,观察带负荷作业时柴油机烟色,如果黑烟减少,则说明需要保养或更换空气滤芯。注意:柴油机不带空气滤芯的工作时间不要超过10 min,否则易造成柴油机缸套等的不良磨损。

(2)故障实例

一台道依茨F12L513风冷柴油机,在使用中出现下列故障:柴油机空载烟度正常,当设备加载作业时,柴油机就会出现黑烟,且负荷越大,黑烟越严重,柴油机其他方面均很正常,经过维修人员现场多方查找原因,最后确认是空气滤芯原因造成的该柴油机冒黑烟故障,但空气滤芯的保养指示器并未报警。拆下空气滤芯后,柴油机作业时的冒黑烟故障随即消失。

3.气阀间隙不正确

(1)故障原因分析

气阀间隙不正确,直接影响柴油机配气正时,即气阀该打开时未打开,该关闭时未关闭,进而影响了柴油机的进气量和排气通畅,降低了柴油机的过量空气系数,造成柴油机油气混合物过浓,燃油燃烧不完全、不充分,柴油机冒黑烟。气阀间隙不正确除了使柴油机冒黑烟外,还有下列现象:

①柴油机动力不足;

②柴油机可能启动困难;

③配气机构可能有强烈的金属碰撞声。

确认气阀间隙是否正确的基本方法是:打开气阀室盖,用手感或塞尺检查气阀间隙。

必须定期检查并调整气阀间隙。例如,道依茨 F12L513 风冷柴油机,每工作 1 000 h 就必须调整气阀间隙。

(2)故障实例

一台北方大巴车的 FSL413F 柴油机,因该机一个缸盖损坏后,更换了缸盖,维修人员并对该机的气阀间隙进行了调整,由于没有该机的气阀间隙数据,维修人员就参照其他机型的数据(进气阀:0.4 mm;排气阀:0.5 mm)进行调整,该车上路行驶时发现,动力明显不足且冒黑烟现象严重。最后经过专业人员的指点,将该机的气阀间隙调整为正确数值(进气阀:0.2 mm;排气阀:0.3 mm)后,动力不足和冒黑烟故障全部消失。

4. 气缸压缩压力不足

(1)故障原因分析

①活塞顶间隙太大。如果大修装配柴油机时,没有严格按照要求检查并调整活塞顶间隙,或调整不当使活塞顶间隙偏大时,直接影响柴油机的压缩比,进而影响气缸压缩压力。由于压缩比变小,降低了气缸的压缩压力和温度,使燃烧条件变得更加恶劣,燃油燃烧不完全、不充分,柴油机严重冒黑烟。

确保活塞顶间隙的正确是装配柴油机时必须严格做到的重要事情之一。在装配柴油机时,必须将活塞顶间隙调整在技术规范要求的公差范围内。一般情况下,只要安装正确,活塞顶间隙在使用过程中是不会变化的。

②气阀密封不严。气阀密封带严重变形或磨损,将导致气阀密封不严,直接降低气缸压缩压力和温度,使燃油燃烧不完全、不充分,导致柴油机严重冒黑烟。

③气阀座圈凹入太深。气阀座圈长期经受燃烧高温和气阀的强烈冲击,加之气阀座圈底孔的铝合金性质,将使气阀座圈凹入逐步增加,使气阀平面与缸盖底面之间的尺寸相对增加,相应增加了燃烧室的容积,降低了柴油机压缩比,从而降低了气缸的压缩压力和温度,导致燃油燃烧不完全、不充分,柴油机严重冒黑烟。

④活塞环、气缸套磨损严重。活塞环或缸套磨损严重,会使气缸密封不严,导致压缩压力不足。不仅导致因柴油机烧机油而冒蓝烟,大负荷时也将冒黑烟。

因活塞环磨损而导致柴油机冒黑烟故障时,柴油机还将出现下列现象:

a. 柴油机烧机油,机油耗量增加。

b. 柴油机动力不足。

c. 柴油机低负荷怠速时冒蓝烟,大负荷时冒蓝黑烟。

d. 曲轴箱废气压力大。

气缸压缩压力不足时,除了使柴油机冒黑烟外,还有下列现象:

a. 柴油机工作时动力不足。

b. 柴油机加速无力(加速性能太差)。

c. 燃油消耗增加。

d. 柴油机可能启动困难。

如果柴油机在使用过程中出现上述问题或现象时,可以使用专用的气缸压力检查表测量气缸压缩压力。然后与标准值进行比较,确认是否过低。

④燃烧室形状改变。燃烧室形状因制造质量及长期使用导致技术状况下降,使活塞顶间隙过大、过小以及活塞位置装错,都会使燃烧室形状和容积改变,从而影响燃油与空气混合质量,使燃油燃烧条件变坏。

(2)故障实例

①一台道依茨 F12L413F 风冷柴油机,大修时对气阀座圈等进行了更换,由于没有具体的维修数据,就根据旧缸盖的测量数据确定了更换气阀座圈的相关数据,装机后在试机过程中发现,无论怎样调整,该机都是黑烟滚滚,不仅带负荷冒黑烟,而且没有负荷也冒黑烟。在万般无奈的情况下,全部更换了该机的气缸盖,柴油机黑烟现象消失。后来检查发现,所有旧缸盖的气阀座圈深度尺寸都不对,凹入太深,导致气缸压缩压力不足,柴油机黑烟严重。

②一台 F8L413F 风冷柴油机,在使用过程中逐步出现了黑烟故障,而且随着使用时间的延长,黑烟故障越来越严重,并伴有动力不足、烧机油等现象。现场检查发现:

a. 该机的气阀间隙不对,普遍较大。

b. 测量气缸压缩压力比标准值约低 20%。

另外,该机还存在其他一些问题,因此,决定对该柴油机进行中修处理。拆机时发现,该机活塞环磨损严重,但缸套、活塞等没有大的问题。因此,仅更换了活塞环并研磨了气阀,按技术要求装配相关部件并认真调整该机活塞顶间隙和气阀间隙。该机原有故障随即消失。

5. 喷油泵供油量太大

(1)故障原因分析

供油量过大,使进入气缸内的油量增多,造成油多气少燃油燃烧不完全。另外,工作负荷过重、燃油质量低劣、工作温度过低也会引起排气冒黑烟。

柴油机中燃料的高温裂解反应是不可避免的,特别是在空间混合燃烧的柴油机中,由于高温气体包围着液态的油滴,造成了有利于裂解反应的条件,因此在燃烧初期产生了大量的炭粒,这一点已为燃烧过程的高速摄影所证实。柴油机在正常燃烧时,在排气阀打开以前,燃烧初期所形成的大量炭粒可以基本烧完,排气基本上是无烟的。只是在某些不利工况下,炭粒不能及时燃烧反而团聚吸附,在气缸中和排气过程中形成更大的炭烟粒子或絮团,使排气冒黑烟。此时,柴油机除了冒黑烟外,还有下列现象:

a. 燃油消耗明显增加。

b. 柴油机因后燃增多而使排气温度太高且排气管可能被烧红。

c. 可能会出现拉缸或活塞烧顶现象。

特别提示:调整喷油泵的供油量时,必须考虑该柴油机喷油系统的下列因素:

Ⅰ. 喷油器的喷油压力。因为供油量是在特定喷油压力下调定的。如果喷油压力有变化,供油量也将产生相应的变化。如果喷油泵试验台标准喷油器的压力高,而实际喷油器的喷油压力低,则实际的喷油量将大于调整喷油量。反之,则小于调整喷油量。压力差别越大,供油量的差别也越大。

Ⅱ. 标准高压油管的内径尺寸。如果调试时使用的标准高压油管的内径小于实际高压油管的内径,可能使实际供油量大于调试供油量。反之,则小于调试供油量。

柴油机的循环供油量必须定期在喷油泵试验台上检查。检查供油量时,也需要检查一下各缸的供油角度。

(2)故障实例

一台道依茨 F12L513 风冷柴油机,在使用过程中发现动力不足,因其没有其他不良现象,故维修人员认为该车供油量不足,于是停车调整了喷油泵的供油量。之后该机动力正常,但就是大负荷冒黑烟现象严重。检查了其他可能出现此类故障的相关因素,未发现异常。此时,怀疑是喷油量太大造成的故障,因此,拆下喷油泵专业调整时,发现该喷油泵的供油量比正常的油量大了近30%,按要求调整油量后,该柴油机工作正常。

6. 喷油提前角度不正确

(1)故障原因分析

柴油机的标准供油提前角,是为保证燃油进入气缸后能够充分燃烧设定的最佳供油提前角度。机型不同,最佳供油提前角也不相同。喷油提前角不正确,使柴油机燃油燃烧不充分、不完全,将导致柴油机冒黑烟。

①供油提前角偏大。供油提前角过大,燃油过早喷入燃烧室内,由于此时气缸内压力温度较低,燃料不能着火燃烧。当活塞上行,气缸内达到一定压力和温度,可燃混合气燃烧。在直喷式柴油机中,当其他参数不变时,加大喷油提前角可以降低排气烟度。因为加大喷油提前角会使滞燃期加长,使着火前喷入气缸的油量增加,预混合量增加,预混合气增多,加快了燃烧速度,燃烧可较早结束,从而使主燃期形成的炭粒具有较高的温度和高温下停留较多的时间,有利于炭粒氧化消失。然而过早的喷油增加了预混燃料量,使柴油机工作粗暴,燃烧噪声增大,并引起较大的机械负荷,以及较多的黑烟(CO_X)排放。

供油提前角偏大除了导致柴油机冒黑烟故障外,还有下列现象:

a. 有强烈的燃烧噪声。

b. 柴油机功率不足。

c. 燃油消耗量明显增加。

d. 排气管接口处湿润或有滴油现象。

e. 排气温度可能较高,排气管可能有烧红现象。

f. 柴油机启动困难。

②供油提前角偏小。如果柴油机的供油提前角偏小,燃油喷入气缸时错过了最佳时机,将使柴油机后燃增多,大量燃油还未充分燃烧即被排出气缸,柴油机将严重冒黑烟。供油提前角偏小除了导致柴油机冒黑烟故障外,还有下列现象:

a. 排气温度高,排气管有烧红现象,且柴油机表现为过热。

b. 柴油机整体温度高,柴油机因后燃增多而过热。

c. 柴油机功率不足。

d. 燃油消耗量明显增加。

e. 柴油机启动困难。

因此,当柴油机在使用过程中出现以上现象时,应该仔细检查喷油提前角。

(2)故障实例

①一台道依茨 BFM1013 水冷柴油机(机械单体泵供油系统),由于动力不足等原因对供油系统进行了拆卸维修,但维修之后发现该机比维修前的黑烟还要大,并伴有启动困难等问题。经询问该机前次维修供油系统操作情况时,维修人员由于不了解该柴油机供油系统的维修和调整要求,拆下单体泵检查时未做标记,后任意装回单体泵,未对单体泵调整垫片做任何计算并混装使用。结果就出现了柴油机启动困难、冒黑烟故障。在按要求计算了调整垫的厚度并对应安装后,故障消失。

顺便指出,对于道依茨 BFM1013 柴油机,在检查单体泵时,必须逐缸对单体泵和对应的调整垫做出标记并原缸安装,绝对不能相互调换使用。如果需要更换单体泵,则必须根据柴油机标牌上的 Ep 值,计算单体泵调整垫片的厚度,一一对应安装。否则就会导致该柴油机的喷油提前角不对而使柴油机无法正常工作。

②一台道依茨 F12L413F 风冷柴油机,在使用过程中出现带负荷作业总是浓烟滚滚的现象。检查喷油泵、喷油器等均未发现问题;检查喷油提前角时,开始由于原有标记误差方面的原因,也未发现喷油提前角有问题。仔细核对曲轴转角标记后,发现原定喷油提前角刻线误差达 3°曲轴转角。重新按要求核定基线并正确调整喷油提前角后,该柴油机黑烟故障消失。

7. 柱塞或出油阀严重磨损

(1)故障原因分析

个别或全部喷油泵柱塞、出油阀严重磨损将导致喷油泵泵油压力下降,使喷油器建压相对滞后,燃油燃烧不充分,后燃增多,所以柴油机严重冒黑烟。柱塞和出油阀有问题,将造成柴油机冒黑烟、动力不足,严重时也可能导致活塞烧熔故障。

如果喷油泵大多数的柱塞和出油阀严重磨损,在造成柴油机严重冒黑烟的同时,还有下列现象:

①柴油机启动困难;

②柴油机燃油消耗量可能增加;

③柴油机动力不足;

④柴油机排气管可能湿润或滴油。

确认柴油机冒黑烟是由于柱塞或出油阀的磨损造成的,基本方法是:

a. 拆掉柴油机的排气管,启动柴油机低速运转,仔细观察柴油机各个排气口的排烟情况,找出排烟大的气缸,更换该缸的喷油器(可以与不冒黑烟的缸互换),如果该缸仍然冒黑烟,而另一缸不冒黑烟,则可以确认该缸喷油泵的柱塞或出油阀有问题。

b. 也可以不拆掉排气管,用单缸灭火法初步确认柱塞,出油阀或喷油器是否有问题。具体做法是:启动柴油机低速运转,逐缸断油并观察排气管出口烟度的变化情况,如果某缸断油后,柴油机烟度减小,则说明该缸供油系统(柱塞、出油阀或喷油器等)可能存在问题,可以进一步拆卸检查。

(2)故障实例

一台 BF8L1015C 增压柴油机,在使用过程中逐渐出现动力不足、冒黑烟故障。该柴油机启动工作后,在 20 min 内工作基本正常,但过了 20 min 后,柴油机就开始冒黑烟,且转速下降,最后自动熄火。检查喷油泵,发现柱塞和出油阀等部件磨损较严重。更换全部柱塞和出油阀等零部件(喷油泵大修)后,故障消失。

该柴油机累计使用不到 1 000 h,出现此类故障应该是不正常的。经询问操作人员后得出结论:主要是燃油质量不佳和滤芯使用不当造成的。

8. 喷油器故障或安装错误

(1)故障原因分析

喷油器因素影响柴油机冒黑烟主要有下列几个方面的原因:

①喷油器雾化不良、卡死、滴油严重或损坏。柴油机排气烟度与燃油雾化品质的关系密切,在柴油机喷油过程中,每次喷油临结束时,喷油压力下降,雾化质量差,使液滴直径比主要喷射阶段的油滴大 4 ~5 倍(体积约增大 100 倍),这些油滴蒸发与燃烧的时间短,周围氧的浓度低,容易产生炭烟。喷油器不雾化、雾化不良或滴油,使燃料不能充分地与气缸内

的空气混合,也不能完全燃烧。由喷油器工作不良引起的排黑烟现象在柴油机低速运转时较为明显,因为低速运转时气缸内进气涡流较弱,油滴或油束被气流冲散的可能性减小并且停留的时间较长,更容易形成炭黑排出。喷油器有问题时,除了造成柴油机冒黑烟外,还有下列现象:

a. 排气管接口处湿润,严重时可能滴柴油。

b. 该缸活塞可能出现烧顶或拉缸故障。

c. 该缸可能有强烈地燃烧噪声。

②喷油压力不正常(偏大或偏小),将影响喷油器的建压时间,延迟或提前供油提前角度,使柴油机工作时冒黑烟。喷油压力偏大,可能延迟喷油开始时间,柴油机后燃增多。而喷油压力偏小,可能提前喷油开始时间,柴油机早燃增多。两者产生的问题和现象与前述的供油提前角不正确相似。

确认某缸喷油器是否有问题的方法与确认柱塞、出油阀是否有问题的方法基本相同,只是互换喷油器后,该缸不再冒黑烟而另一缸冒黑烟,则说明该喷油器有问题。

③喷油器安装错误。某些柴油机喷油器的安装有严格的安装方向,但没有特别的标记予以说明,所以就容易出现安装相差180°的问题。此时,柴油机就会严重冒黑烟。

④喷油器雾化状况与燃烧室匹配问题。如果喷油器的雾化质量与燃烧的匹配要求不一致,也将导致柴油机工作时冒黑烟。

(2)故障实例

①喷油器错位安装导致柴油机黑烟故障。一台工程机械用BF6M1013柴油机,维修人员在进行了喷油器的校验后,发现柴油机一启动严重冒黑烟,无论怎样调整油量或其他部位,黑烟现象都没有消失。后来经过认真的检查和对比,才看出喷油器安装方向错位180°,纠正错误后黑烟随即消失。

此类人为因素导致的该柴油机黑烟故障时有发生,有的已造成柴油机活塞全部烧顶等严重衍生故障。因此在拆装不太熟悉的柴油机喷油器时,应注意做出安装标记。

②喷油器喷油雾化不良并滴油,导致柴油机黑烟故障。有一台道依茨BFM1013柴油机,在使用过程中逐步出现冒黑烟现象,且伴随有动力不足、机油油面增高等现象,因此怀疑单体泵系统有问题。一般情况下,该柴油机出现上述故障的基本原因是:

a. 单体泵磨损或调整垫磨损,影响供油压力或喷油提前角度,柴油机会冒黑烟。

b. 因为单体泵外侧O形密封圈(图3-2)起着密封并防止燃油漏入油底壳的作用,因此,该密封圈损坏,可以导致燃油进入油底壳而使机油油面升高。

c. 喷油器雾化不良或滴油不仅导致柴油机动力不足、冒黑烟,而且如果滴油严重而使该缸不能着火燃烧,燃油将由活塞环与缸套间的缝隙处流入油底壳,导致机油油面增加。

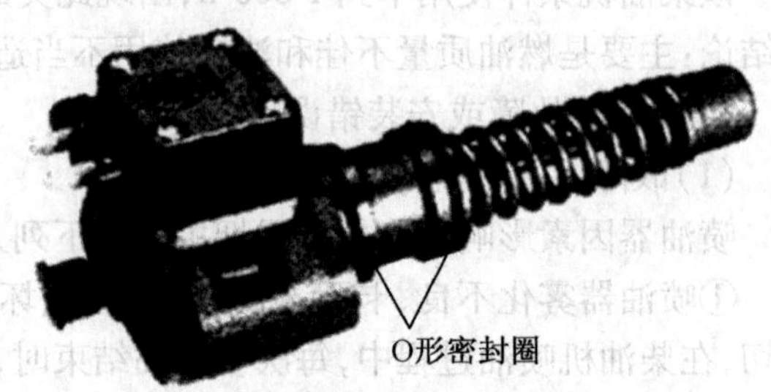

图3-2 单体泵O形密封圈的位置图

根据上述分析,首先拆检单体泵,但检查单体泵后,除了发现有一个单体泵上的O形密封圈有些磨损外,未发现其他异常情况。更换已损坏的O形密封圈后装好单体泵,启动柴油机运转,原有的问题继续存在。进一步分析上述故障存在的因素后，决定拆下全部喷油器进行调试。结果发现，有一个喷油器的喷油压力不到 10 MPa 时就开始滴油，且没有任何雾化，其余喷油器喷油压力及雾化状况也不是十分理想。至此，找到了故障的根源，更换了全部喷油器后，故障排除。

③喷油器击穿导致柴油机黑烟故障。一台康明斯 K38 柴油机使用一段时间后，就开始出现黑烟故障，由于该柴油机使用 PT 喷油系统（图 3－3），开始认为是油门执行器出现了问题，但是经专业检查没有发现问题。

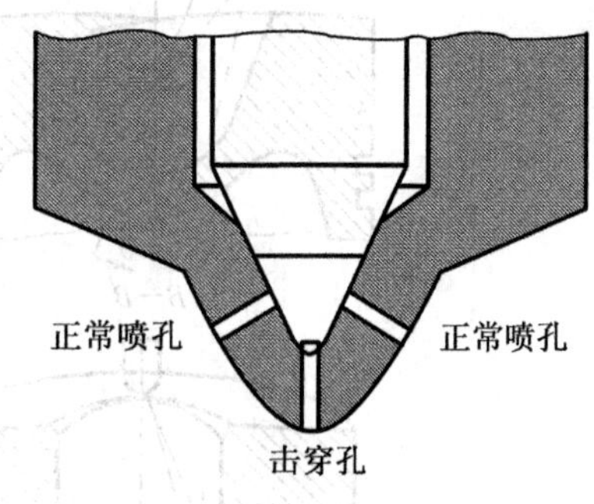

图 3－3　PT 喷油系统图

进一步检查分析后认为该机黑烟故障来自 PT 泵的喷油器，拆下 PT 泵检查，发现该机所有 12 个喷油器头部全部被击穿，如图 3－3 所示，因此，喷油器等于多了一个喷孔向燃烧室喷油，相对油量大了许多，所以柴油机总是黑烟滚滚。更换全部喷油器，最后黑烟故障消失。

因为 PT 泵供油提前角需要对顶杆进行调整，以控制油量和喷油提前角度。如果调整不当，就会击穿喷油器头部。该机全部喷油器头部被击穿，应该是调整不当所致。正确的调整方法请参考康明斯 N 系列柴油机的 PT 泵调整。

④喷油器喷射与燃烧室不匹配导致黑烟故障实例。一台道依茨 F12L413F 风冷柴油机，在进行了喷油器的更换工作后，发现柴油机冒烟严重。启动后怠速运转时，严重冒蓝白烟，中速运转及带负荷运转后，严重冒黑烟。经过多方检查，未发现其他异常情况。因此，最后确认问题出在喷油器上。

拆下喷油器后仔细检查，该喷油器从外观上看没有什么问题，有“BOSCH”商标及相关编号，属于“进口”原装型。但在喷油器试验器上调试时发现：原喷油器的雾化状况较差，新喷油器的雾化状况良好。所以，单凭喷油器的雾化状况无法说明喷油器质量不好（应该说，从雾化状况看，新喷油器优于旧喷油器）。问题可能出在喷油器的雾化状态与燃烧室的要求是否匹配。最后决定：用两种喷油器在柴油机上进行试验，以确认喷油器的质量。

由于 F12L413F 是 V 型 12 缸柴油机，因此，在左排缸安装原（旧）喷油器，在右排缸安装新喷油器。试验结果表明：左排缸的排烟状况远远好于右排缸。至此，可能得出结论：该柴油机在更换喷油器后严重冒烟的原因是喷油器的喷油雾化状况与柴油机燃烧室不匹配，新的喷油器虽然雾化好，但与该柴油机不匹配。

要了解其中原因，先得从柴油机的燃烧过程说起。道依茨 F12L413F 风冷柴油机采用斜圆筒形燃烧室，如图 3－4 所示。其工作原理如下：斜圆筒形燃烧室的轴线与气缸中心线相交成锐角。两股粗细相等、互成锐角（28°）的油束喷入斜圆筒形燃烧室壁附近。利用进气切线速度约 90 m/s（涡流比约 2.6）的强烈旋转气流，把油束吹向周边。燃烧室中心处的油气混合物浓度合适，先着火燃烧（滞燃期约 2°～3 °CA）。而燃烧室壁面处的油气混合物浓度较高，因温度低，化学反应受到控制而不会立即着火。此后，由于热混合的效应，即燃烧室壁面处的燃烧气体流向燃烧室中心，燃烧室中心的燃烧气体由于温度较低而密度较大，在气体旋转涡流离心力的作用下甩向室壁，与室壁处的较浓的油气混合物再混合，进一步燃烧。虽然新喷油器的雾化质量好，但与该柴油机燃烧系统对喷油质量的要求不匹配，使油气混合气的混合时间过快而相对提前了着火时间，造成了与提前角过大引起的相似故障,所以柴油机严重冒黑烟。

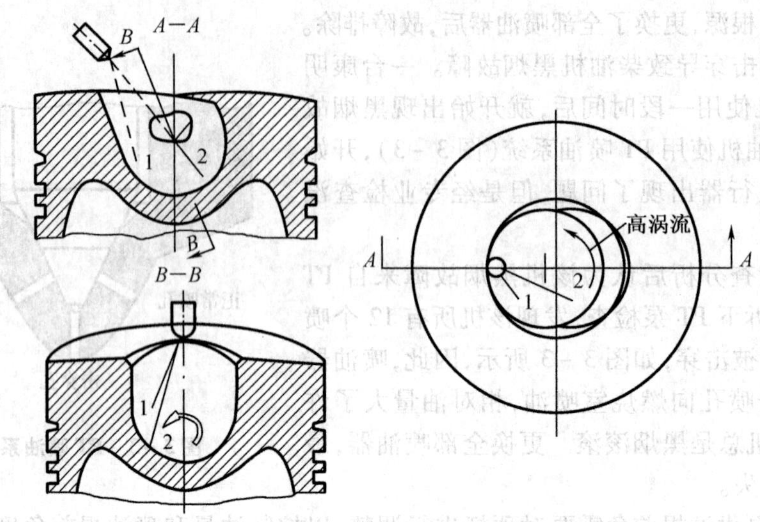

图 3-4 F12L413F 柴油机燃烧室结构图

9. 喷油泵调速器因素

(1)故障原因分析

①调速器自身因素。如果喷油泵调速器有问题,则主要是调速器调速弹簧弹力不足,将导致调速器与油门控制机构之间的不平衡,柴油机从启动开始就会严重冒黑烟。而当外部载荷稍有变化时,柴油机更是浓烟滚滚。如果喷油泵调速器有问题,柴油机运行时还有下列现象:

a. 柴油机转速不稳定,可能自动升高或降低;

b. 带负载运行时,随负载的增加柴油机转速下降严重;

c. 柴油机负载越大,烟度越大;

d. 用单缸灭火法检查时,柴油机总体烟度无明显变化;

e. 柴油机可能启动困难。

确认调速器故障相对难一些,但只要认真分析柴油机故障现象,不难找出故障原因所在并予以排除。

②启动加浓电磁阀损坏。很多柴油机调速器内都装有启动加浓电磁阀,该电磁阀如果坏了,也会导致柴油机不能启动或启动后由于供油量特大,柴油机浓烟滚滚。

(2)故障实例

一台道依茨 BF6M1013 柴油机(机械单体泵供油系统),在一次施工过程中,突然出现黑烟故障,立即停机检查,对可能造成柴油机冒黑烟的因素逐项检查并逐一排除,但该柴油机黑烟现象并未消失。柴油机只要一启动,就会黑烟滚滚。最后拆下该机调速器进行检查,发现启动加浓电磁阀坏了,启动后不回位,导致柴油机的供油量很大,所以该机严重冒黑烟。

二、柴油机综合黑烟故障实例

1. EX200－2液压挖掘机黑烟故障实例

(1)故障现象

一台日立EX200－2液压挖掘机在工作9 850 h后进行柴油机大修,大修后柴油机单独试机时运转良好,但装回主机后试机时出现故障。其症状如下:柴油机怠速运转时冒黑烟,听声音似乎柴油机已带负荷运转;柴油机高速运转时冒出的黑烟更浓,且只要轻微扳动一下机上的操作手柄则柴油机立即熄火。

(2)故障分析检查

该柴油机大修后单独试机时运转良好,说明修理质量是有保证的。于是,对与柴油机相连的液压泵进行了检查。根据柴油机在高速运转时只要轻微扳动一下操作手柄柴油机就立即熄火的故障现象,推断液压泵的斜盘或柱塞可能被卡死,使液压泵的流量不能随外界负载的变化而变化,从而导致柴油机被憋熄火。随即,拆检了液压泵(将液压泵拆下后启动柴油机,柴油机运转正常,再次证明柴油机本身无故障),但未发现任何异常情况,斜盘及柱塞均活动自如,且磨损情况均在规定范围之内,因而排除了由液压泵引起的故障原因。

由于柴油机及液压泵均无任何异常情况,由此推断故障原因应该在其控制部分,而且问题应该出在电气控制部分。该机的电气系统有主回路、监视回路和控制回路,主回路包括柴油机启动、蓄电池充电及亮灯的操作;监视回路包括传感器、开关、控制器及监视器,能传递机器的全部工作状态;控制回路上控制机器的操作情况是由传感器、开关、控制器及促动器来完成的。在EX200－2液压挖掘机上,全机共装有6个微电脑,分别装在监视器控制器、EC(柴油机控制器)、PVC(泵阀控制器)、第一开关盘、第二开关盘及柴油机附件上,用以监控机器各部分的相应动作。

EC和PVC可控制柴油机转速、液压泵流量及控制阀补偿阀的移动量,EC和PVC与电路相连接,彼此交换信号以改变装置的控制状态,提高机器的工作效率。PVC接收柴油机转速、泵的压力、泵的排量倾角以及先导压力等信号,所有信号经PVC分析后将控制信号送至泵排量电磁阀,以便调节泵的流量,并使机器发挥最好的性能。因此,对照故障症状,对PVC及EC的电路部分进行了排查。检查时发现,PVC二极管红色灯不亮(正常工作时应闪亮),初步断定PVC工作不正常。在对PVC相关回路进行检查时,发现该回路没有正常连通;当用万用表检查时,发现该回路电器柜内有一熔丝已烧毁。更换后再启动柴油机时,PVC红色灯仍不闪亮,因此断定PVC已损坏了。换新后重新启动柴油机,故障已被排除。

事后,对此故障的原因再次进行了分析,认为是柴油机从主机上吊下进行大修时未对部分断开的电器线路接头进行保护,从而导致一些油和水进入到接头内,而在装柴油机连线时又未引起注意,造成回路短路而将熔丝烧毁。熔丝烧毁后,维修人员又没有按规定更换同型号的熔丝(误将1 A的熔丝用10 A的熔丝替代),使得熔丝没能起到保护作用,从而将PVC电脑板烧坏。通过对该故障的处理,对熔丝的更换应该引起足够的重视。

2. 6135C船用柴油机黑烟故障实例

(1)故障现象

一台船用6135C柴油机因长期使用而造成动力不足,中速以上发现排气管冒黑烟较严重。根据故障征兆,决定对该柴油机燃料供给系统进行全面的检查维护。

(2)故障原因分析

柴油机正常排出的烟是无色无味的,而该机排气管冒黑烟,这往往是由于喷入气缸的柴油太多、空气太少而形成的,因为柴油得不到空气的充分混合,柴油燃烧不完全,大量的柴油以游离炭粒形式,随排气管排出,因此看到了黑烟。通过以上的分析,排气管冒黑烟,是由于燃油在燃烧不完全的条件下形成的。根据柴油机工作原理,柴油机黑烟故障的主要原因是:

①空气量不足。若空气滤清器堵塞,使进入气缸的空气量不足,柴油燃烧不完全,排气呈黑色。

②燃油雾化不良。若喷油器压力过低或针阀磨损使柴油雾化不良,油雾和空气混合不充分,燃烧不完全,排气呈黑色。

③喷油时间不准确:若供油时间过迟,使部分燃油在排气管中燃烧,燃油燃烧不完全,排气呈黑色。若喷油时间过早,进入燃烧室内的燃油还没有达到一定的温度就开始着火燃烧,造成柴油机工作粗暴、燃油燃烧不完全就随废气从排气管排出,排气呈黑色。

(3)故障检查与排除

根据以上分析,采取从外到内,从简到繁,逐项检查、排除的方法:

①检查空气滤清器。首先启动柴油机,当柴油机达到正常工作温度时,观察柴油机在不同转速下排气管的情况,发现低速时排出黑烟不明显,但随着柴油机转速升高,排出黑烟逐渐严重,于是将空气滤清器拆卸检查,发现滤网有较多的灰尘堵塞,换新滤网后按上述方法重新试车,发现低速时烟色无改变,中速、高速时排烟有所改善,但该故障仍未完全排除,还需进一步检查。

②逐缸停止供油法测试。对各缸进行停止供油测试,检查各缸的供油情况。通过测试发现除2#缸外,其他各缸转速在停止供油时动力都有明显降低,初步判断2#缸工作不正常,其余各缸基本正常。

③喷油器质量的检查。拆卸各缸喷油器检查,发现2#缸喷油器的喷油嘴有滴油现象,且积炭严重,故将各缸喷油器在喷油器试验台做压力试验。喷油器的技术参数如表3-2所示。

表3-2 6135C柴油机喷油器参数

柴油机型号	喷油器型号	孔数×孔径/mm	喷油夹角/(°)	喷射压力/MPa	针阀升程/mm
6135C	ZCK150S435	4×0.35	150	17.2±0.5	0.45

经检查,1#,3#,4#,5#,6#缸喷油器喷射压力均达到技术规范(17.2±0.5)MPa的要求,而且雾化良好,属于正常。但2#缸喷射压力只有4.9 MPa左右,而且雾化不良,于是按顺时针方向调紧喷油器压力调压螺钉重做试验,但没有达到效果,故需要进一步分析、检查。

进一步分析原因之后,将喷油器拆解检查,发现针阀与针阀体之间往复运动不畅,且有明显的积炭等黑色粉末积聚于针阀内,使针阀与针阀体密封不严,造成喷射压力下降而雾化不良。用化油器清洗剂清洗干净、安装,再做喷射压力试验,调整喷射压力提高到17.2 MPa的技术要求,雾化良好。

各缸喷油器安装回气缸,重做逐缸停止供油法试验,各缸转速在停止供油时动力都有明显降低，表明各缸工作基本正常。

④喷油提前角的检查。首先拆解第一缸的高压油管，转动曲轴，使柴油机第一缸活塞处于压缩行程的上止点，此时飞轮外壳上的指针对准飞轮上的0°刻线。其次，按与柴油机旋转方向反向转曲轴400°，然后按正转方向缓慢而均匀地转动曲轴，当1#缸出油口油面刚发生波动的瞬间，实测飞轮壳的指针对准飞轮的刻度是活塞到达上止点前200°，而该柴油机装配的喷油泵是B型泵，B型泵喷油提前角的标准值与实测值如表3－3所示。

表3－3　6135C柴油机喷油提前角

名称	6135CB型泵	名称	6135CB型泵
喷油提前角规定	280°～310°（提前角度50°～80°）	实测值	200°（实际提前160°）

比较表3－3中B型泵喷油提前角规定值、实测值，表明喷油泵喷油时间误差太大。

⑤喷油提前角调整。首先将曲轴旋转至1#缸活塞压缩行程上止点前，飞轮壳的指针对准飞轮上0°刻线前300°（规定值280°～310°）；然后拧松喷油泵联轴器主动盘与主动凸缘盘上的锁紧螺钉，按喷油泵凸轮轴的旋转方向，缓慢而均匀地转动喷油泵凸轮轴至1#缸出油口油面刚刚发生波动的瞬间为止；最后拧紧联轴器主动凸轮盘与主动凸缘盘的两个锁紧螺钉。调整、检查完毕后启动柴油机，在柴油机达到正常温度后，拉动调速杆使柴油机在低速、中速、高速运转，排气管冒黑烟现象消失，动力性能良好，说明故障已排除。

通过该柴油机检修，其主要故障归结为如下三个方面：

a. 空气滤清器堵塞，使进入气缸的空气量不足，故中、高速时排气管冒黑烟。

b. 2#缸的喷油器由于积炭及粉末积聚，使针阀与针阀孔密封不严，造成喷射压力低和雾化不良，排气冒黑烟。

c. 因喷油泵联轴器的两个锁紧螺钉松动，使喷油时间误差太大，燃油喷入气缸后部分燃油来不及完全燃烧就随废气排出，使排气管冒黑烟。

3. 4D56柴油机黑烟故障实例

（1）故障症状

搭载4D56柴油机的车辆想要加速时，即使踩加速踏板，柴油机转速也升不上去，却产生“喀啦、喀啦”的爆燃声，而且排出浓浓的黑烟。

（2）故障分析

进行柴油机空加速试验，症状立即就可以确认，而且缓缓地踏加速踏板，也可以确认排气管冒黑烟。拆下空气滤清器之后，确认柴油机加速性，症状也没有什么变化。引起这种症状的原因，有以下五个原因值得考虑：

①空气滤清器堵塞。

②涡轮增压器旋转阻力大。

③因燃油滤清器堵塞使喷油泵的压力下降。

④喷油泵自体不良。

⑤EGR（废气再循环）系统不良。

这次故障症状没有动力不平衡，若有动力不平衡，则除上述原因外，还有柴油机本体不良、喷油器不良及输送阀不良等原因需要考虑。

(3)故障检查

首先把进气歧管拆掉,让进气口直接进气,这样可以自由吸进空气,启动柴油机试验,结果故障症状完全消除了,说明故障原因在进气系统。故障原因被界定在涡轮增压器、在喷油泵上部设置的增压补偿器及EGR系统。

拆下进、排气管,检查涡轮增压器的涡轮机侧和压气机侧的旋转阻力和有无台阶,结果没有问题,确认这部分正常。其次调查增压补偿器是不是压力过高,拆开连接橡胶导管,启动柴油机试验,结果故障症状依然如故,证明故障症状与增压补偿器没有关系。最后把控制EGR阀的负压拆下来,故障症状就完全消失了。原来这个负压管总是有负压起作用。

该车的EGR系统构成如图3-5所示,构成系统零件的功能如表3-4所示,EGR控制阀总是给出负压,即排气与空气总是一起进入气缸,导致空气过度稀薄,即空气过剩率太小,从而使柴油机功率下降,排气管冒黑烟。

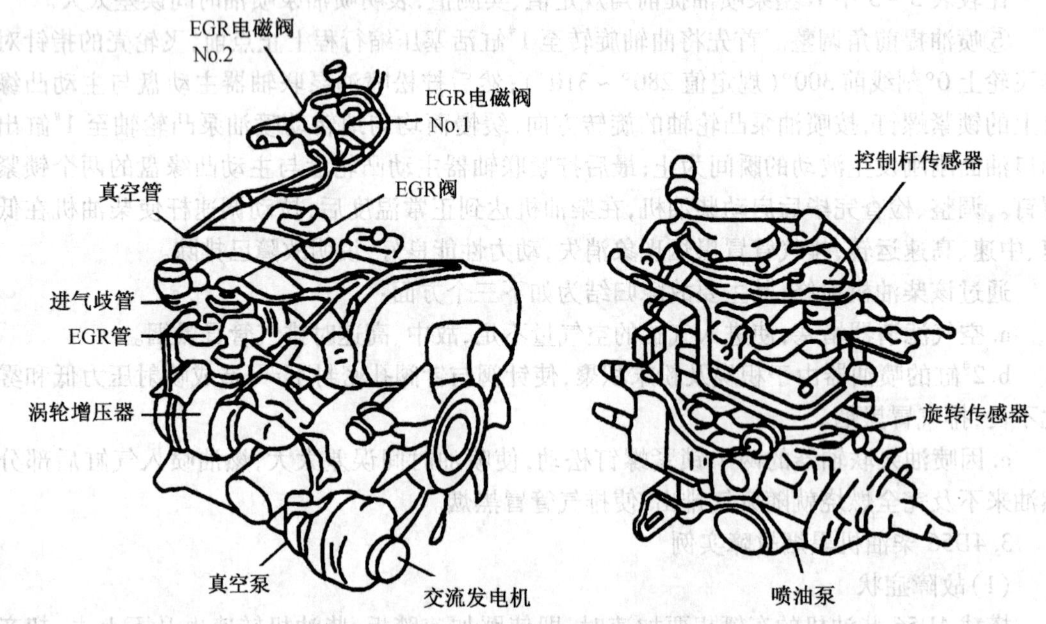

图3-5　4D56型柴油机的EGR系统结构图

表3-4　EGR系统零件功能

名称		功能
传感器	旋转传感器	根据拾波线圈信号,检测柴油机的转速
	控制杆传感器	根据电位器,检测加速控制杆开度
	冷却液温度传感器	根据热敏电阻,检测冷却液温度
激励器	EGR电磁阀No.1	根据程序和EGR控制单元信号,控制EGR阀动作负压
	EGR电磁阀No.2	同上
	EGR阀	根据隔膜定所加负压,控制EGR阀动作,从而控制EGR量
程序和EGR控制单元(与超快速程序的控制单元一体)		根据各传感器信号,控制EGR电磁阀No.1以及EGR电磁阀No.2的开度,从而控制EGR阀与柴油机运转状态相对

能够使EGR运行不良的因素有:EGR阀体不良(由于积炭而密封不良)、喷油泵上部控制杆传感器不良及VSV(真空开关阀)不良,其中VSV不良最为可疑,4D56型柴油机的EGR控制系统如图3-6所示。

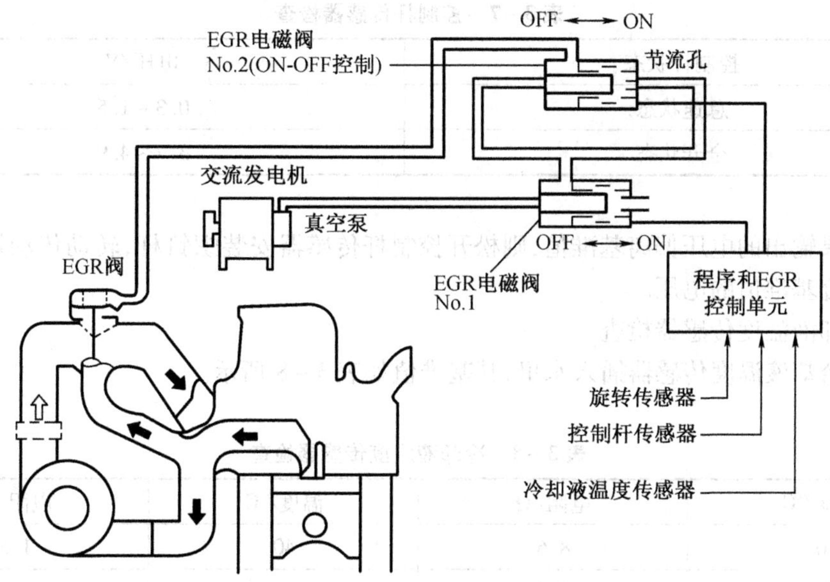

图3-6 4D56型柴油机EGR控制系统示意图

①EGR动作检查

a. 首先使柴油机暖机。

b. 急剧增加柴油机无负荷转速,可以确认EGR阀的隔膜升起来了。

②EGR电磁阀No.1动作检查C针阀接真空泵,电磁阀No.1加电压以及不加电压时,检查各处的气密状态(表3-5为正常)。

表3-5 EGR电磁阀No.1动作检查

蓄电池电压	气密状态
通电时	泄漏负压,堵上A针阀,保持负压
不通电时	保持负压

③EGR电磁阀No.2动作检查A针阀接真空泵,电磁阀No.2通电时及不通电时,检查各处的气密状态(表3-6为正常)。

表3-6 EGR电磁阀No.2动作检查

蓄电池电压	气密状态
通电时	泄漏负压,堵上C针阀,保持负压
不通电时	泄漏负压,堵上B针阀,保持负压

④控制杆传感器检查

a. 点火开关打开，检查喷油泵的控制杆传感器的输出电压（表3－7为正常），而且在柴油机暖机后检查，要确认加速踏板返回后，控制杆要完全返回怠速状态。

表3－7　控制杆传感器检查

控制杆状态	电压/V
怠速状态	0.3～1.5
全开状态	3.7～4.9

b. 如果输出的电压偏离基准值，则松开控制杆传感器安装螺钉杆，转动传动器本体，能够输出符合基准值的电压。

⑤冷却液温度传感器检查

a. 把冷却液温度传感器插入水里，其基准值如表3－8所示。

表3－8　冷却液温度传感器检查

温度/℃	电阻/Ω	温度/℃	电阻/Ω
0	8.6	40	1.5
20	3.3		

b. 如果比基准值大得多，须更换冷却液温度传感器。从零件检查结果看，即使VSV不通电，接真空泵的通路也是打开的，即EGR阀加负压，换上新的控制EGR阀的VSV，故障症状就完全消除了，维修工作结束。

4. EQ1141G型汽车黑烟故障

(1)故障现象

一辆东风EQ1141G型汽车在行驶途中发现柴油机排气管向外排出黑烟，并夹杂蓝烟。

(2)故障原因

根据上述故障现象，一般柴油机排气管冒黑烟的原因有：柴油机超负荷、喷油泵供油量过大、供油提前角太迟、气阀密封不严漏气、空气滤清器堵塞、燃油质量差、喷油器雾化不良、活塞拉缸、配气凸轮严重磨损等。柴油机排气管冒蓝烟的一般原因有：气缸窜机油，活塞环装反、卡死或磨损过大，气阀杆油封损坏，油底壳内机油过多，气阀导管磨损过大，气缸套与活塞配合间隙过大，气缸套圆度磨损超限，气阀摇臂机构上油量过多，气缸盖上的气阀导管孔呈多棱形等。如果柴油机上安装了废气涡轮增压器，也可能导致烧机油、冒蓝烟。该车柴油机为6BT型柴油机，其上配套有废气涡轮增压器。

根据以上分析，对柴油机进行由浅入深地检查，首先检查空气滤清器，结果有重大发现，发现空气滤芯堵塞比较严重。该空气滤清器是由经过树脂处理的微孔滤纸折叠后均匀排列成圆柱形加上内外金属网罩组成的。

空气滤清器滤芯严重堵塞就是柴油机排气管冒黑烟的原因。更换新品空气滤芯后，柴油机排气管不仅不冒黑烟，而且也不冒蓝烟了。按常理，空气滤清器滤芯严重堵塞对柴油机排气管排黑烟有直接影响，更换新品空气滤清器芯后，柴油机排气管不排黑烟是正常现象。可为何在更换新品空气滤清器后，柴油机冒气管排蓝烟现象也消失了？主要原因是该机使用了废气涡轮增压器。

柴油机工作时，有部分机油为涡轮增压器转子轴承提供润滑和冷却。由于在转子轴承工作处均有机油存在，并且转子轴承紧靠进气涡轮。当空气滤清器滤芯严重堵塞后，造成通过滤芯后的空气量减少，此时在废气涡轮处，空气稀薄，在柴油机活塞下行吸气时，此处形成部分真空，从而使进气涡轮转子轴承处的机油通过密封不太严密处被吸入气缸，燃烧后排出蓝烟。当空气滤清器滤芯更换后，外界空气进入畅通，在柴油机活塞下行吸气时有足够空气进入涡轮，将空气压入气缸，此时在涡轮增压器空气入口处及涡轮处空气充足，不会形成真空，故进入涡轮转子轴承处的机油不会被吸出，自然柴油机排气管也不排蓝烟了。

5. 主机喷油孔座结炭引起烟囱冒黑烟故障

(1)故障经过

某轮一次船抵外港装卸完毕返航时，主机再次发生冒黑烟，在机舱上层还散发出燃油未烧尽的烟焦味，且带有刺鼻辣眼之感。空冷器刚清洗不久，不可能很快又脏堵。于是从燃油系统一一查起，并没有发现异常之处，后从燃烧情况检查，仅发现2#缸排温比其他各缸高出20～30 ℃，另见排气阀上的复位弹簧似乎在弹回时有些抖动，为此怀疑此阀可能有问题。于是试着将2#缸停止供油，后黑烟即消失，于是决定抛锚停机吊缸。当缸盖吊下后仔细检查三个排气阀，仅是受间隙小引起弹回时的振动，并不至于引起冒黑烟。而后又把喷油器拆下试压泵，雾化也良好。后来准备装还喷油器，将缸盖各处清洁一下，发现缸盖上的油头孔口有结炭现象，其孔径原为30 mm，现只有约6 mm了，在缸盖顶内表壁上还有一层黑灰，全部清洁好各附件装还后，再启动主机，冒黑烟亦消失。

(2)分析与处理

缸盖孔上的结炭，主要是2#缸喷油器存在滴漏。出现滴漏的原因：一方面是由于针阀和针阀套经长时间的相对运动总有正常的磨损；另一方面使用了劣质油后，杂质较多，又加速了针阀与套之间的磨损，最后使密封面有所破坏，终于引起每次喷油后有一些燃油附在喷嘴头上，起初在泵压时肉眼不易发现。可这一微小的滴漏在气缸高温情况下，经熏烤而结炭，刚开始时，结炭并不严重，也不至于引起冒黑烟，待逐步将缸盖孔堵塞变小到能影响喷油器喷出的燃油雾化不良时，就使燃烧发生恶化，这时开始有微量的黑烟了，但还没有引起管理人员的注意，待时间再稍长后，上述现象互为因果，结炭就更严重，使雾化受到严重干扰后而不能完全燃烧，此时就大量冒黑烟了。

6. 高压油泵前截止阀故障致烟囱冒黑烟

(1)故障经过

某轮主机为6ESDZ 43/82A型。一次航行中大烟囱不知何时冒出浓浓黑烟，并伴有黑烟灰落在甲板上。轮机长知道后，判断主机有后燃现象，是哪一缸发生的呢？经查排温，只有4#缸是100 ℃，其他各缸均正常。可是4#缸在前一航次刚吊缸拆检过活塞环，情况很好，不可能因活塞环断，引起燃烧不良冒浓黑烟，于是决定停缸检查喷油器、高压油泵和排气阀等，但都没发现异常之处，后经研究分析，估计高压油泵前的一只截止阀可能有问题。拆下一看，果然该阀阀头上的一个锁紧螺母松落，阀头掉在阀座上引起了故障发生。

(2)分析与处理

该截止阀是一直径为12.5 mm的小阀，阀头上的锁紧螺母的保险是靠打冲眼作限制松动，由于这个冲眼打的不深，经以往多次作停油试验开关后，逐渐使锁紧螺母出现松动，最后落脱，这样阀头就起了一个单向阀的作用。该机高压油泵是回油孔式终点调节泵。其特点是进、回油均共用同一根油管。当此阀头掉落后，一等到开始回油时，阀头即被高压回油关闭，回不去的高压油仍留在高压油路中，使喷油器针阀不能闭合，这样回油就大部分又喷入了气缸内，引起不良的后燃，产生大量黑烟从烟囱排出，直到这个压力低于喷油器内的弹簧所调定的回复力为止才不喷油。

7. 喷油器与缸盖咬住

(1)故障经过

某轮主机为5RND68 - M 型，一次航行中发现5#缸排温逐渐降低，烟囱冒黑烟较浓，轮机长估计该缸喷油器已雾化不良，为此到港后准备调换。后在拆卸时，该喷油器已咬死在缸盖上，只好一边在它四周加注柴油，一边用木榔敲打，一边再用起重吊协助轻拉，经很长时间方将它拉出来。一看原来是喷油器周身已生锈，回油引出孔道有严重积炭，于是拆解清洗，孔道疏通。

(2)分析与处理

喷油器内的针阀和针阀套是很精密的一对偶件。现今各轮普遍都掺烧50% ~70%的渣油，而渣油中杂质较多，有时混合不匀或过滤及拆洗清洁工作上稍有疏忽，使渣油直接起了磨料作用，导致喷油器过早磨损产生泄漏。又因喷油器处于燃烧室内，接触高温，雾化不良很容易结炭引起脏堵。该轮在两个月前因5#缸喷油器上的回油管接头处曾发生漏油，经数次撬紧，还是有漏，只好临时停车换上备用。而这个备用喷油器亦是早先换下的，没有检修试泵，谁知其内部进出孔道早已有脏堵，经这次使用一段时间后，发生雾化不良而结炭，引起孔道堵塞，使喷油器内部回油逼向本体外部与缸盖之间的空隙处，使本体与缸盖发生锈蚀而咬住。

8. 空冷器脏堵致烟囱冒黑烟

(1)故障经过

某轮主机为6UEC52/105D型，匹配两台增压器，各增压器座下即为空冷器。此主机1974年日本造，我国某公司于20世纪80年代末购进。此机结构基本上如B&W型，但排气阀每缸采用三个，直流扫气质量较好。

一次开航出港后即换用1 000 s燃料油，随后加速时，则见主机总排气管和大烟囱缝隙处，漏泄出浓浓的黑烟出来，起初还以为是与刚换油有关，可能燃油温度还没加透，雾化不良的原因，但待数十分钟后，加热器油温早已正常，而黑烟仍不见消失。是喷油器故障引起的？可这航次六个喷油器刚清洗泵压换上。是高压油泵故障引起的？手摸各高压油管脉冲正常。后听增压器略有低沉的喘振声，这时看到扫气压差已为0.03 MPa，扫气温度也有所升高，为此估计空冷器效率下降。当即抛锚停车检查。后拆去空冷器外板，只见里面的吸热片上已黏结很多油污，使通道大都被堵塞。后用药粉自行清洗，油污除去后再动车，冒黑烟情况也即消除。

(2)分析与处理

为何此机大冒黑烟呢？因其设有WOODWARD UG40的调速器，性能好，为维持设定车速，故能极力加大油门，喷油过量后又得不到充分的过量空气系数帮助燃烧，形成大量冒黑烟的恶性后果。又该轮自以二手船购进后，空冷器也没作过清洗检查。加之航区高温，装卸货时，机舱常使用抽风机，以至飞灰吸入空冷器内即与污油黏附，使传热效果更加下降。

9. 压缩压力下降至副机冒黑烟

(1)故障过程

某轮是一艘1.5万吨级的老油轮,共配有三台6250Z(2)CD的副机。近来开始出现No.1副机经常冒黑烟,且有时很严重,有时则稍稍有一些黑烟。并进一步观察到负荷低时烟色反而黑,负荷高时烟色略清淡,这是偶尔出现的反常的阵发性现象。

(2)分析与处理

根据柴油机理论,冒黑烟有多种原因如喷油器雾化问题,增压器问题,喷油定时滞后严重,超负荷使用等等。

检查副机实际情况,个别缸高压油管脉动不明显,判断下来黑烟的起因是喷油器。接着二管轮逐一校泵喷油器,果然有几只雾化质量极差甚至几乎到了不出油的地步,喷油嘴积炭严重,于是换新喷油嘴校泵后再次投入使用。过了短短两、三天,副机故伎重演,再次拆检,发现个别喷油嘴的喷孔已明显变小或全部堵塞,情况比前一次更糟。

看着那些或堵塞或内外结炭严重的喷油嘴,一致认为是喷油嘴过热所致。在排除了冷却等几方面的原因后,想起该副机所有喷油器底部的紫铜床由于最近不断的遗失而换上了自己找来的其他代用品,其厚度明显比原配的要薄,厚度的变薄极有可能使喷油嘴过分伸入燃烧室中从而改变其与燃室的正常匹配情况,燃烧更接近喷油嘴而导致过热。等加工妥规定尺寸的紫铜床,换新喷油嘴重新启动副机后才发现这又是一次徒劳。

在排除了喷油器本身、喷油定时(没有严重的后燃而引起的黑烟),进、排气传动件,定时及间隙等问题后,重新考虑到增压系统。

其实一开始就怀疑过增压器,但一来它既无转速表,又无扫气压力表,根本没法考核其性能。二来该增压器去年进厂修船时彻底解体清洁过,运行一直很平稳正常,且冒黑烟时症状最为明了的就是喷油器及高压油管的脉动。现在开始怀疑其转速可能下降,增压压力就可能下跌就自然联想到其废气能量可能减少了。但实际上在同等负荷下,该副机的排温其实要比其他副机略高20~30 ℃,也就是说其废气的能量是足够维持涡轮的高转速而带来足够的增压压力的(正是起初不怀疑增压问题的一个方面)。

如果上述假设成立,那么必然也要假设废气中有很大一部分能量被损失了,想起平时该副机在使用时曲拐箱后侧两透气口出气量极大,远远大于其他两台副机,而许多值班人员都说很长一段时间一直是这样,二管轮还因此检查过循环油箱的透气管是否畅通,结果是畅通正常的,证明并不是因透气管的不通而使曲拐箱大量透气。

这样分析下来,曲拐箱内大量气体正是缸内燃烧的一部分排气倒窜而来,且在最近愈演愈烈。顺理成章地继续推论:当缸内漏气严重,废气能量即减少,增压器转速下降,增压压力下降,进入气缸的新鲜空气量就少,形成了油多气少的不完全燃烧状态。喷油器在雾化时由于压缩压力的降低直接使得喷射背压的下降,空气密度减小,喷注所受阻力变小,雾化质量越差。活塞环漏气,压缩压力下降又同时使得燃油油耗上升,功率发不足,为了满足一定的功率需要,缸内喷进了更多的燃油。这样就使得燃烧的条件雪上加霜。于是喷油嘴内外积炭,喷孔堵塞,针阀咬死,新的喷油嘴用不了两三天也成了必然的结果,依靠换喷油嘴也成了治标不治本的工作。另外缸内的窜气也对滑油带来了不同程度的损耗,由于活塞环具有泵油作用,使得不少滑油进入气缸上部被烧掉,下窜的燃气也使得系统滑油变脏、变黑、氧化,油质明显变差。当然在负荷高、低变动时,由于供油量大小的变化,对于喷油嘴喷孔孔径变小、堵塞或针阀咬死就直接可能导致供油分配不再均衡而严重影响某些喷油器的雾化,出现阵发性的冒黑烟。

为了证实实际情况,让二管轮测定该副机的压缩压力(平时对副机只注重于测爆炸压力而不测压缩压力),果不出所料,其数值已明显低于说明书的最低标准值。翻看副机运转小时,离这次将进行的吊缸周期还差好几百小时,查上次吊缸记录才恍然大悟。上次吊缸时因测得的各缸径、各活塞环技术数据均还算符合说明书规定范围之内,故未更换任何部件。至此已经历了将近两次吊缸周期,可以想象活塞环等磨损已相当大,加之气缸本身也在磨损,造成漏气也是迟早的事。这样我们就进行了常规的吊缸保养工作,实际情况确实是活塞环不但弹性极差,且磨损严重,放入缸内测其搭口均已接近于极限值。吊缸结束,副机又恢复了正常。

第三节 柴油机冒蓝烟故障诊断与排除

一、导致柴油机冒蓝烟的主要因素

柴油机冒蓝烟的主要原因是有机油进入气缸参与燃烧,生成蓝色气体排出。汇总起来,导致柴油机冒蓝烟的主要因素有以下几点:

(1)空气滤清器阻塞,进气不畅或油盆内油面过高(油浴式空气滤清器),使进入气缸内的气量减少,燃油混合气正常比例改变,造成油多气少燃油燃烧不完全,也会引起排气冒蓝烟。

(2)油底壳内润滑油加入过多,柴油机运行中润滑油易窜入燃烧室。

(3)长期低负荷(标定功率的40%以下)运转,活塞与缸套之间的间隙过大,使油底壳内润滑油容易窜入燃烧室,与气缸中的燃料混合气混合,改变混合气正常比例,燃烧不完全,引起排气冒蓝烟。

(4)活塞环卡住或磨损过多,弹性不足,安装时活塞环倒角方向装反,使机油进入燃烧室,润滑油燃烧后产生蓝色水气烟雾排出。

(5)机体通向气缸盖油道附近的气缸垫烧毁、活塞或气缸套磨损以及活塞环对口或气阀油封损坏等状况将致使润滑油上窜燃烧室,并与燃油混合气一同燃烧。

(6)油冷式(冷却机油来自柴油机)空压机内窜气(空压机活塞环磨损或排气阀堵塞等)导致曲轴箱废气压力大,使机油窜入燃烧室参加燃烧。

(7)闭式循环的曲轴箱呼吸器堵塞使曲轴箱与大气平衡装置失去功能,导致曲轴箱废气压力增大,机油进入燃烧室参加燃烧。

(8)增压器故障:对于增压柴油机,如果增压器压气机侧浮动轴承损坏,可能导致大量机油通过压气机进入柴油机进气管并进入气缸参与燃烧,导致柴油机作业时严重冒蓝烟。

二、柴油机冒蓝烟原因分析

(1)主现象是连续冒蓝烟,伴随现象是功率增加及空转转速升高。

原因:油底壳油面或油浴式空气滤清器机油盆油面过高。

分析:油底壳油面过高,导致飞溅润滑油量过大,活塞环泵入燃烧室机油量多;机油喷油面过高,在吸气过程将飞溅的机油雾粒连同空气一起吸入气缸而被燃烧,故排气冒蓝烟。又因机油燃烧时也产生较大的热量而使柴油机功率相对增高,且不受调速器控制,因此柴油机空转转速也相应增高。

(2)主现象是连续冒蓝烟,伴随现象是功率下降和机油耗量增加。

原因:活塞环边间隙过大。

分析:由于活塞环边间隙过大,在活塞做直线往复运动时,将缸壁上的机油刮入环槽中,并泵入活塞顶部,所以柴油机烧机油且机油耗量增加并冒蓝烟。

(3)主现象是连续冒蓝烟,伴随排烟大,曲轴箱废气压力正常。

原因:气阀杆与气阀导管间隙大。

分析:由于气阀杆与导管间隙大,在进气行程,气阀罩中的机油从进气阀杆与导管间隙被吸入气缸,所以柴油机烧机油且冒蓝烟。而排气时,废气从排气阀杆与导管的间隙挤入气阀室,导致排烟大。

(4)主现象是连续冒蓝烟,伴随现象是功率下降及曲轴箱废气压力大。

原因:缸套与活塞配合间隙大。

分析:由于缸套与活塞配合间隙大,进气行程将机油吸入活塞顶部,导致烧机油冒蓝烟;做功和压缩行程又将废气及压缩空气挤入油底壳,所以曲轴箱废气压力(下排气)大且功率下降。

(5)主现象是连续冒蓝烟,伴随现象是从排气管窜机油(大修或更换活塞环后的柴油机)。

原因:扭曲环装反。

分析:扭曲环装反,在活塞往复运动时,将缸壁机油刮入活塞顶部,这样不仅烧机油冒蓝烟,且有一部分机油随废气从排气管排出。

(6)主现象是间断冒蓝烟,伴随功率下降,曲轴箱废气压力大,旋转曲轴时可以听见呼吸器有排气声。

原因:活塞环对口或拉缸。

分析:活塞环对口或拉缸,造成活塞环与缸套封闭不严,进气行程时,把机油吸入气缸;在做功和压缩行程时,废气及空气排入油底壳,由于气体高速流动产生撒气声(可在加油口处听诊),故产生间断冒蓝烟现象。

(7)主现象是连续冒蓝烟,伴随着曲轴箱废气压力大,但动力正常。

原因:可能是呼吸器堵塞或空压机内窜气严重。

分析:如果呼吸器与大气平衡的小孔堵塞,将导致曲轴箱与大气的平衡关系被打破,曲轴箱内的气体不能随时排除,就会增加曲轴箱内的压力,迫使机油窜入燃烧室燃烧。同样,冷却机油来自柴油机的油冷式空压机,若内窜气严重,大量的压力空气就会随机油回流到曲轴箱内,这将造成曲轴箱内超大的废气压力,烧机油也就不奇怪了。

(8)主现象是冒蓝白烟,且转速越高,冒蓝烟现象越重,并伴随有增压器的不正常声音。

原因:增压器损坏的可能性最大。

分析:一般增压器都是压力机油润滑,如果压气机浮动轴承磨损或损坏,大量机油就会进入进气管,之后进入燃烧室。如果是涡轮机损坏,大量的机油就会直接进入排气管,会产生非常严重的蓝白色烟雾。

三、柴油机冒蓝烟故障实例

1. 柴油机内机油太多导致冒蓝烟故障

一台北方大巴车搭载F8L413F风冷柴油机，该车采用外挂式机油箱。柴油机的油底壳仅仅起一个暂时收集机油的作用。该柴油机配有两个机油泵：一个是压油泵负责将机油从外挂机油箱内吸出并输送到柴油机的各润滑部位；另一个是回油泵负责将油底壳内的机油抽回外挂油箱。但在一次使用中发现，外挂油箱的机油少了一些，没有引起注意，只是简单地补充了一些机油，继续行驶。中途休息时，再次检查机油油位时，又发现少了一些，此时柴油机已经开始冒蓝烟。虽然如此，由于柴油机动力、声音等都正常，所以，还是没有引起驾驶员的注意，又补充了一些机油后继续行驶。但此时柴油机的排气蓝烟已经变得很严重，由于该车为后置柴油机，所以驾驶员并未发现。直到后来变成浓烟滚滚，驾驶员才停车怠速检查，发现机油又少了许多。

出现如此严重的烧机油，驾驶员不敢再继续行驶了，叫来拖车拖回基地。回到基地后，大家一致认为是活塞、活塞环或者缸套出了问题，并决定拆机检查。但维修人员拆下缸盖后，并未发现活塞缸套有什么问题，倒是发现进气管内有大量机油。继续拆机检查，最后发现柴油机油底壳内存了大量的机油(正常情况应该是没有的或少量的)。最后拆下油底壳检查才发现机油回油泵的进油孔的滤网几乎全部被胶状物堵住了。导致机油回油不畅，大量的机油存在油底壳，通过闭式呼吸器的排气管直接被挤入柴油机进气管，之后进入燃烧室参与燃烧，所以造成柴油机的排气管冒蓝烟。

为什么会有胶状物堵住进油孔呢？原来在此之前，该柴油机机油接管有些漏油，当时为了省事，维修人员就用一些密封胶涂抹在密封面上，没想到涂抹的密封胶全部掉进机油里并进入柴油机，最后凝集在回油孔的滤网上，导致故障的发生。

2. 呼吸器故障导致柴油机冒蓝烟故障

为环境保护的需要，很多柴油机都将呼吸器的排气管直接与柴油机的进气管连接，将曲轴箱废气引入燃烧室参加燃烧。如果呼吸器(图3－7)损坏，柴油机就可能冒蓝烟。

(1)因呼吸器原因导致柴油机冒蓝烟的基本现象

①柴油机机油耗量较大，比正常情况大20%～30%。

②柴油机蓝烟严重，无论怠速还是带负荷都是如此。

③柴油机动力、声音等均无异常。

④柴油机曲轴箱的废气压力(下排气)大。

(2)故障实例

某单位有两台08－32捣固车，均搭载道依茨F12L513风冷柴油机，出现了排气冒蓝烟且机油耗量增加等故障现象，但动力等没有明显变化。一般认为，柴油机冒蓝烟、机油耗量增加都会认为是活塞环的问题，因此，设备方决定对其中一台柴油机先进行中修(即更换活塞、活塞环、缸套和进排气阀，检查维修喷油泵的喷油器等)处理，根据对该机

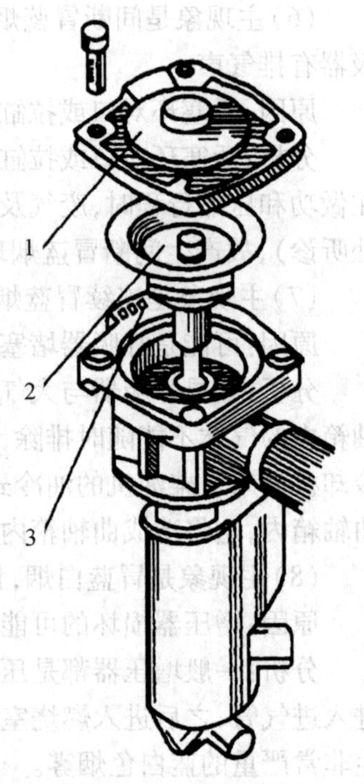

图3－7 F12L513呼吸器示意图

1—呼吸器上盖；2—薄膜和活塞；3—平衡孔

的维修结果酌情修复另一台。

维修人员拆下气缸盖取出活塞缸套等部件仔细观察，发现活塞环、缸套、活塞等没有明显的磨损迹象。但还是按照设备方的要求更换了活塞环等相关配件（包括气阀油封），组装后试验时，柴油机仍然冒蓝烟，原有现象并没有丝毫改变。

对此，维修人员开始怀疑可能是呼吸器出了问题，打开呼吸器并仔细检查，没有发现呼吸器薄膜和活塞（图 3－7 中的 2）有磨损或其他损伤，但发现小孔（图 3－7 中的 3）被油泥完全堵死，所以认定该柴油机冒蓝烟的故障是该孔不通所致。疏通该孔后，再次启动柴油机，几分钟后，柴油机蓝烟现象消失。

据此经验，另一台柴油机首先就对其呼吸器进行了检查，检查后发现情况与上一台一致，该呼吸器的小孔也被油泥堵死。疏通该小孔后，柴油机蓝烟故障随即消失。

3. 空压机内窜气导致柴油机冒蓝烟故障实例

（1）故障实例 1

一台上海 W－100 型挖掘机大修磨合不久，柴油机便出现严重烧机油的现象，据操作者讲，三个班次共加机油25 kg，而大修之前没有该现象，一时又找不到原因，因此，便邀请维修专家与操作者共同排查。

由于这台机车大修时，更换过缸套活塞及活塞环，从理论上讲活塞环对口和折断的可能性不大，机体外表检查无异常，从排烟色泽和排烟气味看确实存在着烧机油的情况，对此拆下分组式缸盖第一个缸盖时，发现在 1#缸活塞的顶部有机油被燃烧过的炭黑而 2#缸没有，拆开进气管发现管有油湿现象，从而判断机油来自进气系统，其余缸没有再做检查。从结构上看，上海 W－100 型挖掘机装有活塞式气泵，其曲柄连杆、缸套活塞等部件通过主机油道机油润滑后机油流回油底壳，而气泵进气系统又是与主机进气道相连。那么机油又是如何进入主机被燃烧的呢。询问操作者才知道，由于气泵曲柄连杆损坏，一时找不到配件就去掉了用于压缩气体的活塞等配件，这样就造成了油路与进气道通过气泵空壳连成一体。随着主机工作吸入空气的同时也吸入了机油，使机油被燃烧。大修前之所以没有烧机油是因为当时压缩比不够，没有力量吸到机油；大修后之所以 1#缸有燃烧机油炭黑，是因为该缸距离气泵进气道上口即“油道”上口最近，被燃烧的机油首先来到这里。由于该机气泵已停止工作，临时车制了一堵头堵住气泵进气口，故障被排除，设备正常工作。

（2）故障实例 2

一台道依茨 F12L513 柴油机在使用中出现了排气冒蓝烟、机油耗量增加和曲轴箱废气压力大等现象。开始时根据常规判断，维修人员认为是活塞环出现了问题，所以更换了该机的活塞环。但维修人员按照要求更换全部活塞环后，柴油机烧机油、冒蓝烟和曲轴箱废气压力大等故障未能消失。经维修专家现场分析后认为：

①该机虽然出现上述故障，但动力没有减小，运转基本正常。

②该机安装的是一套 V 型空压机为其服务的设备气路制动系统充气，但发现该气路系统建压很慢，原来建压仅需 5～10 min，现在需要 20～30 min。

③检查气路系统没有发现泄压或堵塞现象，所以专家认为该机出现的上述故障可能是空压机内窜气所致。

因为该空压机使用柴油机的机油冷却和润滑空压机的曲轴连杆等部件，如果该空压机的活塞环磨损，大量压力气体就会随机油回油进入柴油机的曲轴箱，导致废气压力增大。而为环保的需要，该机呼吸器的排气管直接接到柴油机的进气管，所以就有部分机油随下排气而进入燃烧室参加燃烧,从而导致上述故障的发生。

为证明此推断,先拆掉空压机上的压力出气管,启动柴油机观察,此时柴油机曲轴箱的废气压力明显减小并回复到正常状态,蓝烟现象也随之消失。

故障原因找到了,更换一台新的空压机后,该机恢复正常运行。

4. 柴油发电机组油箱内由于加汽油,运行时排气冒浓蓝烟

(1)故障现象

某公司一台 YAMAHA 10 kW 柴油发电机组(3 缸机),安装完毕。空载试机,机组剧烈振动,排气管冒浓蓝烟,紧急停机。

(2)故障分析

①从相关维护人员处了解到,该机组原来运行正常。在此次运行之前加了一次燃油。

②柴油发电机组累计运行时间不长。

③检查油底壳内机油正常。

④因此怀疑所加燃油有问题。

(3)故障处理

打开油箱盖检查燃油时,油箱里汽油油味扑鼻而来,说明柴油箱内有汽油,因此,应:

①放掉油箱内的所有燃油,彻底清洗燃油系统。

②加入清洁柴油,空载试机,柴油机运行正常。

5. 柴油机在大修热磨合时冒蓝烟

(1)故障现象

一辆动力为 WD615.67 型柴油机的斯太尔重型汽车,在使用 8 年后发现柴油机动力不足,于是进行拆检。拆检中发现活塞环磨损,开口间隙变大,决定更换气缸套、活塞及活塞环。整机安装完毕后进行了冷磨合,冷磨 8 h 后进行检查。检查后又进行了热磨合。在热磨合中,发现排气冒蓝烟。

(2)故障检查

先检查气缸压力,压缩压力为 2.7 MPa,与标准值 2.8 MPa 相差不多,基本符合规定。检查机油油面,正常,进气道内无机油。接着查看了装配时的过程检测记录,每个气缸活塞与气缸套间隙都在 0.18 mm 左右,活塞环的开口间隙都在规定范围之内。为了更准确地查出原因,再次打开气缸盖,抽出 6 只活塞连杆组。拆检中发现 3#缸和 4#缸燃烧室内机油较多,积炭也稍多,怀疑可能是气阀油封损坏,机油沿气阀杆流下进入燃烧室。在检查气阀油封之前,先检查了活塞环的安装情况。检查中发现第 3#、4#、5#缸的第 2 道气环装反。在检查气阀油封时发现,第 3#、4#两缸的气阀油封已损坏。

(3)故障排除

因柴油机磨合运转时间不长,故将三个气缸的第 2 道气环取下重新安装,并更换第 3#、4#两个缸的气阀油封。装配后继续进行热磨合,柴油机不再冒蓝烟。

(4)故障分析

无论何种型号柴油机,其活塞环在装配中都有明确的规定。WD615 系列柴油机活塞环上标有“TOP”字样,这是向上的标记。第 2 道气环上、下面的宽度差为 0.06 ~ 0.09 mm,宽度小的一面应向上。而维修人员在装配中,将宽度小的一面向下,这就加剧了活塞环的“泵油”作用,使机油进入燃烧室燃烧,呈蓝色烟雾排出。

第四节　柴油机冒白烟故障诊断与排除

一、柴油机冒白烟的基本原因

造成柴油机冒白烟主要因素有：

(1)气缸套有裂纹或气缸垫损坏，随着冷却液温度和压力的升高，冷却液进入气缸。排气时容易形成水雾或水蒸气。

(2)喷油器雾化不良，喷油压力过低，有滴油现象。在气缸中燃油混合气不均匀，燃烧不完全，产生大量的未燃烃，排气时容易形成水雾或水蒸气。

(3)供油提前角过小。活塞上行至气缸顶前喷入气缸的燃油过少，形成较稀的可燃混合气，过迟的喷油减少了预混燃料量，预混合量减少。预混合气减少，降低了燃烧速度，燃烧结束较晚，燃烧形成大量的水气烟雾。

(4)燃油中有水分和空气。水和空气随着燃油喷射入气缸形成不均匀燃油混合气，燃烧不完全，产生大量的未燃烃排出机外。

(5)活塞、气缸套等磨损严重引起压缩力不足，造成燃烧不完全。

(6)柴油机刚启动时，个别气缸不工作(特别是冬天)，未燃烧的燃油混合气随其他工作缸的废气排出形成水气烟雾。

(7)个别喷油器雾化不良或滴油，使部分燃油没有燃烧而排出气缸，在排气管内汽化后行成白烟排除。

二、白烟故障诊断和排除

(1)冬季冷车刚启动时柴油机后排气管冒大量白烟，但运转一段时间后随着柴油机温度的升高白烟逐渐消失而后正常，则说明是柴油机温度过低，无须排除。

(2)柴油机工作无力、冒白烟。可将手靠近排气管，若白烟掠过手面有水珠则说明气缸内已有水进入，此时可用单缸断油法找出漏水的气缸。若单缸断油时影响柴油机的转速，说明该缸工作良好，否则说明该缸不工作，应拆下喷油器检查喷孔上有无水迹；若发现有水应检查进水原因，查明是气缸破裂还是气缸垫被冲坏。若各缸情况一样，仍然工作无力、冒白烟，则应检查柴油中是否有水。这时可打开燃油箱和燃油滤清器的放污螺塞，检查燃油中是否有水。

(3)柴油机冒白烟时可提高柴油机的工作温度，如在冷却液温度 70 ℃左右时排气烟色由冒白烟转为冒黑烟，便可判断为喷油器雾化不良、滴油。用逐缸断油法查出有故障的喷油器，然后校验喷油器；若在喷油时有滴油现象，则应进一步检查是由于喷油压力过低还是由于针阀体变形或磨损过甚而造成的，从而改进。

(4)柴油机刚启动时冒白烟、温度升高后变成冒黑烟，这说明气缸压力不足，此压力虽能维持柴油机启动，但启动时因温度过低使部分柴油未燃烧便挥发成蒸气排出。应检查气阀关闭严密程度、配气相位情况、气缸垫或喷油器座孔的密封垫是否漏气、气缸磨损是否过大、活塞环有无卡滞或其开口是否重合等，然后对症解决。

(5)柴油机高速运转时工作不均匀、加速不灵敏、温度过高、工作无力、排气管冒灰白色烟雾。这说明喷油时间过迟，应检查并调整连接盘固定螺钉紧固情况，以及键和键槽情况，慢慢提前喷油时间,使白烟消除,柴油机运转正常;若调整后仍无好转则应检查喷油泵各缸柱塞的定时调整螺钉是否失调,并采取措施。

三、白烟故障实例

1. 气阀间隙和喷油提前角不对导致柴油机启动冒白烟

一台道依茨 F12L413F 柴油机,冬季每天第一次启动时,白烟现象非常严重,而且预热时间很长,只要不带负荷,白烟现象就很难消失,与同型号的其他机型相比,实属不正常,其他机型虽然启动时也会冒白烟,但几分钟后白烟就消失。

(1)检查结果经过专业维修人员的分析与检查,该机的喷油提前角与标准值相比,提前了 2°;气阀间隙偏小,比标准气阀间隙小 0.1 mm。除此之外,其他方面基本正常。

(2)排除方法

①调整喷油提前角为标准角度 22°。

②调整气阀间隙为规定值:进气阀为 0.2 mm,排气阀为 0.3 mm。

经过上述调整后,柴油机的工作状态与其他机型相同,白烟现象消失。

2. 喷油提前角不对导致柴油机冒白烟

一台 ZL45 装载机(采用 6135K-10 柴油机)行驶、作业无力,柴油机排气管冒出大量白烟。测量柴油机转速,最高只达到 1 000 r/min(额定转速 2 200 r/min);检查低压油路未发现异常,拆卸全部喷油器高压管检查,喷油正常,无缺缸现象;检查喷油泵提前器与联轴器连接螺栓松动,测量该机供油提前角为 3°(该机标准应为 14°~17°)。

根据检查情况分析,故障原因是供油提前角过迟,喷入气缸中的燃油未完全燃烧便被排出燃烧室,致使柴油机不能达到额定转速,工作无力。重调供油提前角为 17°,柴油机工作正常,装载机行走和工作无力现象消失。

3. 缸盖进气道裂纹导致白烟故障

一台 ZL50 型装载机,配用 6135K-9a 型柴油机。在一次作业停机数小时后再次启动时,排气冒白烟,5 min 后此现象即消失。以后只要停机时间稍长一些再次启动时,排气管就会有白烟排出,运行几分钟后白烟消失。

分析原因可能有:供油提前角不正确;某缸不工作或工作不良;燃烧室进水。操作者初步判断为气缸垫损坏,但更换气缸垫后故障依旧。全面检查时发现 5#缸进气道内侧有约 1.5 cm 长的小裂纹,停机时间较长时,水套内的水就渗漏到该缸进气道和气缸内,启动时冷却液被排出,但气缸内的温度很快升高,最高达 1 700~2 000 ℃,引起小裂纹漏入的水很快被蒸发,所以故障现象被掩盖了。更换第 5#、6#缸气缸盖后工作正常。

4. 康明斯柴油机冒白烟故障

一批 RD030 自卸车搭载康明斯 NTA-855C-C310 直列 6 缸涡轮增压柴油机,功率:234 kW 转速为 2 100 r/min。在施工中该批车充分发挥了它功率大、承载力强、操纵方便等其他重型车无可比拟的优点。但该车柴油机有些普遍存在的故障,现摘举一例。

(1)故障现象

一台柴油机经大修后,进入隧道拉渣,在等装渣的过程中,熄火(但未关电源)后重新启动,消声器冒出一股白烟,直呛得施工人员无法施工。经分析认为是燃油进入燃烧室,燃油未完全燃烧所致,但究竟哪一个缸,无法断定。检查油尺,油平面高出原刻度;拆开排气管,观察各缸排气口,试验几次,结果不一,仍无法确定是哪个气缸非正常进燃油,逐个更换各缸喷油密封胶圈，情况依然如故，每次停机后再次启动时，都会有一股白烟喷出。

(2)原因分析

该车 PT 燃油喷射系统的布置特点是燃油箱的位置较高，为防止柴油机停止时，燃油自行流向喷油器，故在 PT 泵至喷油器之间设置一个进油单向阀。起到停机时断油的作用。当柴油机熄火后，如未关电源时，PT 泵电磁阀处于开启状态。正常情况下此时油路中通过电磁阀的燃油在单向阀弹簧力的作用下，被密封而不会进入气缸；若单向阀弹簧力减弱，油箱与 PT 泵之间的高度差所形成的燃油压力大于弹簧力时，燃油便会通过单向阀流向喷油器而进入气缸，所以每次启动都会有一股未燃烧的燃油雾状物喷出。

更换进油单向阀，以上故障即消除。此故障在多台柴油机中都出现过，应引起足够的注意。

第四章 柴油机运行异常故障诊断与排除

柴油机的运行故障是指柴油机在工作过程中经常出现的诸如动力不足、过热、自动熄火、异常磨损等众多影响柴油机实际工作状态的故障。这些故障大部分都需要在现场诊断并就车排除,这一方面需要快速诊断柴油机故障的原因及位置,另一方面也需要熟练、迅速地将故障排除,以保证柴油机正常运转。

第一节 柴油机动力不足故障诊断与排除

柴油机动力不足是柴油机运行中经常出现的故障之一,其影响因素有简单的,比如,油路堵塞或滤芯脏污,也有相对复杂的,比如,燃油系统故障、调整问题等。

一、柴油机动力不足故障原因分析

1. 进气系统

(1)空气滤芯太脏。空气滤芯太脏或使用了劣质的空气滤芯,严重影响进气量,使燃油不能完全燃烧,导致柴油机功率不足。如果柴油机空转无烟,带负荷工作后冒黑烟,且负荷越大黑烟越严重,则应该检查一下空气滤芯的技术状况。

(2)进气管堵塞或进气不畅。由于某些原因,造成进气管堵塞或进气管路太长,也可能因产生进气不足而导致柴油机功率下降,其状况与空气滤芯太脏相似。如果进气管路完全堵死,柴油机将不能启动。

(3)排气不畅或排气管堵塞会使柴油机排气背压增加,严重影响柴油机的输出功率,并可能伴有柴油机过热等异常现象。如果排气管完全堵死,柴油机将不能启动。

(4)增压器故障。如果增压器轴承磨损、压气机及涡轮的进气管路被污物阻塞或漏气,也都可使柴油机的功率下降。当增压器出现上述情况时,应分别检修或更换轴承,清洗进气管路、外壳,清洁叶轮,拧紧接合面螺母和卡箍等。

2. 供油系统

(1)柴油滤芯问题。柴油滤芯太脏或使用了劣质的柴油滤芯,减小了燃油的通过量,导致大负荷时柴油机动力不足,并伴有严重的转速下降。

(2)油路系统空气问题。如果燃油油路系统密封不严,有漏气现象,会使空气进入油路系统中,柴油机因供油不足而导致动力不足,转速下降,排气无烟,严重时可能使作业时柴油机熄火。

(3)喷油器故障。喷油器雾化不良、严重滴油、喷油嘴卡死或弹簧断裂等,都可能使该缸因喷油雾化不良、混合气形成不佳而导致燃烧不完全并大量冒黑烟。其基本现象是:柴油机启动即冒烟,开始冒白烟,随温度升高逐步转变为黑烟,使柴油机功率不足。

(4)喷油泵故障

①柱塞和出油阀故障。柱塞或出油阀磨损,会使喷油泵泵油压力下降,柴油机供油量及供油压力不足,喷油器雾化不良,导致柴油机输出动力不足。如果柱塞磨损严重,可能造

成柴油进入机油而导致机油油面升高并使柴油机严重冒黑烟。

②整体供油量不足。如果供油量不足,也将导致柴油机动力不足,其基本现象是:柴油机启动及空转正常,部分负荷工作正常,但大负荷工作时即显动力不足,转速下降,排气无烟。

(5)调速器故障。调速器有问题,直接影响调速性能,柴油机可能因为调速齿杆动作不到位或齿杆发卡等原因而使供油量不足,导致动力不足,转速下降。

(6)喷油提前角问题。喷油提前角不对,燃油进入燃烧室的时间不正确,将导致燃烧不完全,所以柴油机表现为动力不足,黑烟严重。提前角太大,燃油进入燃烧室的时间太早,不仅柴油机动力不足,还可能导致柴油机工作粗暴;提前角太小,燃油进入燃烧室的时间太迟,除了导致柴油机动力不足外,还将导致柴油机的后燃严重、排气严重冒黑烟、排气管烧红及柴油机过热等问题。

(7)回油螺钉故障。高压泵上的低压油路回油螺钉是高压泵柱塞腔保持一定压力的关键零件,具有单向阀的作用。其作用是保持柱塞腔的燃油具有一定的压力,以便燃油迅速充满快速运动的柱塞中。如果此螺钉的单向阀有问题或密封不严,就会造成低压油路压力不足,柱塞副充油不足,柴油机就会因供油不足而导致动力不足。

(8)输油泵故障。输油泵的作用是将燃油以一定的压力输入高压泵柱塞腔。如果此部件有问题,会使低压不足,其结果与回油螺钉故障相似。某些柴油机的输油泵故障也可能使机油油面升高。

3. 曲柄连杆机构故障

(1)连杆轴瓦与曲轴连杆轴颈表面划伤。此种情况的出现会伴有不正常声音及机油压力下降等现象,这是由于机油油道堵死、机油泵损坏、机油滤芯堵死,或机油油压过低甚至没有机油压力等原因造成的。对于大型柴油机,此时,可拆卸柴油机侧盖,检查连杆大头的侧面间隙,看连杆大头是否能前后移动,如不能移动,则表示连杆轴瓦已有损伤,应该检修或更换连杆轴瓦。

(2)活塞环严重磨损。活塞环或缸套严重磨损,将使气缸压缩压力降低,进而降低了压缩终了时的缸内气体的压力和温度,使燃油不能及时燃烧,将导致功率不足。除此之外,柴油机还会烧机油,严重冒蓝黑烟。

(3)活塞环粘连或个别气缸轻微“拉缸”,增加了运动阻力,导致动力下降。不仅如此,还将导致柴油机严重冒烟,具有敲缸声和热机启动困难等问题。

4. 操作系统

(1)停机电磁铁问题。停机电磁铁动作不到位,柴油机可以启动,且空转正常,但大负荷作业时即显动力不足,转速下降严重,连续作业就可能导致柴油机熄火。

(2)油门调节系统问题,如限位装置螺栓太长,油门开度不到位,直接的结果就是柴油机动力不足和转速下降。

(3)ECU或传感器故障,将导致柴油机电控系统失去正常的操作功能,柴油机就可能产生动力不足、转速下降等故障。

5. 缸盖组故障

(1)气阀间隙不正确。气阀间隙不对,直接影响柴油机的进气和排气,进而直接影响柴油机的动力输出。除此之外,可能还有强烈的机械噪声。

(2)气阀密封不严。由于排气漏气引起进气量不足或进气中混有废气,继而导致燃油燃烧不充分,功率下降。

(3)气阀弹簧故障。气阀弹簧损坏会造成气阀回位困难,气阀漏气,燃气压缩比减少,从而造成柴油机动力不足。

(4)喷油器安装孔漏气。喷油器安装孔漏气或铜垫损坏会造成缺缸工作或单缸工作力度不足,使柴油机整体动力不足。

(5)气缸垫漏气。气缸盖与机体的接合面漏气会使缸体内的气体进入水道或油道,造成冷却液进入柴油机体内,若发现不及时会导致"滑瓦"或冒黑烟,从而使柴油机动力不足。由于气缸垫损坏,变速时会有一股气流从缸垫冲出,柴油机运转时会有水泡出现。

6. 其他因素

(1)环境温度或海拔高度。如果环境温度或海拔高度太高,空气稀薄,将降低进入气缸的气体密度,降低了油气混合气的比例,使燃油不能充分燃烧,其结果就是柴油机表现为动力不足。

(2)燃油质量。柴油质量低劣,热值低,也是造成柴油机动力不足的原因之一。

(3)设备因素。如果车辆的变速器、减速器、传动系统或工程机械的液力变矩系统、液压系统等出了问题,也可能使柴油机在运行时显得动力不足,严重时可能会熄火。

以上分析,只是简单地叙述了柴油机动力不足产生的诸多原因,为广大使用者提供了排除这类故障的参考思路。只要找到了故障的原因,故障的排除就不再复杂了。

二、柴油机动力不足故障实例

1. 喷油器安装孔密封不严导致柴油机动力不足

一台 F12L513 风冷柴油机,在使用中出现了动力不足故障。

(1)故障现象

①柴油机动力不足。

②柴油机全负荷工作时转速下降,转速由 2 200 r/min 下降为 1 600 ~ 1 700 r/min。

③柴油机严重冒烟。

④曲轴箱废气压力(下排气)正常。

(2)故障原因

根据上述现象,分析认为该故障应该是喷油系统因素造成的,由于动力不足,且有黑烟,喷油泵出现故障的概率较小,故障的主要原因应该在喷油器上。因此决定拆下喷油器进行校对。拆卸喷油器时,感觉有部分喷油器的压紧螺母拧紧力度不够,拆下喷油器后发现,有 8 个喷油器的外表面存在不同程度的烧蚀痕迹,表明这些喷油器的底孔铜垫存在密封不严导致燃烧气体上窜的问题。

在对这些密封铜垫进行检测之后发现,8 个铜垫的表面存在着不同程度的凹痕和损伤,完全失去了密封作用。由此可以得出造成该机动力不足的原因是:由于有 8 个喷油器压紧力度不够,使燃烧气体窜入喷油器安装孔,这不仅使柴油机的气缸压缩压力和膨胀压力不足而影响动力输出,也对喷油器造成了直接的(烧蚀)损坏。

检测全部喷油器时,这 8 个有烧蚀痕迹的喷油器都存在不同程度滴油和雾化不良现象。

(3)排除方法

①更换喷油器并调试喷油压力。

②更换喷油器铜垫,确保喷油器体与缸盖喷油器安装孔接触面紧压并密封。

2. 停机电磁铁动作不到位导致动力不足故障

(1)设备类型

搭载道依茨 F12L513 风冷柴油机的 08 - 32 捣固车。

(2)故障现象

柴油机启动时相对困难,在作业过程中,显示动力不足且转速下降严重。柴油机空转时的转速可以达到 2 200 r/min,但带负荷时设备连续工作(踩镐)3 ~4 次后,柴油机转速即降到 1 500 ~1 600 r/min,需要停顿数秒待转速恢复后才能继续工作。如果继续作业,柴油机就可能熄火。但在整个过程中,柴油机除了动力不足外,并没有排气冒黑烟等其他现象。总的感觉是燃油不够。

(3)排故过程

①经专业人员检查发现,柴油机进油管(手油泵至柴油粗滤之间的)接头有漏油现象,紧固所有接头后,故障消失。柴油机作业时状况良好。

②第二天作业时,原有故障又重新出现,故障现象与前述相同。仔细检查后发现,原已排除的柴油进油管接头漏油现象又重新出现。重新紧固所有漏油接头后,柴油机作业时情况相对好转但同样显示为动力不足,转速下降依然严重。

③进一步检查油路系统,未发现异常。打开柴油机顶盖板,观察喷油泵工作状况时,发现柴油机启动时停机电磁铁基本不动作,但柴油机可以启动。至此,初步判断造成柴油机转速下降和动力不足的根本原因是:停机电磁阀动作不到位。

停机电磁阀动作不到位,会导致喷油泵油量调节齿杆行程不足,柴油机空载时没有什么影响,但大负荷工作时因供油不足而显示动力不足。

为证明上述判断正确与否,对该捣固车进行了专门试验:在停机电磁铁不到位的情况下,启动柴油机并作业,柴油机显示为动力不足,转速下降严重;然后不停机(怠速运转),打开柴油机顶盖板,手动使停机电磁铁到位,并继续作业,柴油机即显示动力和转速均没有问题,状态良好。

(4)故障点评

①一般情况下,如果停机电磁铁不动作或动作不到位,柴油机均不能正常启动,但该故障的特点是:虽然停机电磁铁仅有微小动作,柴油机却可顺利启动,使人们忽略了故障的原因所在。

②柴油进油管(油箱至输油泵)如有漏油现象,也可使柴油机大负荷作业时显示动力不足和转速下降。

3. 柴油机缺缸工作导致动力不足

(1)故障现象

采用 FD46T 柴油机的日产大客车,在行驶中出现加速反应迟缓,动力下降,百公里油耗增加 5 ~6 L 的故障现象。

(2)故障排查

检查发现,柴油机怠速时有轻微的抖动现象,但中、高速时工作无异常。逐缸断开高压油管接头,当断开 3#缸高压供油管时,柴油机转速无任何变化,说明该缸不工作。于是将 3#缸喷油器拆下,在喷油器试验台上检查,其开启压力和雾化情况均良好。

测量该缸的气缸压力,在标准范围内。检查 3#缸气阀间隙,也在正常范围内。直接将 3#缸喷油器接到 3#缸高压油管上,启动柴油机试车,柴油机怠速时,该喷油器不喷油,当柴油机转速超过 1 000 r/min 喷油器才开始喷油。由此说明柴油机怠速抖动、动力下降是 3#缸不工作导致的。而该缸不工作的原因是喷油器怠速不喷油,而喷油器怠速不喷油的直接原因是由喷油泵过来的柴油压力低于喷油器的开启压力。

于是从车上拆下喷油泵检查,对其解体后发现,喷油泵上的 3#缸柱塞及柱塞套上有明显的拉痕。换上新的柱塞偶件后,在喷油泵试验台上对喷油泵进行调试后,装复喷油泵试车,柴油机怠速运转稳定,加速有力。对该大客车进行长时间路试,百公里油耗也恢复正常。

(3)故障原因分析

由于喷油泵上的 3#缸柱塞及柱塞套上有明显的拉痕,造成这两者间密封性变差,导致有部分柴油泄漏,柴油机怠速时供油量本来就少,这样就造成喷油泵出来的喷油压力小于喷油器的开启压力,喷油器不喷油,3#缸不工作的现象;在中、高速时尽管喷油器开始喷油了,但此时仍会有部分燃油泄漏,形成正常压力的时间就会变迟,造成 3#缸燃烧不充分、柴油机功率下降、油耗增加的现象。

4. 维修喷油泵后导致动力不足故障

(1)F12L513 柴油机动力不足

①故障现象

有两台道依茨 F12L513 风冷柴油机,因例行检查需要拆卸喷油泵进行油量校对,在对喷油泵的油量和其他问题部位进行维修后,将喷油泵装车试机。此时却发现:两台柴油机都出现了动力不足的问题,柴油机启动正常,怠速及最高空转等都没有问题,但只要带负荷试机,柴油机的转速就会从 2 200 r/min 降到 1 600 r/min 以下,但排气烟色等基本正常。

②故障排查及原因分析

开始怀疑是燃油系统低压油路问题,检查柴油滤芯,发现很脏,更换滤芯情况有所好转,但动力不足的现象仍然严重。因为该柴油机保养前没有明显的动力不足现象,所以认为可能是喷油泵油量调整不对所致。为证明这个判断,进行停车调整。维修人员拆下油量限制器的外壳,适当放大供油齿杆的行程后启动试机,柴油机的动力有所增加,大负荷转速由2 200 r/min下降到 1 800 r/min 左右。至此,得出这两台柴油机的动力不足全部都是由喷油泵油量调整不够所致。本来可以就车继续调整供油齿杆的行程,但这样做,循环供油量就没有了“量”的概念,因此,决定拆卸高压泵进行专业测试。

为保证喷油泵的调试质量,决定另换一家喷油泵专业维修点调试。测试结构显示:两台喷油泵的油量都比规定值小 30% 左右。按要求重新调整喷油量并检测调整各缸供油角度等相关项目,确认喷油泵没有问题后,装机试车,柴油机的动力正常,大负荷作业转速基本保持不变。

③故障点评

喷油泵的油量调整,一定要在数据准确的喷油泵试验台上进行,否则就会遇到许多麻烦。不仅给维修人员造成更多的无用劳动,而且对柴油机也是没有任何好处的。本故障实例是油量小了,对柴油机造成的伤害也不是很严重,但如果油量调大了,就会对柴油机造成严重的(诸如冒黑烟、拉缸等)不良后果。对此,必须引起足够的重视。

(2)6135K 柴油机动力不足

一台 TL180 型推土机上装用的 6135K -12C 型柴油机,其喷油泵的型号是 BH6B100YS490。在一次柴油机大修时,喷油泵及喷油器均在试验台上进行了校正。柴油机经过磨合后，将该推土机投入到土方作业，这时却因柴油机工作无力而无法作业，且在柴油机空载猛踩加速踏板时，感到加速不良。

经检查，柴油机喷油正时正常，油路无漏气处，调速器、喷油泵、低压和高压油路等也都无问题，因而怀疑校泵时额定工况油量调得过低。于是，将喷油泵拆下来并在试验台上重新校正，发现果然是校泵师傅错将喷油泵的额定工况油量调低了 6 mL/200 次。重新按要求调整油量后，该推土机作业正常且动力强劲。

5. 斯太尔车柴油机动力不足故障实例

(1)故障现象

一辆斯太尔 1491.280/043/6×4 底盘改装车，动力为 WD615.67 增压中冷型柴油机。在运行中柴油机出现动力不足、油耗增加、排气冒白烟的故障。

(2)故障分析与检修

由于车辆使用时间较长，行驶里程较多，决定对柴油机进行大修。修复后，柴油机经热磨合后工作正常，但在装车后试机过程中，仍发现柴油机动力不足，并排出大量白烟，根本无法正常行驶。此时对喷油器进行调试，发现喷油器喷油压力正常，喷雾良好。再逐项检查供油提前角、气阀间隙、配气相位、空气滤清器的滤芯及进气管，均未发现异常现象。最后通过分析，认为造成此故障有以下原因：

①柴油机大修时，气缸、活塞及活塞环修理数据全在规定范围值内，柴油机无异响，由此认为柴油机气缸内不会有问题，故障在进气部分。

②柴油机大量冒白烟、无力，说明柴油机进气不足，柴油在燃烧室内不能充分燃烧而排出，问题出在废气涡轮增压器到中冷器及中冷器至柴油机的进气管之间。

③空气滤清器至废气涡轮增压器的胶管脱层也会出现此类故障。于是采用如下措施：拆下空气滤清器至废气涡轮增压器的胶管，经检查无脱层。拆下进气管时，发现内有油污，但未堵塞；拆下中冷器至柴油机进气管之间的橡胶软管，启动柴油机，冒白烟现象消失。通过以上检查，认为中冷器出现堵塞故障。拆下中冷器后，发现其下部油泥较多；对中冷器进行反向通水试验，发现水流不畅，说明中冷器内部管道堵塞严重。于是将中冷器解体，发现其内部管道 80% 堵塞。更换中冷器，柴油机即运行正常。

(3)故障分析

WD615.67 柴油机为增压中冷型，中冷器装在柴油机的前部，也就是散热器的前端，靠吸风风扇和车辆行驶的迎面风冷却。中冷器内部管道常附有油泥、胶质等杂物，不仅使空气通道变窄，热交换能力降低，而且由于污物堵塞空气通道，使进气量降低，柴油机功率下降，排气冒白烟，严重时车辆无法正常运行。该车由于中冷器内部管道堵塞严重，增压后的空气进入气缸内较少，致使进气量不足，柴油在燃烧室内不能充分燃烧，便呈白色烟雾状排出。

6. 奥迪 A6 柴油机动力不足故障实例

(1)故障现象

柴油机动力不足，最高车速只有 120 km/h。

(2)进行初步检测并重现故障

首先连接博世 KTS－650 手持式综合分析仪进行故障诊断，进入车型选择页面，依次选择柴油车车型，奥迪 A6 柴油机型号 BND，排量 2.5TDI，选择生产日期 2003/12，进入柴油机诊断检测界面。仪器屏幕显示柴油机控制系统：柴油机 EDC15VM＋2M，故障码数量 1。点击读取故障码，显示 023F：进气歧管压力低于控制限制。记录并清除故障码后，重新启动柴油机，读取故障码，无故障码出现。进行路试，在市区内行驶没有明显动力不足，当高速行驶使柴油机转速到 3 200 r/min、车速 120 km/h 时，再踩加速踏板，柴油机转速没有明显上升，加速踏板踩到底，反而觉得车速要下降，出现柴油机输出动力不足的现象。此时读取柴油机故障码，上述故障码重新出现而无法清除。

(3)检测进气歧管绝对压力传感器插头

根据故障码内容，拔下进气歧管绝对压力传感器插头，目视检查没有发现针脚腐蚀或损坏。利用 KTS－650 万用表测试功能，接通点火开关，用通道 CH1 的黄色探针接端子 3(＋)，另一探针接端子 1(－)，测得二者之间的电压约 5 V，电脑供电正常。将插头复位，启动柴油机怠速运转，同样用通道 CH1 黄色探针接端子 4(信号线)，另一探针接端子 1(－)，测量信号电压约 1.6 V，急加速电压信号无明显变化。根据博世 KTS－650 内置的诊断数据库，得到信号电压正常值为 3.5～4.0 V。这表明进气歧管压力传感器信号异常，有电压但不在规定范围之内。

查找影响进气歧管压力信号偏低的原因，通过目测逐一查看涡轮增压器增压口到油门翻板的管道，没有老化和裂口；中冷器没有腐蚀和裂口。以上部件在急加速时没有听到空气泄漏的声音。对真空部分元件逐一目测检查，真空泵到增压电磁阀软管、增压电磁阀到增压调节阀软管、真空泵到废气再循环电磁阀软管、废气再循环电磁阀到废气再循环阀软管，均无软管断裂老化。

(4)读取博世 KTS－650 数据流进行分析

通过以上检测没有发现异常，接下来通过 KTS－650 读取数据流。柴油机转速为 765 r/min；加速踏板位置传感器显示 0%；额定助力压力为 795 hPa(1 hPa＝100 Pa)；实际助力压力为 999 hPa。踩加速踏板，当柴油机转速为 2 064 r/min 时，加速踏板位置传感器显示 14.5%；额定助力压力为 1 183 hPa；实际助力压力为 979 hPa。通过柴油机怠速与 2 064 r/min时实际值的对比，发现当加速踏板位置发生变化时，额定助力压力发生变化，实际助力压力值却变小而没有增加，验证了进气歧管绝对压力传感器的信号是正确的。实际压力值偏差会不会由于气流的流动压力而下降呢？实际助力压力值应该是增大的。

带着疑点对涡轮增压系统做进一步的检查。将油门翻板处进气软管拆下，用手堵住来自涡轮增压器增压气流的方向，急加速没有明显压力波动。因此将怀疑点转向涡轮增压器的增压调节阀，将增压调节阀的真空软管取下，用真空枪吸取真空，使增压调节阀的阀杆能自由运动，然后将阀杆吸到顶部。启动柴油机怠速运转，明显感觉增压压力增大，急加速时，手的力量堵不住进气软管口。将进气软管固定好，启动柴油机，通过 KTS－650 读取实际值：柴油机转速为 765 r/min，加速踏板位置传感器显示 0%，额定助力压力为 795 hPa，实际助力压力为 1 030 hPa。踩加速踏板，柴油机转速为 1 995 r/min 时，加速踏板位置传感器为 20.3%，额定助力压力为 1 213 hPa，实际助力压力为 1 560 hPa。根据相关数据对比，实际助力压力有明显改变，增压器起到增大压力的效果。显然涡轮增压器机械部件无故障，怀疑可能是增压调节阀的控制部分存在故障。

让我们先了解一下这款车涡轮增压系统的组件，打开 KTS－650，在 ESI 资料数据库中查找增压系统组件。A1.1＝柴油机控制单元；Y10.38＝增压电磁阀；J27.2＝增压调节阀；J22.5＝废气涡轮增压器。

①柴油机控制单元(A1.1)功能：将增压压力实际值与柴油机综合特性曲线中储存的额

定值进行比较,并依据修正参数冷却液温度、进气温度、大气压力和加速踏板位置,以占空比的信号来控制增压电磁阀(Y10.38)。

②增压电磁阀(Y10.38)功能:由真空泵提供的负压,以柴油机控制单元的控制信号向增压调节阀(J27.2)施加负压,通过可调节的涡轮叶片将废气导向涡轮,以改变废气流的流速及涡轮的转速。

(5)确定并排除故障

通过简单了解,由另一维修人员启动柴油机,观察增压调节阀阀杆的运动,怠速时增压调节阀的阀杆在负压的作用下,上行约 0.5 cm,急加速时增压调节阀的阀杆不动作。用 KTS - 650 万用表测试功能检查增压电磁阀。接通点火开关,用通道 CHI 黄色探针接端子 2(+),另一探针接地(-),测量电压为 12 V,将插头复位,选择示波器功能,将通道 CHI 的黄色探针接到端子 1 的线束上,另一探针接地(-)。启动柴油机,示波器功能显示占空比信号的波形,说明增压电磁阀收到柴油机控制单元的控制信号,增压电磁阀的故障造成了增压调节阀的调节失效。根据以上检查分析,发现故障是由增压电磁阀失效所致,需更换增压电磁阀。

安装新的增压电磁阀,接通点火开关,用 KTS - 650 读取故障码并清除故障码,由另一维修人员启动柴油机,观察增压调节阀的阀杆已被负压吸到了顶部,总行程约 2 cm。未储存故障码,读取实际数据值:柴油机转速为 2 969 r/min;加速踏板位置传感器显示 33.7%;额定助力压力为 1 601 hPa;实际助力压力 2 111 hPa。进行路试,柴油机动力强劲,转速超过 3 000 r/min 时,最高车速超过 180 km/h,故障彻底排除。

综合以上检测维修,多媒体诊断仪 KTS - 650 是一款非常好的检测设备,内含博世 ESI (tronic)汽车诊断及电子信息服务系统,零部件信息查询、车辆诊断和车辆维修指导。此外还有车身线路图等其他附加信息,查找维修资料信息方便,提高了维修效率。

第二节　柴油机配气系统运行故障诊断与排除

柴油机配气机构由进排气阀、气阀传动机构、凸轮轴及凸轮轴传动机构组成。

进排气系统由空气滤器、进排气管和消音器组成,对于增压柴油机还有增压器及空冷器。它们的作用是按照工作循环的需要,定时地向气缸内供应充足、清洁的新鲜空气,并将燃烧后的废气排出燃烧室,系统的主要作用是利用废气中的能量和热量驱动增压器与废气锅炉加热,最终将主、副机废气排入大气。另外,系统还有降低排气噪声等作用,对于油船,还应有熄灭火星的作用。

一、柴油机配气系统运行故障原因分析

柴油机配气系统的运行故障主要有:配气系统零件的过度磨损或损坏,气阀间隙调整不当或发生变化,液压排气阀工作不正常,配气系统流道污阻,增压器故障等。

1. 配气系统零件的过度磨损或损坏

(1)零件过度磨损

配气系统零件很多,过度磨损主要是一些运动摩擦副,如凸轮、顶杆和摇臂、气阀、阀座及气阀导管等,其主要原因是润滑不良,使磨损加剧。

(2)零件损坏

配气系统容易损坏的零件主要是顶杆、摇臂、气阀、气阀弹簧等。

顶杆的损坏形式主要是弯曲,其原因是受力过大。摇臂的损坏形式主要是折断,其原因也是受力过大。气阀的损坏形式主要是断裂和烧蚀,断裂的主要部位是锥形块连接处,此处阀杆直径最小,受力较大,容易断裂;气阀烧蚀的主要原因是气阀与阀座密封不良,燃气冲刷造成的。气阀弹簧的损坏形式主要是折断,其原因大多是由疲劳引起的。

2. 气阀间隙调整不当或发生变化

气阀间隙调整不当或发生变化都会引起配气定时发生变化,直接影响柴油机工作。气阀间隙过大,会使气阀滞后开,提前关,同时会造成摇臂与气阀撞击增大,磨损加剧;气阀间隙过小,则会使气阀提前开,滞后关,还可能造成气阀密封不严,引起气阀和阀座的烧蚀。

3. 液压排气阀工作不正常

大型低速柴油机多采用液压排气阀,排气阀靠液压驱动打开,靠空气弹簧回复。其工作不正常主要是液压驱动和空气弹簧两部分工作不正常。

液压驱动工作不正常主要是液压回路泄漏,如高压油管泄漏等。空气弹簧工作不正常主要是空气弹簧密封不好,造成空气弹簧室漏气。

4. 配气系统流道污阻

进气流道污阻会引起进气气流阻力增大,进气量下降,燃油燃烧不良,排气温度升高,柴油机动力不足,冒黑烟等故障。排气流道污阻会引起排气气流阻力增大,排气背压增大,进气量下降,排气温度升高。对于增压柴油机,配气系统流道污阻还会引起增压器喘振。

配气系统流道出现污阻的部分主要有:吸气滤网,增压器压气机叶轮及扩压管叶片,空冷器,排气口,增压器喷嘴环及涡轮叶片,废气锅炉烟管及烟囱管等。

5. 增压器故障

增压器是柴油机中发生故障最多的部件,其主要的故障形式有:压气机喘振、增压压力下降、增压器转速下降等。

(1)压气机喘振

涡轮增压器工作时,当压气机空气流量减少到一定程度,压气机的气流会出现强烈的振荡,引起叶片振动,并出现喘息的异响,进气压力明显下降,此现象称为压气机喘振,其原因如下:

①柴油机进气管内压力脉冲波动。柴油机进气管内压力波动对产生喘振有较大的影响,特别是6~8缸的柴油机,其压力波动较大。柴油机进气管压力脉冲的频率越低,振幅越大,越容易发生喘振。排除方法有:在压气机出口处加装空气稳压箱,减少压力脉动;适当加大进气管容积,使脉动振幅减小;V型8缸柴油机可把左右进气管用较粗管子连通。

②某缸不着火燃烧。当两组增压器共用一根进气管时,如果其中一组有一缸熄火,则这一组的增压器将发生喘振。这是因为一缸熄火后,废气能量减小,涡轮转速降低,而进气管的压力因另一组增压器仍在正常运转,此时压气机因吸收涡轮功率不足而引起喘振。

③运行负荷变化。如变速需要迅速抬起加速踏板,此时增压器的转子因惯性仍以较高的速度转动,压气机泵出的气体无路可走,进气阻力大而发生喘振。排除方法是,加装进气卸压阀,既可防止喘振,又可改善增压器的使用寿命。

④涡轮增压器通道中有积垢。压气机空气通道或涡轮机燃气通道内严重积垢,使通道阻力增加,会引起压气机喘振,应定期拆洗增压器。

(2)涡轮增压器压力下降

当涡轮增压器压力降低时,柴油机的充气量减少,功率下降,耗油量增加,排气温度升高。因此,发现压力降低10%时,应停机检查。

①空气滤清器滤芯粘满尘土而阻塞,使进气阻力增加,压气机吸气损失增大,导致压力下降,此时应清洁或更换空气滤芯。

②压气机通道沾污。由于空气滤清器除尘效果欠佳,灰尘和机油等黏附在增压器的叶轮和通道上,使气流阻力增加,压气机效率及增压压力下降。为防止这种现象,除保持或提高空气滤清器的滤清效果外,还要定期拆洗压气机。

③涡轮机积炭。由于柴油机燃烧不良以及涡轮增压器密封装置失效而漏油,在涡轮机的叶片上,转轴与密封环之间形成积炭,使转子旋转阻力增加,转速下降,柴油机启动困难和加速不良。排除方法是防止烧机油,定期拆洗涡轮机。

④涡轮增压器压气机的气封损坏或柴油机气缸密封性能下降,其结果是,一方面燃气泄漏使涡轮转速下降;另一方面进气泄漏使压气机流量减小,两者均能导致增压压力的降低。排除方法是,更换压气机气封和对柴油机进行三级保养,恢复气缸密封性能。

⑤增压压力调节阀中调节弹簧因温度过高而失效,放气阀因积炭而封闭不严等原因使调节阀失灵,在较低的增压压力值时就放掉了较多的燃气,致使增压压力降低。此时应对增压压力调节阀进行检修。

⑥涡轮机排气不畅,排气阻力增大,燃气在涡轮中的膨胀受到一定抑制,致使涡轮功率降低,增压器转速下降、压力降低,其原因是排气管变形或排气消声器阻塞等。

⑦喷嘴环因长期处于高温下工作,叶片变形,使喷嘴环截面积加大,转子的转速和增压压力下降。

⑧涡轮增压器与柴油机连接处漏气。

⑨由于涡轮增压器的轴承磨损,转子叶轮碰擦壳体,或有杂物阻滞,使增压压力随转子速度的下降而降低。

(3)增压压力上升

①由于燃料供给系故障,如喷油过迟,着火延迟期过长等造成严重的后燃,使废气能量增加,增压压力随涡轮转速升高而上升。这将引起排气温度过高,甚至排气管和涡轮壳发红,转子容易超速,对涡轮机工作极为不利,应及时予以排除。

②排气阀漏气或配气相位失准,使涡轮转速和增压压力上升。此时应检修排气阀,重新调整配气相。

③增压压力调节阀失灵,不能把过剩的废气旁通,致使增压压力上升,应检修压力调节阀。

④喷嘴环因变形或积炭,其通过截面积减小,使增压压力上升。积炭较多时应予以清除。

(4)涡轮增压器有异常响声

涡轮增压器叶轮损坏或转子叶轮与壳体的间隙过小,轴承与止推垫片磨损严重,转子游动量过大造成叶轮外缘与壳体碰擦,或轴承、密封环等运动件的干摩擦都会引起异常声响。叶片变形或转轴偏磨等原因造成转子平衡被破坏,特别是压气机因异物进入或严重碰擦壳体而产生卷边变形,破坏了正常的通道,在高速气流的摩擦作用下会发出高频嘶叫声。此时,应拆检增压器的叶片。

(5)涡轮增压器漏气

①压缩空气和燃气的泄漏会使增压柴油机的功率降低,应及时检查各连接管路的密封状况,并使之恢复正常。

②涡轮增压器机油路泄漏,主要是回油管路阻塞,使回油不畅,密封装置失效,向压气机壳内泄漏机油。此时,柴油机和涡轮增压器将因严重缺少机油而损坏,应及时修理。

(6)涡轮增压器超温

涡轮增压器超温包括进气口的燃气温度过高、机油回油温度过高和冷却液温度过高等。

①燃气温度过高。它会引起涡轮叶片损坏和涡壳、喷嘴环等零件的烧蚀。其原因有:喷油雾化不良,可燃混合气过稀,喷油提前角太小,着火延迟期过长等所引起的燃烧过程的延长(后燃现象严重);排气阀失灵;排气背压太高;增压压力下降,进入燃烧室的充气量减少;机油泄漏等。

②机油回油温度过高。润滑回油温度一般应低于 90~120 ℃(因机而异),温度过高的原因有:机油量减少,油压太低(<0.2 MPa);润滑系中有漏油现象,使轴承机油量减少;回油管路阻塞,使回油不畅通;机油散热不良,涡轮端密封装置失效,高温燃气进入机油腔,涡轮增压器温度过高等。

③冷却液温度过高。正常冷却液温度应在 90 ℃以下。散热装置的散热效果下降,或增压器水腔因水垢阻塞等均会造成冷却液温度过高。

(7)涡轮增压器转速降低

①转子与静止件之间有积炭等污物,使旋转阻力增加。

②喷嘴环由于超温变形,使喷油器出口面积增大,转子转速降低。喷油器叶片变形严重时与涡轮叶片相碰或咬死,导致转子停止转动。

③轴承损坏使转轴卡住。

④柴油机排气系统漏气,进入涡轮机的气体减少。

(8)压气机壳、涡轮机壳的气窗向外喷机油

①涡轮增压器如果是内部供油,应查看油池液面是否下降。若油面并未下降,则说明柴油机气缸内上窜的机油随排气进入涡轮机,冷凝后变成油雾从气窗喷出;如果油池液面下降,则说明油封损坏。

②如果涡轮增压器是外部供油,应检查油封是否完好。若完好则是柴油机气缸窜油所致。

二、柴油机配气系统运行故障实例

1. 顶杆和摇臂磨损故障

(1)故障现象

柳发 6105QB 型柴油机 3#、4#缸的顶杆、摇臂等部件因得不到良好的润滑而经常出现磨损现象(其他各缸的情况稍好一些)。严重时,会使气阀等部件干摩擦,致使气阀、摇臂等部件损坏或折断,影响柴油机的正常使用。这种故障一般在柴油机使用两三年后出现,且故障率极高,如使用和维修不当,则很难从根本上解决问题。

(2)故障分析

柳发 6105QB 型柴油机为什么会出现上述故障,而且大都发生在柴油机的 3#、4#缸,下

面对该故障进行着重分析。

柳发 6105QB 型柴油机采用单体式气缸盖，润滑摇臂机构的油道极为复杂。首先，机油从主油道压入凸轮轴瓦，由 1#、7#凸轮轴轴颈上的油槽经凸轮轴瓦孔、气缸体上的顶杆孔、顶杆衬套，由两头的顶杆逐步向中间的顶杆过渡供油，机油再经每个顶杆上油槽中的小油孔压入顶杆孔，再由顶杆垂直小油孔经气阀调整螺钉油孔压入摇臂，向摇臂轴中空油道间歇供油，最后也通过其径向小孔及摇臂上的小孔压溅成油雾润滑摇臂头、气阀、气阀导管等相关部件。

当柳发 6105QB 型柴油机使用相当一段时间以后，上述各部件相应有了一定的磨损，特别是顶杆、顶杆衬套磨损以后，其配合间隙增大，此一路机油压力相应降低，柴油机的顶杆、摇臂等部件便得不到良好的润滑。同时，由于 3#、4#缸的顶杆等部件离机油路径最远，润滑效果便最差。而其他各缸因离机油路径稍近，润滑效果虽不理想，但还能勉强润滑气阀及摇臂等部件。通常有这么一种情况，当 3#、4#缸摇臂不来机油时，顶杆、气阀调整螺钉、摇臂等因缺乏润滑而加快磨损，使气阀间隙增大，如此时调整气阀间隙，只是暂时应付。过不了多久，气阀间隙又会再增大，如再三调整，将气阀调整螺钉调得过深，其油槽露出摇臂螺钉孔，气阀调整螺钉便会因其力度不够，在柴油机运行时折断。

如果摇臂、气阀、气阀导管等件长时间得不到润滑，势必造成这些部件损坏，严重时，会导致气阀折断，打坏气缸套，甚至打坏气缸体。

(3)具体解决办法

有些驾驶员在无奈之下，采取了一些临时办法，用一块蘸上机油的海绵放在摇臂总成上，或其他不上机油的摇臂总成上。或将摇臂盖钻一小孔，在柴油机上直接接一根机油管插入，以此来满足摇臂等部件的润滑。这种办法是暂时的，只能用来应急，一般不提倡采用这种办法。

切实可行的办法是根据柴油机的实际情况，查看此系统油道是否堵塞，检查顶杆和顶杆衬套等部件的磨损情况，视具体情形更换顶杆、顶杆衬套等相应的部件，改善润滑条件，彻底解决这一故障。

2. 气阀间隙发生变化，摇臂连续折断

一台 4115TA 型柴油机被更换了连杆、活塞。活塞环、气阀零件，并研磨了气阀座，试验中起初运转正常，运行 30 min 后突然响声变大，紧接着发出“乒乓”声响，柴油机自动熄火，曲轴不能转动。故障出现后，修理工进行了以下检查和处理：

(1)拆下气阀室罩检查，发现 3#缸摇臂折断，进气阀卡在气阀座内，活塞顶陷下一个小坑，坑内卡有半个气阀锁瓣。于是，将损坏件予以更新。

(2)再次启动柴油机，运转约 30 min，响声又发生变化，于是立即将柴油机熄火。

(3)拆卸气阀室罩检查，发现 1#缸的摇臂又折断了(因停机及时，其他零件没有损坏)。此时，初步认为是配气相位有问题。

(4)检查正时齿轮安装记号已对准，但凸轮轴齿轮内轴键已松动移位。将内轴键更新后，第三次启动柴油机，结果运转 30 min 后，又发生摇臂折断的故障。

(5)经过认真分析，反复查找，判断问题出在气阀间隙上。检查发现 8 个气阀有 4 个气阀间隙不一样。重新调整准确并试机后，查看气阀间隙，出乎预料的是，原已调好的气阀间隙有的变大，有的变小，有的甚至为零。于是又更换了全部气阀调整螺钉、各缸的随动柱及顶杆，柴油机试运转工作正常了。

仔细观察更换下来的顶杆及随动柱,发现8根顶杆因弯曲而长短不齐,随动往顶上的球窝磨损不大,其形状各异,极不规则。

为何出现上述问题呢?原来,拆卸顶杆和随动柱后乱放置,且没有做记号,重装时没有按照原位安装。这样,顶杆与不配对的随动柱组装在一起时,就会因顶杆球头与随动柱球窝形状不相同而有时落球窝深处,有时落在球窝浅处,致使调整好的气阀间隙经常发生变化,造成气阀撞击活塞,并导致摇臂折断。

3. 气阀间隙总是变化

(1)故障现象及排查

一台东方红-802型拖拉机在作业中,发生了气阀间隙调了又变,且顶杆弯曲的故障。拆检缸盖,发现气阀顶活塞,检查定时齿轮室各齿轮记号都对准了,又更换了几个顶杆,检查调整好气阀间隙,装复后启动,还是气阀响、冒烟。停机检查,气阀间隙又变了,顶杆弯曲,最后断定是配气相位不对,重新检验配气相位,发现进气阀打开时间晚8°因此,当活塞行至排气行程上止点时,与活塞相碰,造成顶杆弯曲和气阀间隙调后不久又变的故障。

(2)故障原因分析与排除

定时齿轮室各齿轮记号对准之后,为什么进气阀的开启时间还会晚8°。分析认为,主要原因有二:一是新齿轮制造质量不好,记号不清或不准。二是拖拉机使用多年,由于定时齿轮磨损、凸轮轴与套磨损、凸轮与顶杆及摇臂等件磨损,都会使配气相位发生变化。本机定时齿轮记号虽对准了,实际上进气阀的开启时间还是晚8°,所以只得将凸轮轴齿轮调过一个齿(每调过一个齿相当曲轴转角7.5°),装复后,调好气阀,故障排除了。

4. B&W 6L67GBE柴油机排气阀控制空气压力波动故障

(1)故障过程

某轮主机为B&W 6L67GBE柴油机,有一次在海上航行时,排气阀控制空气压力表(气弹簧压力表)波动,指针在0.58 MPa~0.6 MPa之间摆动,摆动有时大有时小。通过观察摆动时间为55 s,指针趋于停止,停止摆动25 s后,指针再一次摆动。

以前,主机排气阀也有过指针摆动的情况,但只是不停地摆动,不会间歇,轮机员一般都能准确地判断是密封圈泄漏。如果不影响航行,会坚持到港更换排气阀。可是这次的现象和以往不同,是哪里的泄漏发生这样的故障?

这要从排气阀杆的结构说起。排气阀杆的下部带有转翼,这是为了使阀杆旋转设置的。在气阀关闭的过程中,废气流经过时吹在转翼上,产生一个旋转的力带动阀杆旋转。经过认真细致地分析,我认为是密封活塞环与气阀导管之间有磨损。到港后拆下排气阀,经过解体检查发现导管磨损严重,将导管换新后装好,压力表摆动现象消除。

(2)分析与处理

B&W GBE柴油机的排气阀是液压驱动的,凸轮轴油经过驱动泵加压后供向液压活塞,使排气阀开启。可是当液压系统供油时,如果发生泄漏就会直接影响气阀的工作。

在正常情况下,排气阀开启、关闭的迟早是通过调节回油的大小来实现的。如果往里调节螺丝,调小回油量,可以消除排气阀的敲击,但是如果调得过小会使液压管脉动增强,这时排气阀上部的液压活塞会撞击阀杆,发出的声音是金属撞击声。如果旋出调节螺丝,调大回油量,当超过某一数值时,失去了油液的阻尼,排气阀关闭过快,会发生阀头敲击阀座,声音比较沉闷。

在实际工作中有一次遇到的敲击声音很清脆,一开始听到敲击声音时的第一个反应是调节回油阀,旋进调节阀后,声音没有消失,反而从时断时续发展到连续不停,再往里调节已经到底调不动了。使用螺丝刀听阀里的声音,能听到清脆的声音。打开气阀顶部的压盖准备气阀放气,发现放气阀泄漏严重。更换放气阀后,声音明显减小,虽然没有完全消除,仍然时断时续,但时间间隔延长。这个现象给予的启发是,排气阀的油路是否堵塞。因为不管是气阀上部撞击或是下部敲击,主要原因在于油的供应和节流,如果凸轮轴油有泄漏或是供应不足都有可能引起敲击。

为了更好地查明原因,对备件进行了测量。在说明书上注明进油止回阀的顶杆尾部到法兰距离为 27 mm,实际上在距离为 25 mm 时止回阀的顶杆会顶到滑阀,使止回阀失去作用。实际测量主机各缸的进油止回阀顶杆的尾部距离,都超过 27 mm。拆开节流阀的备件,内部只有节流顶杆,没有其他部件,当往里旋进时会关小回油量,减小敲击。

拆开安全阀的备件,安全阀内部有弹簧和顶杆及钢珠,发现备件弹簧有两种,一种弹力较弱,一种弹力较强。该机型的柴油机除了排气阀,气缸上面还有安全阀,在安装中如果两种弹簧混装会引起安全阀不正常开启,造成滑油泄漏。

抵港后更换了进油止回阀、回油节流阀、安全阀。将换下的阀解体检查,发现进油止回阀的阀座磨损,关闭不严,造成了凸轮轴油泄漏。以前在发现排气阀发生敲击时,往往调解回油节流阀,关小回油的油量,但随着进油止回阀的磨损,泄漏量增大,节流阀关闭到头,凸轮轴油实际的供应量减小。当排气阀在气弹簧的作用下关闭时,油液的缓冲作用减小,不能有效起到阻尼作用,这时会发生阀头敲击阀座。同时因为放气阀泄漏严重,在排气阀驱动泵供油初期不能立即建立油压,会使液压活塞下行时和排气阀的阀杆顶部发生撞击。经过检修后的排气阀工作良好,工作一段时间再没有发生敲击。

5. 主机排气阀故障致增压器喘振

(1)故障现象

某轮主机,型号 MAN B&W 6L70MC,额定功率 15 720 kW,额定转速 106 r/min,常用转速 95 r/min,增压器型号 VTR564 - 32。

该轮 143 航次,离新加坡港不久,主机还未达到海上转速时,发现 6#缸异常:驱动排气阀的高压油管振动,随主机转速升高而增强;排气阀和排气阀伺服油缸敲击声很大;扫气温度随主机转速上升而上升,达到 100 ℃左右,并伴有 No. 2 透平喘振。主机不得不减速至 66 r/min以下运行。

(2)分析与处理

①船上初始处理

故障发生后船员多次停车检查了主机相关系统:

a. 更换 6#缸喷油器;

b. 更换 6#缸排气阀;

c. 解体检查 6#缸排气阀伺服油缸及驱动装置,正常;

d. 打开凸轮箱道门,检查排气阀凸轮及驱动滚轮的工作状况,正常。

可是装复后,主机 6#缸故障现象仍存在,船也难以按期抵达目的港,轮机长请求公司支持。

②公司分析

接到轮机长的报告,我们了解到:

a. 该轮进港前主机没有任何异常现象;

b. 在港停泊期间也没有做过任何主机检修工程；

c. 故障发生后船员已作了上述部件的检修。

综合分析轮机长报告的主机故障现象、主机运行状况和参数，以及已经做过的检查，有以下几种因素可能会引发该机所出现的故障现象。

Ⅰ. No. 2 透平喘振，显然是 6#缸燃气下窜引起的。透平脏堵、空冷器脏堵、扫气排气道不通畅等原因导致的透平喘振是渐进的，而靠泊前没有任何征兆，可以排除。

Ⅱ. 燃气下窜，6#缸扫气温度随主机转速上升的原因，可能是 6#缸活塞环断裂，活塞与气缸间漏气。这也是一个渐进的过程，靠泊前没有任何征兆，基本可以排除。

Ⅲ. 6#缸排气阀定时错乱，排气阀高压油管强烈振动就是证明。

造成排气阀高压油管强烈振动并造成排气阀定时混乱的影响因素，可能有：

Ⅰ. 滑油系统进空气；

Ⅱ. 排气阀驱动活塞严重漏泄；

Ⅲ. 伺服油缸单向补油阀卡阻，补油不足；

Ⅳ. 空气弹簧室安全阀卡阻失效；

Ⅴ. 排气阀总成内节流装置调节不当；

Ⅵ. 液压油管内漏或安装不正确，等。

故障原因一时难于判断(当时凸轮轴油压参数无异常，也未得到船上关于大管轮调用 No. 2 凸轮轴油泵的报告，未考虑 No. 2 凸轮轴油泵故障)。

③进一步检查

a. 我们就以上故障的可能因素及相互关系，与轮机长沟通。

考虑故障发生后，船员已经更换了 6#缸排气阀，可以基本排除排气阀本身的一些因素，要求轮机长再次检查可能影响排气阀启闭的部件，包括：

Ⅰ. 排气阀空气室的安全阀；

Ⅱ. 伺服油缸进油单向阀；

Ⅲ. 排气阀顶部节流气阀；

Ⅳ. 回油管的回油情况；

Ⅴ. 排气阀高压油管二端接头端面间隙；

Ⅵ. 排气阀定时等。

船员完成上述检查，没发现异常，主机 6#缸故障仍未能消除。

b. 为了进一步查明原因，我们又要求轮机长将主机 6#排气阀伺服油缸总成、排气阀高压油管、排气阀总成等，与 5#缸逐一对调做试验，每完成一项试车一次，确认三个部分的工作状况。船员在完成上述工作后，主机 6#缸故障依旧。

c. 接着轮机长又主动组织船员吊缸检查主机 6#缸，见气缸壁和活塞环均无异常，扫气口畅通；同时检查主机凸轮轴联轴器螺栓，见连接正常。主机重新启动运行，观察 6#缸排气阀油管仍然振动。

前后几天查找主机 6#缸故障原因，船员们付出大量的劳动，但还是未能消除故障。故障不能消除，只得暂时减少 6#缸喷油量，调整各缸油门，主机以 82 r/min 运转，运转参数正常。但主机运行不过几小时，主机 No. 2 增压器就频繁发生喘振。只好再将主机减速到 72 r/min，观察发现，只要听到排气阀声音节奏混乱，或外界负荷变化，主机透平就发生喘振。

几天后接到轮机长报告,在提高凸轮轴油泵出油压力(事后才知道是换用了 No. 1 泵)后主机故障现象消失了。

主机恢复正常,查找故障原因也暂时停止了。

该航次结束后,轮机长和大管轮离船休假。接班轮机长上船前,我们为此事对他进行了专门布置,要求轮机长上船后对主机 6[#]缸排气阀故障原因再做仔细了解。

新任轮机长上船后了解到:

a. No. 2 凸轮轴油泵工作压力比 No. 1 泵低。当时在新加坡码头时,原大管轮换用已很久未用的 No. 2 泵,才发生故障。

b. 原轮机长是在查找故障时,无意中恢复使用 No. 1 凸轮轴油泵后,6[#]缸排气阀异声消失,增压器不再喘振,主机油门和转速恢复到故障前状况。

6[#]缸故障的罪魁祸首,就是 No. 2 凸轮轴油泵。No. 2 凸轮轴油泵的油压偏低是怎么造成的呢?

当时有两种解释:

一种是 No. 2 泵压力下降和排量不足,导致 6[#]缸排气阀高压油管供油不足;

另一种是主机凸轮轴承磨损间隙变大,发生"抢油"现象,导致 6[#]缸排气阀高压油管供油进油量少。

为弄清故障的真正原因到底何在,轮机长决定在开航后重新使用 No. 2 凸轮轴油泵,看一个究竟。

重新使用前,轮机长将 No. 2 泵与 No. 1 泵进行了比较:No. 1 油泵出口压力 0. 39 MPa,集控室表压力 0. 33 MPa;No. 2 油泵出口压力 0. 37 MPa,集控室表压力 0. 31 MPa,比 No. 1 油泵压力低 0. 02 MPa。检查 No. 2 油泵的调压阀已调到极限,无法再调高。观察 No. 2 油泵的运行,无其他异常情况。

当日离港后,轮机长观察到:

a. 主机低速时,凸轮轴滑油温度还偏低(55 ℃),6[#]缸排气阀关闭时有敲击声。

b. 主机加速正常航行后,凸轮轴滑油温达 60 ℃左右,观察 6[#]缸排气阀无异常,敲击声消除。

c. 航行几个小时后,6[#]缸扫气温度开始升高,6[#]缸排气阀高压油管振动出现,主机 No. 2 透平又开始喘振,此时 No. 2 油泵集控室表压力 0. 30 MPa。随即将 No. 2 油泵转换到 No. 1 油泵使用。待 No. 1 油泵工作稳定后,主机 6[#]缸扫气温度也恢复正常,No. 2 透平不喘振。

按理说 0. 30 MPa 压力属正常压力范围,报警值为 0. 20 MPa。为什么 No. 2 油泵比 No. 1 油泵压力只低 0. 02 MPa 就会导致 6[#]缸排气阀故障呢?

解体 No. 2 凸轮轴油泵检查,发现:

a. 除泵盖端面有磨损痕迹外,未发现齿轮与轴承有任何异常。

b. 油泵压力调节阀已调到极限(升压方向)。

c. 机械密封动环和弹簧均已经卡死在轴上不能移动,且与静环脱离接触,密封腔油泥甚多。将机械密封解体、清洁,更换密封圈后装好,油泵出口压力达到 0. 40 MPa,集控室表压力 0. 34 MPa,比 No. 1 油泵还要高 0. 01 MPa。其后,使用 No. 2 凸轮轴油泵,6[#]缸故障现象消失,主机运行正常。

通过上面的试验与分析,我们基本可以得出故障结论:

齿轮泵型号 R35/50FL - 2DB。仔细研究了泵的结构发现:密封腔与吸入腔相连;泵安装在凸轮轴循环油柜上,吸入高度 1.5 m,吸入管无阀无滤器;油泵运转时,密封腔具有负压力,机械密封失效也不出现滑油外泄,而是造成空气吸入、排量减少和油泵压力下降。

正是因为凸轮轴油泵吸入的空气进入系统,造成 6#缸排气阀高压油管内空气集结:

a. 排气阀驱动泵泵油时,驱动排气阀的高压油管内空气被压缩而压力波动剧烈,造成油管剧烈振动。

b. 驱动排气阀的高压油管内压力波动,使排气阀滞后开启,一方面造成高温废气窜入扫气空间,使扫气温度升高;另一方面造成单缸扫气不足,缸内燃烧不良,扫气时缸内压力过高,导致增压器因背压升高、空气流量减少而喘震。

然而,为什么漏入的空气仅仅使 6#缸排气阀产生故障而其他缸正常呢?

该主机凸轮轴油泵输油总管顺次从 6#缸到 1#缸,6#缸先进油。每缸分四路支管:三路朝下,分别润滑凸轮轴轴承、高压油泵滚轮和排气阀滚轮;唯有一路朝上进入排气阀驱动油缸。带空气的油到 6#缸后,油往下流空气往上跑,所以油中的空气首先进入 6#缸排气阀驱动油缸,并通过驱动泵进入驱动油管。

为证实上述分析,轮机长特意将解体后的 No. 2 凸轮轴油泵出口压力调低,由集控室表压力 0.34 MPa 调到 0.26 MPa,比出现主机 6#缸故障现象时还要低 0.04 MPa,经连续运行观察,主机工作一直正常。

由此可以确定,主机 6#缸故障的真正原因是,No. 2 凸轮轴油泵轴封失效,空气被吸入滑油系统。

6. 某轮副机排气阀杆频繁断裂

(1)故障经过

某轮,船龄近 25 年。副机额定转速 900 r/min,专用摇臂滑油泵润滑摇臂轴,并通过油路润滑气阀阀杆顶端及其下方与锥形块接触处。与气阀阀杆顶端接触处的摇臂出油孔,有调节滑油量的锥形螺钉。

到船接班时,查阅轮机日志和副机检修记录,发现 No. 3 副机已很久没有使用了。交班注意事项中记载:"排气阀杆曾三次断裂,事故原因不明,尽量少用或者不用"。

接班后,仔细查阅 No. 3 副机检修记录,并召集有关人员调查,了解到排气阀杆的三次断裂:

第一次,"常规吊缸检修"后运行 1 595 h,4#缸的排气阀杆断裂。阀头及部分阀杆落入缸内,缸头、缸套、活塞等破裂,连杆严重弯曲变形,连杆大端轴瓦变形损坏,大量冷却水漏入曲拐箱的滑油中,废气透平喷嘴环处有一些大小不等的金属碎块,但没有损坏透平。检修和更换部分损坏的部件后,恢复使用。

第二次,恢复使用运行 1 086 h,1#缸的排气阀杆断裂。由于停车及时,部件损坏比上一次少。再次吊缸更换损坏的部件,同时换新该副机全部排气阀及排气阀套,以防同样故障继续发生。

第三次,再次恢复使用运行 1 523 h,6#缸的排气阀杆断裂,所幸断裂排气阀的阀头没有落入气缸,未造成更大损坏。第三次排气阀杆断裂后,陆续使用了 62 h,便停止使用,长期搁置。不到一年,连续三次排气阀杆断裂,原因不明。

(2)分析与处理

断裂的三只排气阀,有日本制造的,也有我国生产的,基本可排除因产地不同而存在质量问题。

三只排气阀断裂的部位，均在阀杆与锥形块配合的凹槽处。此处，直径最小，应力较大，与锥形块摩擦严重，易磨损和断裂。

据回忆，进气阀杆也曾在此处断裂过，但进气阀头比排气阀头直径大，进气阀杆断裂后阀头被挡在缸套上缘，未落入气缸，损失不大。摇臂润滑油，观察发现：

①油质不佳，混有柴油和水分；

②运行中油压偏低，没有达到说明书要求的0.2～0.3 MPa。

排气阀第三次断裂时，曾发现摇臂在气阀顶端的调节滑油量的锥形螺钉松脱散落在气缸盖上（前两次排气阀断裂，由于忙乱，锥形螺钉不知去向）。副机额定转速900 r/min，即摇臂压击阀杆的频率相当高。若调节滑油量的锥形螺钉因振动而脱落，滑油就会喷到缸头罩内的其他地方，而不会被引到阀杆顶端及其下方与锥形块接触处，导致阀杆得不到足够有效的冷却和润滑而断裂。

讨论中，有轮机员回忆，在其他船工作期间也曾经遇到过副机排气阀杆断裂，虽然当时没有确定原因，但是也发现断裂排气阀杆上方调节滑油量的锥形螺钉松脱落在缸头上。

综上分析，锥形调节螺钉从副机的摇臂上脱落，该部位失去足够有效的冷却和润滑，是排气阀杆频繁断裂的主要原因。因此，关键是防止调节滑油量的锥形螺钉松脱，修复摇臂与气阀接触端出油孔的螺纹和调节滑油量的锥形螺钉的螺纹，使之配合紧密，最好加装止动螺丝。

7. 主机增压器喘振

(1)故障过程

某轮是3 800箱位的集装箱船，主机为NEW SULZER 9RTA84C型，配两台ABB增压器，具体布置为1#～5#缸接No.1增压器，6#～9#缸接No.2增压器。某航次该轮从欧洲返航时，No.1增压器偶有喘振现象发生，No.2增压器工作正常，同时排烟温度由原来400 ℃逐渐升到430 ℃，而且各缸排温普遍升高。

船抵苏伊士运河，更换了三只缸的喷油器，同时在透平3 000 r/min时对两台增压器的涡轮进行了冲洗，压气机平时三天冲洗一次，观察两台空冷器进出口压差分别为：No.1为110 mm水柱，No.2为100 mm水柱，冷却水进出口温差10 ℃以上，可知空冷器工况正常，但仍化学清洗两台空冷器（循环16 h），同时冲洗废气锅炉烟道。

过了运河，主机加速至92 r/min（主机额定转速为100 r/min）时，排温已达420 ℃，加到95 r/min时，No.1增压器仍断续发生喘振，间隔时间由半小时到十几分钟不等，故障仍然存在。

(2)分析与处理

如果运行中的增压器流量忽大忽小，压力剧烈波动，同时伴有振动及吼叫声，这种现象称为喘振。其产生的机理无非是由于压气机高背压小流量，导致运行工况点落到喘振区里。产生的原因就其具体的形成来看多种多样：比如增压器的匹配不当、扫气及排气道的脏堵、烟道的脏堵等。只有根据本船的配置及故障的现象来分析产生故障可能的原因，才能有针对性地加以解决。

柴油机整个增压系统的气流通道线路为：透平进气滤网→增压器压气机→空冷器→扫气箱→扫气口→排气阀→增压器涡轮→废气锅炉→排气烟囱，任何一个环节在运行中流动阻力过大都可能使增压器偏离设计工况而发生喘振。

产生局部流阻过大的部分可能有：吸气滤网，空冷器，增压器压气机叶轮扩压管叶片

(脏污),排气口,增压器涡轮叶片及喷嘴环,废气锅炉烟管及烟囱管等。

基于以上分析,我们做了以下工作:

涡轮及压气机冲洗,空冷器化学清洗,废气锅炉烟管冲洗,且打开所有扫气箱门检查扫气状况,发现均比较干净。与公司安技科联系,决定主机开 93 r/min 返上海。抵上海港后,ABB 公司拆检 No. 1 增压器(两台增压器均工作近 10 000 h),清洁所有部件。离上海后,主机加速至 95 r/min 时,No. 1 增压器喘振现象消失,但 No. 2 增压器偶有喘振现象,发生频率较 No. 1 低。当时分析,由于 No. 1 增压器刚解体,可能两台增压器不匹配而造成的 No. 2 喘振。船抵汉堡拆检 No. 2 增压器。离开汉堡后,主机加速至 95 r/min 二台增压器仍交替有喘振现象,这说明仍没有找到真正的问题所在。93 r/min 开往塞得港锚地。

航行中再次分析故障现象以及所做的工作:

主机进气及排气系统的几个主要环节都做了清洁或检查;联想到在冲洗废气锅炉时发现顶板及烟管中有积炭,由于无法作比较就无法判断积炭的严重程度,当时采取的措施仅仅清洗废气锅炉,尚有必要彻底检查排烟管道。

塞得港锚地抛锚后,打开排烟管道门,发现排烟总管中除了几块断令及断裂的喷油器雾化头外,无其他东西,积炭也不严重;但检查两台增压器前的排烟格栅发现,No. 1 增压器有近一半被积炭堵死,No. 2 增压器有近 1/3 被堵。清洗后,主机转速加至 97 r/min,两台增压器工况良好,故障现象消失。

事后分析,导致格栅脏堵的原因,是主机气缸油注量过多(该船的气缸油耗量在几条姐妹船中是最多的),大量的气缸油不能在缸内完全燃烧,在排烟管中后燃,造成增压器进气格栅及废气锅炉烟管积炭。查以前的工作纪录,该船废气锅炉由于漏水已封堵了 6 根烟管,这也是由于过多积炭造成二次燃烧,局部高温导致烟管烧坏的原因。所以,逐步调小主机的气缸油注油量,达到合适的注油率,以防止由于气缸油过多导致同类事故的再次发生。

8. 主机空冷器气侧污阻致增压器喘振

某远洋轮总吨位 4. 885 万吨,主机为德国制造的 MAK 8M435 型中速机,轴带发电机。无人机舱,机舱定员 4 人,轮机长、大管轮、二管轮和电机员,该轮为大连至日本的集装箱班轮,停港时间短,因此机舱内紧急抢修工作和一般的修理由轮机部人员承担,较大的检修工作由航修站完成。

(1)故障经过

该轮在由大连航行到日本时,发现主机各缸排气温度普遍升高,其平均温度为 420 ℃,而正常排气温度应为 385 ℃左右。

因此该轮只能降速航行,在停港卸货时间,我们检查并试验主机 8 个气缸的喷油器,检查并调整气阀间隙,并对增压器涡轮进行了多次冲洗。但是在此后的返航航行中,主机排气温度仍然很高,且增压器压气机有轻微的喘振声。

回到大连后,公司机务主管认为产生上述故障的原因是:增压器涡轮喷嘴环、叶轮叶片的脏污。于是对这些部位进行了冲洗,这些部位确实很脏。而我们提出空冷器的脏堵也会引起上述故障,于是公司机务总管让航修站工人拆开增压器压气机出口至空冷器的连接管,露出空冷器气侧通道的端面,从端面上看,空冷器气侧比较干净,只有几个肋片间有炭垢。

于是机务主管否定了空冷器气侧脏堵是引起故障的原因,并让航修站人员用压缩空气别着空冷器气侧吹气,然后将相应的管路接好。为防止延误航期,该轮又从大连驶向日本,但是在航行中，主机排气温度越来越高，甚至超过了450 ℃的警报线，频繁发出报警，增压器发生了强烈的喘振，喘振声像放炮一样，甚至在驾驶台上都能听到这种声音。喘振初期，每隔5 ~6 min 发生一次喘振，到后来每隔一分钟发生一次喘振。

公司只好令该轮降速航行驶向该轮能够停靠的最近的港口釜山港，到港后，ABB 公司的工程技术人员按照公司机务主管的要求，只拆卸、清洗和测量了增压器涡轮叶轮、喷嘴环等部位。检修后该轮由釜山驶往东京，但是故障仍未排除。主机排气温度仍然维持在检修前的高温状态，增压器的喘振与检修前基本一致。

（2）分析与处理

针对 MAK 8M435 型主机的合理配置和在本航次中的运转情况，我们认为气流通道的堵塞是导致压气机喘振的根本原因。在运行中经常产生局部流动阻力增大的部件有：空气滤清器的脏污，压气机叶轮叶片和扩压器叶片的污阻，空气冷却器的污阻，柴油机进排气阀由于污秽物质的沉积而使阻力加大。涡轮喷嘴环和叶轮的污阻，排气烟囱或余热锅炉的堵塞等。因此必须对这些部件进行检查或清洗。

在我们对增压器涡轮冲洗的过程中，发现增压器涡轮的放残管有少许漏泄，放残管的漏泄处恰好在增压器压气机底部。同时发现该放残管有多处焊补过，这说明以前放残管曾多次发生过漏泄，这就使主机的部分排气被增压器的压气机吸入，再经过空冷器进入主机。

可以断定，有部分烟垢和炭渣将空冷器气侧部分堵塞，堵塞部位不在空冷器气侧通路的端面，而是在其内部我们查不到的通道上。如果上次拆修时，航修站工人不用压缩空气对空冷器气侧进行冲洗，主机只是排气温度升高，而不会发生剧烈喘振。在使用压缩空气冲洗时就把一些脏物和松散的炭渣吹到空冷器原本堵塞较重的部位，致使该部位堵塞更加严重。这就进一步导致压气机背压升高，使气流量减小，主机排气温度超过警报线，使压气机发生剧烈喘振。

当我们检查其他容易造成气流局部压力增大的部件时，均未发现形成明显污阻的情况，我们与 MAK 主机驻上海办事处的高级工程师们对发生喘振的故障进行了详细地分析与论证后，一致认为空冷器气侧脏堵是导致故障的主要原因。

于是，按照说明书的要求，将空冷器吊出，放在一个兑好化学冲剂的容器中浸泡，同时用泵使清洗剂不断循环冲洗空冷器。经 30 h 冲洗后，将空冷器安装复。该轮又由大连驶往日本，在航行中，主机各缸的平均排气温度降为 375 ℃，增压器压气机不再喘振了。主机系统运转正常。

9. 增压器透平端进气防护网堵塞引起喘振

（1）故障经过

某轮主机为 7RND68/125 型，匹配一台增压器（定压增压），设计额定转速为 137 r/min 时，各缸排温在 380 ℃左右。购进使用约三年时间后，增压器转速渐渐有所下降，主机工况也逐渐变差，车速勉强开到 124 r/min 时，各缸排温已近 400 ℃了，而且烟色变浓，说明燃烧不良。数月后，排温逐渐又升到 415 ℃左右，且增压器伴有微弱喘振声。于是对压气端的空气滤网清洁，无效。又进入扫气箱中检查清洁全部口琴阀，事后效果不见好转。后来进入总排气管内检查，看到总排气管通向透平进气口处的保护钢丝网上，已被烟灰黏附 60% 的网面积，清除后，各工况恢复正常。

（2）分析与处理

该机型苏尔寿公司设计时在废气透平进气口前，都装有一根淡水管，可在航行时一边运行一边放水吹洗透平叶片。后查阅资料知道该轮一年前曾数次对透平叶片做过喷水清洗，由于腰接截止阀未关严紧，有滴漏现象，而所用的水是自来水（硬水），没有软化处理，故硬水进入高温处汽化后，杂质就留阻附在钢丝网上形成较硬的水垢，影响了增压器单位时间内的进气量，使其效率降低，燃烧不良，烟灰增多后又把网眼堵塞，这样互为因果，使车速开不上去而排温上升很高。后发现网眼的堵塞，用钢丝刷刷清后，使进气通道畅通，增压器恢复了效率，车速和排温也正。

10. 增压器损坏

（1）故障经过

某轮设有 B&W 6L70MCE 型主机，增压器匹配为 NA57/T0721 型。该增压器最大转速为 15 000 r/min，常用 11 000 r/min，滑油油压为 0.13 MPa ~ 0.15 MPa，需油量为 80 L/min 左右，转子轴承润滑与供主机滑油同路，由主滑油泵供给。该轮主机飞轮位置处，装有同轴轴带变速发电机一台，航行时全船由其供电。

该轮是由德国 20 世纪 80 年代为我国某公司制造，投入营运到 12 429 h 和 13 158 h，分别出现增压器轴承和轴颈严重烧坏，从而打碎叶片。前后两次事故，损坏情况相同。由于第一次损坏原因尚未找出，修妥开航后相隔仅 23 天后又重复发生增压器损坏。第二次损坏即电告 MAN 公司派造机厂来人修理换新。

厂方在拆装同时寻找原因，发现增压器透平端轴承上方，有水和水垢从冷却水腔闷盖处流出，即认为可能水从此处流入轴承内，促使轴承磨损，造成事故。后经分析，认为一方面漏出的冷却水难以流入有压力的滑油内，另一方面历次化验油质的报告单上乳化值均正常，就否定了这一说法。后来经多方面考查，发现使用两年多来，近年航行中突然由于电气故障，断电而停主机共十五次之多。第一次损坏前约 18 个月中先后断电停主机九次后出现了这种事故。第二次损坏则在 20 天中断电停主机六次后出现事故，由此从中联系起来，才悟醒到轴承的磨损是由于逐渐的缺油，最后走向突变而形成事故。

（2）分析与处理

该轮为全自动化机舱，主机滑油压力失压设有报警和自动停车的连锁装置，一旦主机滑油泵突然跳电，位于增压器上的一只应急压力油柜通过单向阀向增压器轴承补给滑油，但此油柜容积只有 70 L，且位于增压器轴中心线以上仅 750 mm 高度，其压头只有 0.007 MPa，事故后模拟试验，在这压头下需 12 min 方流空，可发生断电故障主机自动停车后，由于船的惯性滑行，水流对车叶相对的做功，通常要 7 min 左右才能停下来，在这 7 min 时间内主机产生的排气气流仍对高速旋转的压器在正常运转时的滑油需要量是 80 L/min，由此可见断电停车后瞬间由应急重力油柜所供之油相比悬殊。

又该轮虽设有当主机轴带发电机断电后，一分钟备用柴油机发电机即自动启动供电的装置，但由于排除电气故障和再次启动主机等准备工作，到恢复滑油泵运行时，至少要一刻钟或更长一点时间，故增压器转子轴承先在重力柜供应少量滑油情况下运转 12 min 后，又在无油润滑下运转了数分钟之久，初上来对轴承的磨损还不甚严重，连续五次以上就发生了扩大，直到第九次时就发生了突变，使轴承烧熔，转子下沉，透平叶片打坏。至于第二次事故为什么比第一次停机次数少而提前发生呢？这是由于在短短 20 天之内，连续发生了六次，其中有几次因操作不当，致使断电，间隔时间相当短，故形成了加速磨损，事故也自然提前发生了。

第三节 柴油机燃油系统运行故障诊断与排除

一、综合原因分析

柴油机燃油系统由于长期处于高温高压状态下工作,不可避免地会出现各种各样的问题和故障。柴油机的各类故障或多或少都会与燃油系统有关联,比如动力不足、转速不稳。排气黑烟、燃油进入机油箱等。

1. 柴油机动力不足

柴油机动力不足,或柴油机工作一段时间后自动停机,此类故障与燃油系统有关的原因为:

(1)喷油泵柱塞和出油阀漏油、喷油泵供油压力低,供油量不足。

(2)喷油器雾化不良、滴油,喷油器损坏或喷油器密封铜垫厚度不合适。

(3)燃油低压油路压力不足,主要原因是喷油泵低压油路回油螺钉单向阀关闭不严或已经损坏,导致其密封不严。

(4)输油泵损坏,燃油预压太低。

(5)喷油泵调速器有问题。

(6)燃油油路堵塞或燃油油路系统中有空气进入。

(7)燃油滤芯太脏或燃油温度太高。

2. 柴油机冒白烟

柴油机启动或加油时冒白烟,此类故障与燃油系统有关的原因为:

(1)启动加浓装置有问题。对于增压柴油机,可能是烟度限制器系统有问题。

(2)喷油泵低速喷油压力不足。

(3)喷油器雾化不良。损坏或滴油严重。

(4)柱塞磨损,出油阀漏油或压紧不足。

(5)喷油提前角不对(偏大)

(6)燃油中的水分太多。

3. 柴油机冒黑烟

柴油机工作时冒黑烟,此类故障与燃油系统有关的原因为:

(1)喷油泵供油量太多。

(2)喷油器雾化不良、滴油、损坏或其密封铜垫厚度不合适。

(3)喷油提前角不对。

(4)喷油器回油管堵塞。

4. 柴油机机油越用越多

柴油机机油越用越多,此类故障与燃油系统有关的原因为:

(1)喷油泵柱塞磨损严重,柴油漏入喷油泵柱塞腔后通过机油回油管进入油底壳。

(2)喷油泵出油阀外压紧套筒松动,柴油漏入喷油泵柱塞腔后通过机油回油管进入油底壳。

(3)个别气缸喷油器滴油。燃油通过活塞环与气缸壁间的缝隙流入油底壳。

(4)冷启动电磁阀损坏,主要是该电磁阀"常开",柴油通过火焰加热塞进入进气管并进入气缸,气缸内大量未燃烧的柴油经过活塞环与气缸壁之间的缝隙浸入油底壳。

(5)低压输油泵泵轮有漏油现象。

5. 柴油机整体温度高

柴油机整体温度高,排气管经常有"烧红"现象,此类故障与燃油系统有关的原因为:

(1)喷油泵油量太大。

(2)喷油泵联轴器损坏。

(3)喷油提前角不对。

(4)喷油器雾化不良、滴油、损坏或其密封铜垫不合适。

6. 柴油机启动困难

柴油机启动困难或根本不能启动,此类故障与燃油系统有关的原因为:

(1)燃油油路堵塞或有空气。

(2)输油泵或回油螺钉有问题,燃油预压太低。

(3)喷油泵调速器有问题。

(4)喷油泵调速齿杆卡死。

(5)喷油提前角不对。

(6)增压机型的烟度限制器电磁阀损坏。

(7)多数喷油器损坏或喷油压力不对。

(8)柴油机停机电磁阀有问题。

7. 柴油机活塞烧顶

柴油机活塞经常出现"烧顶"现象,此类故障与燃油系统有关的原因为:

(1)喷油器滴油严重。

(2)喷油量太大。

(3)喷油器铜密封铜垫选择不合适。

8. 柴油机"放炮"

柴油机启动时经常有"放炮"声,此类故障与燃油系统有关的原因为:

(1)冷启动预热电磁阀损坏。

(2)进气管上火焰加热塞损坏。

(3)个别气缸的喷油器损坏(不雾化或严重滴油)。

以上原因导致大量柴油进入气缸。当进入气缸柴油相对较少时,柴油机启动时,就会产生"放炮"现象。如果进入气缸的柴油相对较多,将导致柴油机启动困难或根本不能启动。

9. 柴油机转速不稳

柴油机转速不稳,此类故障与燃油系统有关的原因为:

(1)燃油油路时而有堵塞或漏气的现象。

(2)柴油滤芯通过性不好。

(3)喷油泵调速器故障。

(4)喷油泵调速器内机油太多或太少。

10. 柴油机燃油消耗量大

柴油机燃油消耗量太大,此类故障与燃油系统有关的原因为:

(1)喷油泵供油量太大。

(2)喷油器雾化不良或滴油。

(3)燃油油路系统有漏油现象。

11. 柴油机振动大

柴油机振动大,此类故障与燃油系统有关的原因为:

(1)各缸供油量不均匀,燃烧爆发压力差别太大。

(2)个别喷油器严重滴油,导致该缸产生"爆燃"。

综上所述,柴油机的大多数常见故障都与燃油系统有关。因此,应该加强对燃油系统的保养和维修工作,及时发现并排除燃油系统出现的小故障和问题,这是确保柴油机稳定工作的前提。

二、柴油机燃油系统运行故障实例

1. 回油螺栓故障导致柴油机启动后自动熄火

(1)故障现象

有一台道依茨 BF12L513C 增压中冷柴油机,在使用过程中出现了一个奇怪的现象,柴油机每次启动后,着火后空载运行正常,只要带负荷作业 7 min 左右,就会自动熄火。熄火后马上可以启动,但仍然是带负荷运行 7 min 左右就自动熄火。

(2)故障原因排查

按照惯例,一般都会认为是油路系统有气、堵塞或接头密封不严造成的。但具体到该柴油机,维修人员首先检查了油路系统、滤芯和其他相关部件,均未发现有漏气或堵塞的故障。检查输油泵、喷油器等也未发现问题;另外,还检查调整气阀间隙、喷油提前角等,故障现象依然存在。

最后,经过仔细观察和分析,认为该柴油机虽然自动熄火,但着车容易,声音和运转基本正常。造成该故障的基本原因仍然在油路系统,可能是燃油预压不足造成的,因输油泵没有问题,剩下导致低压油路预压不足的原因就一个,这就是回油单项阀螺栓存在问题。说来也奇怪,仅仅是把回油单项阀螺栓卸下来,用铁丝捅了捅钢球并简单清洗了一下,装上后再次启动柴油机,故障现象随即消失。

(3)故障原因分析

事后分析认为,该单向阀并没有损坏,仅仅是一点微小的灰尘或尘粒附着在回油单向阀的钢球和密封带面上,致使其关闭不严,才造成了该机的运行故障。看起来很简单,但从出现故障到排除该故障,前前后后折腾了好几天。其实一开始也怀疑该回油螺栓有问题,但用手油泵泵油时,感觉油路系统压力基本正常,也有回油单向螺栓较为清晰的回油声。所以,就没有怀疑该螺栓有问题,所以走了一段弯路。

2. 主机喷油定时错乱使安全阀起跳

(1)故障经过

某油轮主机为 B&W 5L 35MC 型,该轮新造出厂参加营运后,主机工况一直较正常,半年后的一天航行途中,突然发生 4#缸安全阀发出碰!碰!的起跳声。当值轮机员立即关小油门(80 格降为 76 格),车速由 173 r/min 下降到 160 r/min,此时响声消除,继而检查了主机各处的冷却水和滑油的压力情况,均正常。进而又测量了各缸爆压,均在 12.5 ~ 13.2 MPa之间,超过了平时正常值,再查看各缸排温、进油量和负荷指示器等无明显变化,估计是受外界因素(如车叶缠上渔网)影响所致,为了证明这方面的疑点,于是停车,换向倒车,启动顺利,即慢车运转了一会儿,又停车换为正车,启动时突然又发生1#、4#缸安全阀起跳声,为此怀疑凸轮轴定时可能发生故障,后用定时规一测量,发现凸轮轴已超前曲轴移动了8 ℃A。检查各缸凸轮与凸轮轴,均无异常,抵港后告之厂方派专人来拆卸链条等修理,将凸轮轴复位装妥后试车,故障消除。

(2)分析与处理

当打开链条箱道门时,在链条箱内找到一只被轧伤的螺丝,这个螺丝是链条箱内气缸缸体与机架的固紧螺丝,因螺丝上无保险装置,新机装配时拧得不紧,经半年主机运转振动而松出。根据这个螺丝轧伤的印迹分析,正好落在传动链条与链轮之间,随转动时把链条顶起一节,再一起旋转大半周后落入链条箱内,与此同时被抬起的一节链条就此跳过链轮一齿(角度正好是8°)。由于各缸定时变化均相等,故减速时进油量大都不变,但因喷油角度提前了8 ℃A,爆压相对有所增高,排温变化也较小,对整台机来说影响不大,一旦油门加大后,进油量急增,就产生了爆燃,将气缸安全阀碰!碰!顶起了。

3. 顶升机构导筒弹簧断裂致慢车运转时增压器发生喘振

(1)故障经过

某轮设有9ESDZ 43/82B型左右主机各一台,每机匹配三台ZZ370型(现已换新为CZ355型)增压器。一次进港时左机No.3增压器在主机慢速运转中突然发出低沉的喘振声,当时从集控台上看到左机9#缸排温比其他各缸明显的低了50 ℃左右,即怀疑该缸供油系统中存有故障。但后来随着车速的提高到半速和全速时,喘振声即消除。抵港后就将该缸的喷油器和高压燃油泵拆下泵压、解体检查,感觉无异常,为了证明这些附件有无问题,还是另将备用一套装上。开航后故障依旧,后来经多次调换备件和与其他缸互换,都未排除。根据排温情况判断慢速喘振由于9#缸喷油量小引起的可能性很大,既然喷油器、油泵多次更换无效,在此系统中只剩下顶升机构了。于是拆出一看导筒内的弹簧已断成两截。

(2)分析与处理

弹簧断裂成两截后,不仅影响弹力,而且在压缩和回复都有一些空动距离,在高速和中速运行的瞬间,顶杆顶起油泵柱塞泵油,由于速度快,对泵油的影响不是很大,所以从9#缸的工况难以看出差距,可是在慢速运行时,由于断裂弹簧有了空动,油泵泵油建压时就受到影响,使压力下降,再加以油泵的柱塞与泵筒之间还有磨损,低速时有漏油,这样进气缸的燃油量和压力就更低了,势必雾化不良,燃烧也差,排出气体也少,影响了No.3增压器转速,同时其他两台正常,压气机出口总管三者又是相通,增压器背压必然增高,匹配不良后就出现了低速喘振。

4. 船用柴油机高压油管安全保护装置故障

(1)故障经过

某轮主机采用MAN B&W 6L60MC二冲程低速直流扫气增压柴油机,船龄17年。某日,17:50离港;18:10定速航行,海面平静,主机转速91 r/min,油门刻度8.5;19:43,主机转速突然下降,在60~82 r/min之间波动,涡轮增压器转速也随之波动,扫气压力略有下降。值班轮机员立即把主机油门减至5.0,并换用轻油。

(2)分析与处理

①故障发生后,考虑主机转速波动较大,怀疑某缸功率降低。检查各缸排烟温度,如表4-1所示。

表 4-1　主机故障前后排烟温度表单位:℃

工况＼缸号	1#	2#	3#	4#	5#	6#
故障发生前	320	305	300	310	310	305
故障发生后	380	380	120	390	380	375

分析表 4-1,3#缸排温只有 120℃,确认:

a. 3#缸不发火;

b. 在外界负荷不变的情况下,主机转速因 3#缸不发火而下降,所采用的全制式液压调速器使各缸油量调节杆向加油方向运动,则其他缸负荷增加,排温也随之增加;

c. 该机的发火顺序 1-5-3-4-2-6,3#缸该发火时不发火,瞬时转速下降最多,调速器使各缸油门瞬间增加也最多,所以紧随其后的 4#缸排温上升最大,而 4#、2#、6#、1#和 5#缸发火正常,转速逐渐增加,调速器使各缸油门的增加逐渐减少,排温上升的幅度逐渐减小。

②进一步检查:

a. 打开 3#缸示功阀,压缩行程中能听到空气被压缩后冲出示功阀时的"吱吱"声,但缸内不发火;

b. 用测听棒测听高压油泵,能明显地听到柱塞上下运动的声音,可排除高压油泵机械故障;

c. 探摸 3#缸总高压油管和分高压油管,均无脉动,可排除了喷油器机械故障;

④查看 3#缸高压油泵的齿条,刻度为"0",故只能是高压油管安全保护装置动作。

其实,确认 3#缸不发火的最直接检查,是查看高压油泵齿条,若 3#缸齿条刻度为"0"而其他缸都不是"0",即可判定是 3#缸停车气缸切断油路。但高压油管安全保护装置动作而单缸停油,其报警装置为何不报警呢?故怀疑是该缸的高压油泵齿条与油量调节杆的连接装置故障。遂用手推油门齿条,但推不动;而按动二位五通阀的"复位"按钮后,该缸随即投入了工作;正常工作后,查看高压燃油分配接头的节流放泄管及其有单向阀的放泄管,均无漏泄,所以认为是保护装置误动作;但约一个小时后,此故障再次出现,且无任何报警;按下复位按钮,主机又恢复正常。至此,才怀疑节流孔因孔径很小被堵塞了,使得高压油管接头在分配接头内的少量漏泄油,不能及时从节流孔排出而积聚在泄油腔,压力逐渐升高达到 0.10 MPa 时,停油气缸 G 动作,迫使该缸停油。拆掉节流放泄管,用压缩空气吹通节流孔后,发现确实只有少量漏泄油,证实判断正确。故障排除后,船舶继续在海上航行时,主机保持良好的运转状态。

③报警装置为何不报警呢?

抵港后,拆出报警装置的压力继电器,才发现触点接触不良,导致停车气缸动作而未发出报警。

5. 某轮 VIT 故障致主机单缸爆压过高

(1)故障经过

某轮主机型号 B&W 5L60MCE,最大功率 5 300 kW,最高转速 100 r/min。

某日,主机转速超过 83 r/min 就振动过大、增压器剧烈喘振;4#缸爆炸压力高于其他缸约 1.8 MPa,排烟温度低于其他缸 60 ℃左右,见表 4-2 和图 4-1。

表 4-2　4#缸高压油泵拆检前主机运行参数(转速 83.3 r/min)

缸号	1#	2#	3#	4#	5#
油门刻度(格)	48	47	48	47	49
爆炸压力(MPa)	8.2	7.9	8.0	9.8	8.3
排气温度(℃)	320	280	310	260	320

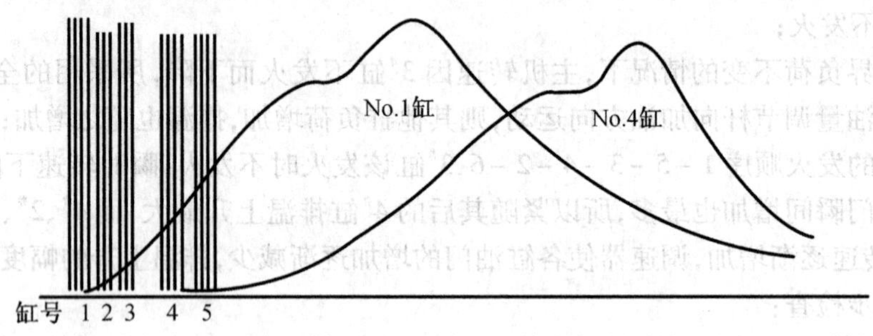

图 4-1　4#缸高压油泵拆检前各缸示功图

(2)分析与处理

该主机配置有 VIT 机构,根据主机负荷的高低来改变喷油提前角的大小。当主机负荷高于 50% 并继续增大时,VIT 逐渐增大喷油提前角;当主机达到 80% 负荷并继续增大时,VIT 逐渐减小喷油提前角,使气缸内爆炸压力不致过高,并获得最大有效功率。

而喷油提前角的改变,则由 VIT 推拉 VIT 齿条,VIT 齿条再通过齿圈带动与其内螺纹相啮合的套筒沿泵体上下移动,改变柱塞上沿关闭回油孔的时刻,从而改变喷油提前角。

表 4-2 和图 4-1 显示,4#缸喷油定时太早。但由于该主机带有 VIT,喷油定时过早的原因究竟是 VIT 设定不当造成的,还是燃油凸轮移位造成的,还需进一步检查才能确定。

本着先易后难的原则,先检查 VIT,发现该缸的 VIT 齿条刻度与其他缸相差不大(见表 4-3),并已在最晚的喷油定时位置。脱开该缸 VIT 齿条与传动机构的连接,单独推拉该齿条,几乎无法再往小处调整。

表 4-3　拆检前各缸高压油泵 VIT 齿条刻度与套筒上平面至泵体上沿之间的距离

缸号	1#	2#	3#	4#	5#
VIT 齿条刻度(格)	0.10	-0.20	0.35	-0.40	-0.35
套筒至泵壳距离/mm	63.8	63.0	64.0	72.3	63.0

停航时再检查 4#缸高压油泵柱塞升程,结果与出厂时的数据相差无几,说明该缸燃油凸轮并没有移位。

看来问题在高压油泵。拆去各高压油泵顶盖上的一只闷头螺丝,用深度尺从螺孔中测量并计算出各缸高压油泵套筒上平面至泵体上沿之间的距离,发现 4#缸比其他缸大 9.1 mm 左右(见表 4-3),相当于柱塞升程增加了 9 mm。按说明书所述的柱塞升程每改变 1.52 mm 等于喷油提前角变化 1 ℃A 计算,该缸喷油提前角比其他缸提前了约 6 ℃A。

显然,该缸爆炸压力过高,是高压油泵套筒上平面与泵体上沿距离太大,以致过于提前喷油造成的。整体拆出该缸高压油泵,拆开油泵下部端盖检查零部件无损坏,可变喷油定时齿圈与齿条也啮合在记号位置,只是套筒处在最低位置,推动 VIT 齿条仅能向下移动不到0.5 mm,向外拉齿条,因齿条已到末端,也只能拉回到原来的位置。据测得的数据,按 VIT 齿条每移动1格套筒位移1 mm 计算,以该套筒当时所处位置,VIT 齿条应在9格(满刻度),显然套筒装配错误。拆出齿圈,按说明书要求,把套筒向上移动到其上平面距油泵体上沿58.5 mm(D-8)的位置;拆开 VIT 齿条定位螺帽,把 VIT 齿条拉到齿条台阶距泵体57 mm(D-7)的位置;然后再按记号装复齿圈,并装上 VIT 齿条定位螺帽。这时把 VIT 齿条放到零位,再测量套筒上平面至泵体上沿之间的距离为63.3 mm,与其他缸基本相符。可见以前拆检该高压油泵时,没有注意检查套筒上平面距泵体上沿的距离,而是在套筒处于最低位置时装上齿圈,造成了上述现象。

高压油泵装复试车无误后,主机在故障前相同转速时再测量各缸参数基本正常,如表4-4和图4-2所示。同时,主机由各缸负荷不平衡造成的振动及透平喘振消失,可以正常提速了。

表4-4 4#缸高压油泵拆检后主机运行参数(主机转速:83.0 r/min)

缸号	1#	2#	3#	4#	5#
油门刻度(格)	47	48.5	46	47	47
爆炸压力/MPa	8.0	7.8	7.9	7.7	7.8
排气温度/℃	320	200	290	300	315

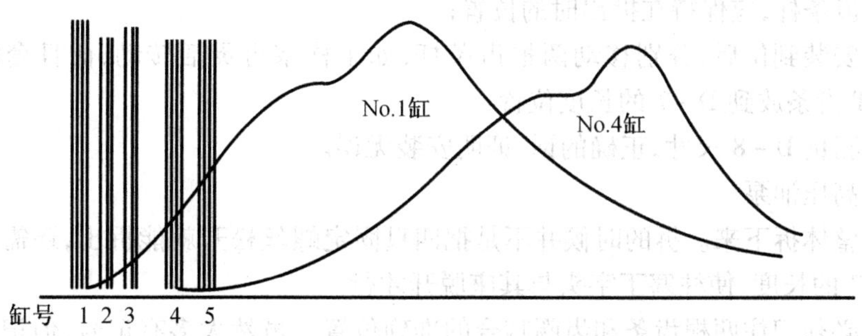

图4-2 4#缸高压油泵拆检后各缸示功图

(3)高压油泵拆、装工艺

虽然该型高压油泵拆、装步骤和方法在说明书中都有详尽的描述,但由于结构比较复杂,拆检也比较困难。如果不清楚它的结构和其中的道理,仅按说明书中的拆检步骤按葫芦画瓢还是不行的。

该高压油泵之所以拆装比较困难,主要是多了一套为可变喷油定时设置的 VIT 齿条、齿圈和与之啮合的柱塞套筒。如图4-3所示。

①在原地拆出油泵柱塞套筒偶件

必须松开 VIT 齿条的定位螺丝,把齿条拉到图4-3所示的D-7长度,齿圈上的内螺纹才能与套筒上的外螺纹脱开,套筒才有可能拉出。

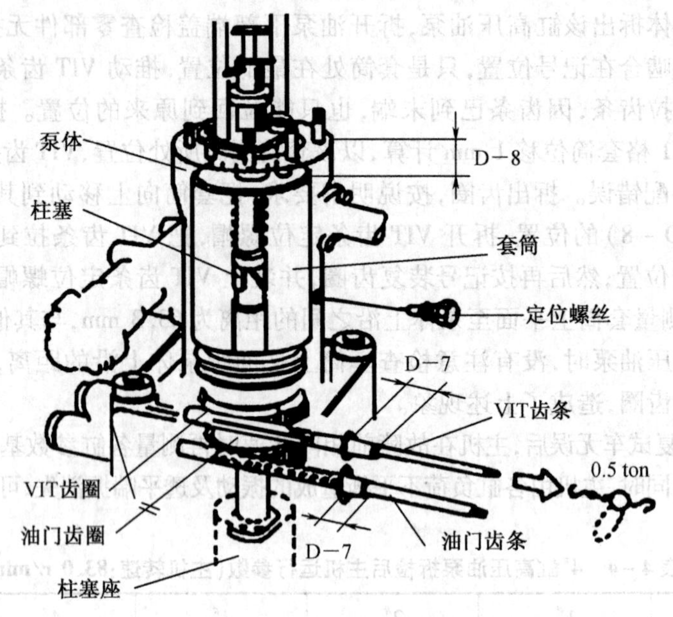

图4－3 柱塞套筒偶件拆装工艺简图

同理，也要拆开油门齿条的定位螺丝，并把油门齿条拉到图示的D－7长度。否则，柱塞底部的丁字头就不能与柱塞座脱开，柱塞也不能随套筒一起拉出。

②装回柱塞偶件

a. 两根齿条杆，应保持在拆出时的位置；

b. 偶件安装到位后，分别移动两根齿条杆，如果柱塞可灵活转动，而且套筒可上下移动，再把VIT齿条放到D－7的长度位置；

c. 检查测量D－8尺寸，正确的话，证明安装无误。

③解体高压油泵

把油泵整体拆下来。拆的时候并不是把四只固定螺丝松开就能拆出，还需要把油门齿条拉到D－7的长度，使柱塞丁字头与其座脱开才行。

解体时必须记住两根齿条和齿圈啮合的准确位置。虽然大多有记号，但记号往往不止一个，搞错将会带来很多麻烦。

④组装高压油泵

a. 先把柱塞套筒偶件装入泵体，使套筒上面的定位槽与泵体上的定位螺孔对齐，并调整到其上平面距泵体上沿为D－8高度后再带上定位螺丝。注意，该定位螺丝只能使套筒圆周方向定位，不能轴向定位，因可变定时机构动作时套筒要上下移动。因此，能带上定位螺丝并不说明套筒安装位置正确，只有保持在D－8高度的位置时才对。如果D－8尺寸相差过多，VIT齿条移动量将会减小或根本不能动作，使整个的VIT机构失去作用。

b. 套筒定位后，把VIT齿条拉到D－7长度的位置，再按记号或把齿圈内螺纹的头部对准套筒外螺纹的头部，才能装入齿圈。否则，不仅造成喷油定时错误，还给以后拆检该油泵带来很大的困难。就像本例，不仅喷油定时过早，而且按说明书中的方法在原地根本不能拆出柱塞套筒偶件，只好把油泵整体拆出解体。

c. 安装油门齿圈,不仅记号不能装错,方向也不能装反。若方向装反,齿圈会松动,且易与齿条脱开。

若位置装错,油泵整体将不能顺利地装回原位。若用改变油门杆位置的方法强行装入,则油门杆在零位时该缸将不会停油。该齿圈正反方向都可以装入且有的两面都有记号,一面一个记号,另一面有两个记号。一个记号的那面应朝外与油门杆齿条上的记号对准,才可装入。

⑤装好后可按下面的方法检查,确认装配正确,油泵总成才能顺利地装回原位:

a. 把油门齿条拉到 D-7 的长度,柱塞下部的丁字头与其座的长方形孔应该同向;

b. 把油门杆推到零位,柱塞头部两侧的直槽与套筒上的油孔应基本对齐。

第四节 柴油机润滑系统运行故障诊断与排除

柴油机润滑系统的运转状况直接影响到柴油机的性能指标、工作可靠性和耐用性,如果相对滑动的摩擦面不能充分有效地润滑,将加速零件磨损,降低机械效率,严重时会出现烧瓦抱轴等恶性事故。机油耗量过大、压力偏高或偏低、温度过高等故障现象,是柴油机润滑系统最常发生的。准确分析故障原因,正确判断故障所在的位置并及时排除,加强日常维修保养,将能更好地使用柴油机。

一、柴油机润滑系统运行故障原因分析

1. 机油耗量过大

一般柴油机运转时,机油正常消耗一般为 0.7 ~ 3.7 g/kW · h,约为燃油耗量的 1% ~ 1.5%。若超过额定消耗量的标准,则表明消耗过量。机油的消耗量一般随着柴油机转速、温度、运转模式及新旧程度的不同而不同。机油不正常耗损的原因主要有以下几点:

(1)曲轴箱气阻

在柴油机工作时,总会有一部分废气从气缸间隙中窜入曲轴箱,严重时会使曲轴箱内的机油上窜到燃烧室和气阀室罩,甚至产生机油飞溅,导致机油耗量增加。因此,使用中应保持通气孔畅通,负压阀片不变形、粘连或装错,通风管不能弯折;不能用木塞代替设有通气孔的加油螺塞。

(2)漏机油

曲轴前后油封损坏、油底壳出现裂纹,油底壳与机体结合面密封损坏以及正时齿轮室密封不良等,都会使机油漏失,耗量增加。

(3)吸入燃烧室的机油过多

活塞环过度磨损,活塞环边间隙与开口间隙过大,活塞环弹力太弱或卡死在环槽内,油环上的孔道堵塞,缸套因圆柱度与圆度的误差过大而造成密封不好,气阀杆与气阀导管配合间隙过大,油底壳油面过高,机油温度或压力过高,主轴承和连杆轴承间隙过大等都会使机油过多地进入燃烧室,排气管排出大量的蓝色浓烟,机油耗量过大。

(4)使用的机油牌号不对,黏度不合适或机器老化,造成机油耗量过大。

(5)某些外带附件(如空压机、增压器等)的异常损坏或回油管堵塞,导致机油回流不畅而被挤入气路系统或进排气系统,导致机油消耗增多。

2. 油底壳中机油油面上升

在日常保养期间,有时会发现油底壳油位上升的现象。引起这类故障的原因一般有两个:

(1)柴油机冷却液漏入油底壳中,如气缸盖或气缸体的水堵泄漏或产生裂纹,气缸垫水孔损坏,缸套的橡胶水封损坏等,都会使冷却系的水泄漏到油底壳中。

(2)燃油的渗漏,像输油泵的泄漏,活塞环失效,活塞或缸套出现严重磨损,进排气阀关闭不严,喷油泵柱塞严重磨损,喷油器滴油等情况,都可能使燃油系统的柴油渗漏到油底壳中。

3. 机油压力偏低

柴油机的正常机油工作压力应为 0.35 MPa ~ 0.45 MPa。其中新机或刚启动时会高一些,旧机或运转时间长以后压力就低一些。如果柴油机全负荷作业时,机油压力低于 0.2 MPa,说明问题严重,应立即停机检查,排除故障后方可重新使用,否则将会造成烧瓦抱轴的恶性事故。

引起机油压力偏低的原因有:

(1)机油泵泵出的油量不足引起压力偏低

机油泵经长期使用磨损后,齿轮或转子的径向及端面间隙增大,泵的出油量减少,从而造成机油压力下降。机油泵安装时应先灌满机油,以免泵内有空气而吸不上油。另外,机油泵与吸油盘的连接处必须密封,否则也会降低油泵的出油量,导致油压偏低。

(2)机油滤清器堵塞引起压力偏低

当机油滤清器堵塞时,机油不能顺利通过,设在滤清器底座上的安全阀会被顶开,从而使机油不经过滤直接进入主油道。但若安全阀开启压力设置过高而不能及时打开时,机油泵内漏就会增加,减少了对主油道的供油量,机油压力也就随之下降。

(3)回油阀损坏引起压力偏低

为保持主油道的正常机油压力,系统一般都设有回油阀,若回油阀弹簧软化或调整不当,阀座与钢珠接合面磨损或被异物卡住而关闭不严,其回油量就会大幅度上升,主油道机油压力也随之下降,一般将回油阀开启压力调整在 0.38 MPa ~ 0.42 MPa 之间。

(4)机油散热器漏油或堵塞引起压力偏低

机油散热器漏油不但增加油耗,还会导致压力下降,应取出散热器焊接修复并更换失效的机油后,才可重新工作。若机油散热器及管路被异物堵塞,也会因阻力增大而使机油流量减少、压力下降,应进行管路清洗工作,换油,以恢复正常的流通能力。

(5)曲轴与轴瓦间隙过大引起压力偏低

柴油机经长期使用后,曲轴与连杆瓦或曲轴与主轴瓦的配合间隙逐渐增大,形不成油膜,不但会增加机油耗量,更会引起机油压力下降,其间隙每增加 0.01 mm,机油压力便下降 0.01 MPa。因此,机油压力下降的情况常常被作为判断曲轴与轴瓦磨损程度及柴油机是否应进行大修的主要标志。

(6)另外,机油牌号不对或使用劣质机油、黏度下降、乳化变质,或机油压力传感器损坏、机油压力表失灵等都可能引起机油压力偏低。

4. 机油压力偏高

柴油机在冬季工作时,刚启动后常常会发现机油压力偏高,待预热一会儿后油压就降至正常,如果油压表指针仍超过正常值,说明压力偏高,应停机检查调整,油压偏高的原因有：

(1)机油牌号不对，如冬季使用了夏季所使用的机油，这样不仅使柴油机启动困难，而且还会影响润滑系统的正常工作，因此，要根据不同季节合理选择。

(2)油路不畅或堵塞，机油的循环遇到阻塞或不能流通，致使油压偏高，影响机件的润滑，甚至会出现烧结现象，应及时清洗油路。

(3)限压阀和回油阀弹簧压力调整过大，使开启压力过高，这样不仅会增加机油的消耗，可能还会涨破油管，应按技术要求调整阀门的压力。

(4)主轴承或连杆轴承的间隙过小，使机油不易压入，应重新调整轴瓦间隙。

(5)机油滤芯质量不好或太脏等也会导致机油压力升高。

5. 机油压力忽高忽低

一般来说，机油压力在油门开度大时比油门开度小时高，但有时会发生反常现象，油压忽高忽低，压力表指针来回摆动，出现这种故障的原因有：

(1)油底壳机油量不足

当柴油机刚开始启动时，油压正常，30 s 后就会降到 0.1 MPa 以下，中、高速运转时压力又会稍高一点，随着运转时间的增长，油温的升高，机油压力变得更低，此时应首先抽出油尺检查机油是否充足，不足时按标准加入同牌号同厂家的合格油。

(2)机油过脏过黏，堵塞吸油盘

当柴油机小油门低速运转时，因机油泵吸油量不大，主油道尚能保持一定的压力，因而油压正常。但当加大油门高速运转时，机油泵吸油量会因吸油盘阻力过大而明显减少，主油道供油不足，油压反而下降。这种情况下，应清洗吸油盘，清洗油道，换新机油。

(3)回油阀弹簧变形或折断，开闭不灵

当柴油机小油门运转时，阀门处于关闭状态，主油道能保持一定的压力；当大油门运转时，供油量剧增，会使阀门突然打开，机油压力下降。但因阀门开闭不灵，阀门可能无法及时回位，主油道要保持应有的压力就比小油门运转时困难，出现油压忽高忽低的现象。应对回油阀按技术要求进行修理。

6. 机油温度过高

柴油机工作过程中有燃料燃烧产生的热量和主轴承、连杆轴承旋转过程中自身产生的摩擦热，润滑系统循环机油带走的热量要占柴油机散热总量的30%左右。柴油机的工作循环不可避免地会使机油温度升高，但一般以 80～90 ℃为佳，不允许高于 105 ℃为。机油温度过高，一会使机油变稀，排气管窜机油，增加机油耗量；二会使机油黏度大大下降，导致润滑不良，机件磨损加快，机油压力下降；三会失去冷却作用；四会失去密封作用，使气缸与活塞间漏气。导致柴油机机油温度过高的主要因素有：

(1)冷却系统故障导致机油得不到应有的冷却。

(2)机油质量问题。机油质量不好，将使机油带走的热量减少，影响冷却系统的散热能力，柴油机也会出现过热故障。

7. 池底壳机油中有水

造成柴油机机油有水的主要原因是：

(1)气缸盖内部的水道产生裂纹。

(2)气缸垫密封不好。

(3)气缸套出现裂纹或水孔。

(4)机油冷却器的油管产生裂纹或密封垫损坏。

二、柴油机润滑系统运行故障实例

1. 气缸垫损致使柴油机不能熄火

(1)故障现象

一台道依茨 F4L1011 柴油机,在使用过程中出现了下列故障:该柴油机初期出现了冷却液温度高,有明显的气缸漏气声,这是气缸垫损坏的故障标志现象。不仅如此,还有一个更为奇怪的现象,就是关闭柴油机熄火电磁阀后,柴油机也不能熄火,而且就算把油管断掉,柴油机也要运行 20 ~ 30 min 才可能熄火。设备的所有者和在场的维修人员都觉得不可思议,但也没有找到引起这种现象的原因。

(2)故障排除过程

因为已认定柴油机气缸垫损坏,所以就先拆卸气缸盖,发现确实有一个缸的气缸垫烧蚀严重。另外,该缸活塞的顶部有烧蚀缺陷。在更换了有问题的缸垫、活塞及全部活塞环后,启动柴油机运行,基本正常。但带负荷工作还不到 10 h,柴油机即出现"噗、噗、噗"的声音,且动力不足、冷却液温度升高。毫无疑问,该柴油机的气缸垫又冲坏了。

第二次拆检发现,气缸垫烧蚀的位置与上次一样,所以分析认为,可能是缸盖有点变形,因此对缸盖底平面进行了磨削处理,并更换了该缸的四配套和气缸垫,装好后试机,柴油机运行基本正常。维修人员告诉操作者,实际使用时请注意观察排气状况、机油油面等,如有异常及时通报。

该柴油机投入工作运行两个小时后,操作者检查机油油面,发现机油油面增高了许多,原有的问题"解决"了,新的问题又出现了。没有别的选择,又对柴油机进行认真的检查,发现有一个缸工作不太正常,低速不着火。因此,对该缸喷油器等进行了认真的检测,发现不喷油,所以认为是该缸导致的机油油面升高,所以就换了该缸的喷油器,但情况没有好转。仔细认真分析后,得出该机燃油进入油底壳的途径有三个:

①喷油器滴油,致使部分未燃烧的燃油经活塞环缝隙流入气缸。

②单体泵泵体密封圈有问题,导致燃油直接流入油底壳。

③输油泵密封皮碗损坏,燃油直接流入油底壳。

根据分析,已经排除了喷油器的嫌疑,剩下单体泵和输油泵,因为单体泵的因素可能大一些,所以就把 4 个单体喷油泵全部拆下进行专业维修,没有发现问题。装回单体泵后,所有缸全部工作,但机油油面继续升高。至此,只有输油泵一个因素了,拆下输油泵,发现输油泵的密封皮碗损坏。更换输油泵后,该柴油机工作恢复正常。

(3)故障原因分析

该柴油机一开始就是由于输油泵密封皮碗损坏,导致柴油进入油底壳,使油底壳"油满为患",造成气缸垫的连续烧蚀和断油不停机(原因是:通过气缸垫烧蚀点,不断有机油和柴油的混合油被挤入气缸,所以即便是断油,该缸也在不断的着火燃烧,只有到了机油油面下降,通过气缸垫烧蚀点挤入气缸的混合油为零时,柴油机才停止工作)等一些奇怪的故障现象。但是操作者和先期维修人员都没有注意这个问题,所以走了一段弯路,花费了不少的精力和时间。这个故障说明,不能仅凭故障的表面现象来判断和排除故障,一定要深挖故障根源,全面分析引发故障可能原因,通过表面现象去探索故障的深层次原因。只有这样,排除故障才不至于走弯路、不做无用功。

2. 机油泵他用油孔未堵导致机油压力低

(1)故障现象

一台 F12L513 风冷柴油机,因机油压力低(仅 0.20 MPa)而进行大修,大修时更换了机油泵等相关部件。但发现机油压力仍然较低,全速全负荷作业约在 0.40 MPa 左右,此压力在允许范围内,但相对于同条件下工作的其他机型,压力均在 0.50 MPa 以上,显得低了一些。加之柴油机还存在一些其他问题,因此决定全面解体查找原因。

(2)故障排查

分解该机后,发现了下列问题:

①有一个活塞机油冷却喷嘴的喷头脱落。

②活塞有部分划痕。

③机油泵上有一个他用油孔未堵(如图 4-4 所示),由此可以确定,它是导致该机机油压力低的主要原因。

堵上该小孔并按要求恢复该机后,机油压力低及其他故障全部排除。

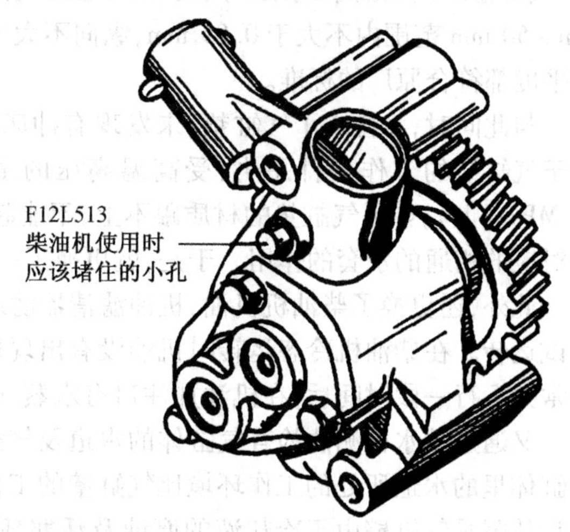

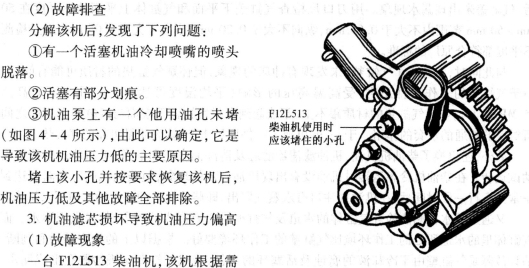

图 4-4　F12L513 柴油机机油泵

3. 机油滤芯损坏导致机油压力偏高

(1)故障现象

一台 F12L513 柴油机,该机根据需要加装了一套旁通机油滤芯。原来的机油压力基本正常,但在一次保养工作之后,机油压力突然升高。

(2)故障排除

经过专家现场分析和观察,最后认定可能是旁通机油滤芯出现了问题,因为保养该机时,其他滤芯等都做了更换或清洗,唯独旁通滤芯没有进行任何保养。拆下旁通机油滤芯观察,发现该滤芯完全爆裂,棉絮状的滤芯物质基本堵塞了滤芯回油孔,造成滤芯的通过性减低,所以机油压力偏高。值得庆幸的是,该滤芯是旁通滤芯,不在柴油机的主油道上,所以仅仅导致机油压力升高,而没有出现其他问题。如果是主油道上的滤芯损坏,堵塞了油道,那后果就不堪设想了。

4. 机油中有水

(1)故障现象

有一台玉柴 6112 柴油机,使用了 2 年,行驶里程在 130 000 km 左右。出现了柴油机机油中有水的现象,表现为:柴油机机油标尺所反映的油量过多,机油的颜色变为乳白色,水箱内的冷却液过少;汽车行驶时乏力,启动困难,打开机油加油口查看有大量的水蒸气冒出;机油压力过低,柴油机冷却液温度过高,查看排气管有蓝白色的废气排出。以上的特征表明柴油机机油有水。

(2)故障原因与排查

围绕着柴油机出现机油中有水的故障,针对前述得出的可能产生的原因,逐项进行解体检查分析。

首先,检查机油散热器但未发现有漏水的现象。拆下气缸盖检查,发现个别的气缸盖水道加工孔的水塞有漏水的现象。将有问题的水塞进行水塞与水塞孔的过盈间隙的测量,发觉其过盈间隙小于原厂标准 0.05 mm 以上,造成个别水塞与水塞孔密封不良产生漏水。

显然这是由于水塞受到冷却液的锈蚀或材料不佳和维修工艺不规范而造成的。而其他的水塞与水塞孔的过盈间隙过小,同样不排除受到锈蚀或材质不佳,于是更换气缸盖上所有的水塞。

接着,通过试水检测法,封闭全部出水口,留节温器座位置为进水口,安装有外接管的法兰盘,利用外接管连接手动水压泵使水压保持在 0.3 MPa ~ 0.5 MPa,保持时间 5 ~ 10 min 后,气缸盖未出现漏水现象。用刀口尺检查气缸盖下平面和气缸体上平面的不平度在 50 mm × 50 mm 范围内不大于 0.05 mm,纵向不大于 0.20 mm,横向不大于 0.05 mm,经过检测不平度都符合原厂的标准。

与此同时,又检查了气缸垫,未发现有冲床的现象,但怀疑气缸垫的材质可能有问题。由于气缸垫的工作条件恶劣,受高温高压的影响(平均温度可达 600 K,压力有时高达 15 MPa以上),如果气缸垫的材质跟不上,不能起到密封气缸盖下端面与气缸体上端面之间所对应的相通的水套的作用。于是,就更换了一件原厂生产、认为质量可靠的气缸垫。

此外,还更换了柴油机机油、机油滤清器滤芯及清洗油底壳和油道,重新装好柴油机启动试运转。在柴油机冷态运转时机油没有出现机油有水的现象,但柴油机的工作温度达到正常并运行一段时间后,在机油加注口有水蒸气冒出,即柴油机机油有水的故障还未排除。

又通过试水检测法检查气缸体的水道及气缸壁是否有漏水的现象,均未发现漏水。而气缸体里的水道所处的工作环境比气缸壁的工作环境要好。根据以上的检查结果和判断,估计故障是气缸壁由于冷却液的腐蚀及活塞环的刮创,造成气缸壁出现沙眼孔形成漏水。该沙眼的直径不大时,在柴油机处于冷态时收缩,不会产生漏水的现象。但柴油机处于正常温度后该沙眼受热膨胀,就会使冷却液漏入气缸,进入气缸的冷却液中的大部分流入油底壳与机油混合,而小部分通过活塞的压缩进入燃烧室与混合气一起燃烧,产生蓝白色的废气。

由于玉柴 6112 是没有独立气缸套的,因此,可以通过将机体气缸壁镗大,再镶入气缸套修复。利用镗缸机将气缸镗大,使之与气缸套外径的过盈间隙为 0.05 ~ 0.07 mm。同时,镗削气缸壁的高度要比气缸套短 2 ~ 3 mm,使气缸套镶入后高于气缸体上平面,高出部位可通过镗削去掉。而最主要的是可以使气缸壁下部留有凸台,用于衬托气缸套受活塞往复运动使之向下移动的拉力,但该凸台的直径应大于气缸套内直径 0.05 mm,防止凸台过高刮伤活塞裙部。气缸壁经过镗削后可能会出现明显的沙眼,这时可用环氧树脂填补。但按眼的直径小于等于 10 mm,否则会使气缸套散热不平均。如果沙眼大于 10 mm,就要更换机体。

通过以上的分析和操作,将所有的气缸按配合标准镶入新的气缸套,重新装配好柴油机试运行,柴油机机油有水的现象消除。经过一系列的调试,柴油机呈正常运行状态。

采取以上的修复方法和步骤,利用气缸套与气缸壁的过盈间隙堵塞沙眼,排除了这台柴油机机油有水的故障。从而得出结论,这台柴油机机油有水故障,是由于冷却液的锈蚀和活塞环的刮削使气缸壁产生沙眼而漏水。

5. 定位销断裂堵塞滑油孔致轴承缺油拉瓦故障

(1)故障经过

某轮主机为 6RND76/155 型,某日满载由 A 国回上海途中,22:00 时轮机长下机舱作例行检查,听到主机 1#缸处有轻微的敲击声,因一时判断不出原因,即关照当值轮机员密切注意,如有变化立即报告。02:22 遇大雾慢车航行,敲击声仍存在。03:47 雾大抛锚停车后,轮机长征得船长同意即进入主机检查,发现 1#缸曲轴轴承已经铺铅,于是拆检轴承,见上轴瓦合金碎裂且有熔化,下轴瓦亦有轻微热铁现象,仔细寻找,在上轴瓦和连杆接触处之间,有一个圆柱形定位销,此销由两个直径为 10 mm 的螺丝固定在上轴瓦的进油孔两边,由于其中一个螺栓头齐根部断裂后,又随滑油落入油路中将油路堵塞所致。

(2)分析与处理

该轮于某厂厂修后即出国航运,四个月后即发生此事故,在厂修理时曾将主机各部解体检查,可能是在拆装过程中,旋紧时将该螺栓用力过猛,致使螺栓头的根部扭伤,经长时间运行中的受力,产生金属结构疲劳而断裂,正好跌落在进油孔上,起初由于螺栓头呈六角形,油孔还不致于正好全盖没,经日久上下运动冲击,六角磨圆后,变成了一个弹子,盖在油孔上起了阀门作用,即连杆上升时因弹子是个自由体,此时则关闭了油孔,下降时弹子则上升,这时虽有少量油进入轴承内,但终因油量不足,润滑不良,迫使轴瓦发生缓慢温升,最后熔铅铺出,使轴承间隙增大而发出越来越明显的敲击声来。

6. 连杆大端轴瓦烧熔事故分析

(1)故障经过

某轮 2000 年 9 月 18 日自上海开往大连,开航后左右机工况均正常,出航 22 小时后,于次日晚上 19:20 左右,左机滑油自清滤器出现压差高压报警,值班大管轮检查自清滤器现场,采取手动冲洗无效,滑油进机压力逐渐下降,在采取措施无效后电话报告轮机长。

轮机长接到电话后,立即要求大管轮先将左主机停车,并马上赶到现场,检查左机滑油自清滤器,脏污严重,已经无法冲洗干净,要求大管轮通知值班机工下机舱清洗滤器更换备用滤芯,并到集控室检查轮机日志所记录的工况参数,没有发现异常。10 分钟后自清滤器换妥,轮机长检查换下的滤芯,肉眼也没有发现脏物,开启滑油泵,滤器恢复正常,随后启动主机,但不到 10 分钟滑油自清滤器又开始出现脏堵现象,此时大管轮向轮机长汇报,滤器故障前滑油循环舱测量空油气较重,怀疑左机某缸严重断环或窜气现象影响滑油质量,经确认测量空油气比正常情况严重得多,轮机长通知大管轮检查各缸工况,此时左机 1#、7#缸处发生异常敲击声,立即停左机,10 分钟后打开各缸曲轴箱道门检查,发现左机 7#缸曲轴箱底部有金属碎片,经仔细检查,发现左机 7#缸连杆大端瓦已烧熔、铺铅,此碎片即为轴瓦挤压的碎片,并且轴瓦的挤压作用又影响到同轴的左机 1#缸连杆大端瓦,使 1#缸大端瓦脱离原位。经船长商量后决定航行中对 1#、7#缸进行检查,同时电话通知公司准备抵大连港停航修磨曲柄销。晚上 23:00 左右,1#、7#缸运动部件分别吊出,检查测量曲柄销情况,其中 1#缸正常,7#缸曲柄销已磨损约 0.20 ~ 0.30 mm 不等,且表面粗糙度较大,超过极限,配合间隙 0.55 mm,无法自修。

(2)分析与处理

①第 1#、7#缸曲柄销位于飞轮端处(两侧振动较大),加上轴瓦间隙磨损超大等多种因素,导致 7#缸油膜的突然破裂。由于转速较高(中速机),短时间内即出现轴瓦烧熔并污染滑油磨损曲柄销。

②第 7#缸连杆大端瓦使用时间过长、老化严重、产生椭圆等造成间隙过大,瞬时破坏油膜导致以上事故。该缸自上次吊检至今运转已有 96 611 小时(正常吊缸周期性 12 000 小时),由于上次吊缸(1999 年 2 月 14 日)时,轴瓦未换,且无法查证当时的轴瓦老化程度、使用情况(按说明书要求轴瓦表面露铜超过 1/3 工作面时换新)。

③滑油质量差,油中杂质成分过多(油膜不易建立)导致瞬时油膜破裂,烧熔轴瓦产生

事故。左机自1998年11月至今工况一直较差,且滑油污染严重,1998年底曾更换过系统滑油,将近一年多时间滑油分油机脏污较严重,无法彻底分清杂质。长期的工况不良会导致燃气下窜,污染滑油,滑油的污染又进一步加速了运动部件的磨损,且劣质油料的使用使高压油泵老化,喷油嘴的雾化不良,缸套椭圆度气密性差,增压器工况差等均影响,产生不完全燃烧产物。自2000年3月~9月吊缸检修左机1#、3#、4#、5#、6#、8#、10#、12#缸,虽已加强了检修措施,仍未彻底消除以上现象。

总之,要分析曲柄销轴瓦烧熔的故障原因是多方面的,由于该机型属中速大功率四冲程柴油机,且燃用重质燃油,燃烧不良会导致各种不良后果的产生。对于轮机管理人员来说今后应着重加强燃烧系统及滑油质量的管理及时更换品质较差的备件,及时检修,确保工况良好。

7. 滑油滤器考克开致滑油内大量混入空气

(1)故障经过

某轮主机为RD44型。一天于国外M港开出后,15:45时大管轮接班巡回检查中,从主机滑油循环柜量油尺看到油尺上的滑油呈白色乳化状,且有极细的泡沫附着,当时估计滑油内可能已混入水质,于是用手指黏试,很快小泡沫即消失,这才知道滑油中是混入了空气。察看滑油出口压力表,指针无波动,再查看其吸入管各处,也不见有何漏油的油迹。后来沿油路查到滑油吸口处的粗滤器盖头上的一只考克已打开少许,随即将它关闭,约30分钟后,滑油乳化情况消失。

(2)分析与处理

该粗滤器在开航前,白班机匠曾予以清洗过,可能在拆装盖子时,不小心碰到考克手柄而稍有打开。开航启动滑油泵吸取滑油时,空气由此吸进与滑油混合而成白色乳化的滑油了。由于刚开出不久即发现,并很快解决,故油压波动还未显露出来,主机也未发生自动停车等故障。

第五节 柴油机冷却系统运行故障诊断与排除

冷却系统由泵、冷却器和温控器等组成。船舶柴油机通常以淡水和滑油作为冷却剂在机内流动,将受热零部件所吸收的热传导出去,保证零部件有正常的工作温度。而淡水和滑油本身被海水冷却。

在柴油机动力装置中,根据冷却方式和工作特点的不同,冷却系统分为开式、闭式和中央(集中)式三种类型。传统柴油机冷却系统是用淡水强制冷却柴油机,然后用海水强制冷却淡水和其他载热流体(如滑油、增压空气等)。在系统布置上前者属闭式循环,后者属开式系统。现代大型低速船舶柴油机的活塞冷却大多采用曲轴箱润滑油循环冷却。

一、柴油机冷却系统运行故障原因分析

1. 冷却水出水温度高

造成冷却水出水温度高的原因主要有:

(1)闭式循环冷却水进水温度高,主要是冷却水没有得到应有的冷却;

(2)冷却水流道堵塞或泄漏,造成循环冷却水量不够;

(3)冷却水压力低,造成循环冷却水量不够;

(4)柴油机气缸工作温度高,如超负荷工作,喷油太晚后燃严重等。

2. 冷却水流道结垢

造成冷却水流道结垢的原因主要有:

(1)开式循环海水温度过高;

(2)闭式循环淡水缺处理;

3. 冷却水压力低

造成冷却水压力低的原因主要有:

(1)冷却水泵故障;

(2)冷却水流道泄漏;

(3)冷却水中进入空气。

4. 空冷器冷却效果下降

空冷器冷却效果下降会导致柴油机进气温度升高,进气量下降,排气温度升高,热负荷增大,柴油机动力不足,严重时会冒黑烟。造成空冷器冷却效果下降的因素主要有:

(1)空冷器冷却时管脏污或堵塞;

(2)空冷器冷却水管蚀断漏水。

5. 活塞冷却效果下降

活塞是燃烧室组件,冷却式活塞如果冷却不好,会造成活塞工作温度升高,活塞顶烧蚀,活塞冷却油结焦,拉缸等故障。造成活塞冷却效果下降的因素主要有:

(1)活塞冷却流道堵塞;

(2)活塞冷却液泄漏;

(3)活塞冷却泵低压。

二、柴油机冷却系统运行故障实例

1. 柴油机冷却水温度高

(1)故障及特征

①排气温度高、冒黑烟。出厂时主机在额定转速(2 100 r/min)时排气温度为460 ℃,出现故障后转速在1 600 r/min时,排气温度为470 ℃(右机)和490 ℃(左机),烟色较差。

②主机转速起不来。稍加速排气温度迅速上升,但达不到额定转速。

③功率不足。由于排气温度高,转速1 600 r/min时平均航速只有7节,估计损失近一半功率。除此之外其他参数基本正常,没有异常响声。

(2)故障排查情况

该船之前曾经进行过维修,主机维修项目有:

①气缸盖组件全面检查,进、排气阀研磨;换新活塞环;增压器解体检查;高压油泵全面测试等。

②海水冷却系统检查:清洗两个海水滤清器;清洗中冷器管束;清洗热交换器管束;主机排烟管冷却夹层割孔清洁。

③空气系统检查:清洁空气滤清器、增压器前排气管,对中冷器进行化学清洗。

④其他相关检查:螺旋桨重测螺距;清洗燃油管路、燃油滤清器等。

修理后,排气温度高和功率不足问题仍然存在,先后又对两台主机进行多次解体检查,更换了不少零件,仍然没有解决问题。

经深入分析,两台主机出现同样故障,证明主机本身机件出问题可能性不大,应是公共因素影响所致,如海水、空气和燃油。因此,决定进一步拆解检查。

①拆解排烟管,未见明显堵塞。

②拆检主机海水冷却系统出水通道。主机冷却液经中冷器、热交换器、齿轮箱冷却器后分两路排出,一路直接排出舷外,另一路冷却排烟管后再排出舷外。经检查,两台主机海水直接排出管在同一部位(排出阀前 1 m 多)水垢严重沉积,尤其是观察水位的玻璃镜部位,堵塞了原管径的4/5。割开排烟管冷却液夹层,发现夹层严重堵塞。两路海水通道都堵塞必然造成冷却液量不足,是引起燃烧不良、排气温度升高、功率不足的主要原因。本次修理,进行海水管烧烤清除水垢,对排烟管夹层进行彻底清洁。修理后两路水道畅通,故障彻底排除。现两台主机排气温度接近出厂资料数据,达到额定转速和设计航速。

2. 水箱进柴油

(1)故障现象

一台卡特 E200B 型挖掘机上搭载 3116 型柴油机,在工作中出现如下故障现象:柴油不断地从水箱补水灌中溢出,而且该现象逐渐加重,但柴油机停止工作后此溢油现象消失;柴油机动力未明显地下降,机器仍能继续工作,但油耗增大,冷却效果明显下降。打开水箱盖时可发现冷却液表面浮满柴油。

(2)故障分析

由于该型柴油机与传统的高压油泵式柴油机的燃油系统不同,其燃油系统各缸独立,且柱塞和喷油器为一体(通称其为单体泵),从输油泵输出的低压油通过缸盖内部的油道送至各缸单体泵。这种设计省去了外部的高压油管,从而达到高效、省油的目的。这使目前电喷柴油机的结构要比传统柴油机复杂得多,缸盖中不仅有冷却液道和机油道,还有柴油油道。

单体泵安装在各缸燃烧室的上方,当拆去气阀室盖和摇臂组后,可看到单体泵在缸盖上露出的那一部分,同时可看到控制拉杆和控制齿条;若拆下单体泵,可看见镶嵌在缸盖内的铜套,该铜套将冷却液和柴油隔开,以达到冷却柴油和喷油器的目的。因铜套内充满柴油,故一旦铜套破损或与缸盖之间密封不严,由于柴油机在工作时柴油压力大于冷却液的压力,柴油会通过缝隙或破损处渗入冷却液中,随着油量的不断增加,及其在冷却液道中作循环流动,最终会从补水灌中溢出。

根据上述分析,可判定该机故障是铜套渗漏所致。造成铜套渗漏的主要原因有以下三个方面:

①铜套破裂导致渗漏。大部分原因是由于没有按照生产厂家要求的型号添加冷却液,或使用了伪劣的冷却液,铜套因受腐蚀而破损。

②更换铜套时,接触面处理不当而造成渗漏。主要是由于在更换铜套时,铜套与缸盖的镶嵌表面没有处理好,有毛刺或污物存在,造成铜套镶嵌不紧密,经过一段时间的高温和振动后产生缝隙,导致渗漏。

③柴油机的使用和保养不当而造成渗漏。由于该挖掘机已使用多年,其部分电器老化严重,冷却液温度传感器已失灵,而驾驶员在操作中并没有及时发现,造成柴油机在缺水后产生高温,缸盖与铜套因材料的膨胀系数不同而使两者之间产生缝隙,并出现渗漏。

在柴油机停止工作时,柴油和冷却液的压力均消失,此时即使拆下气阀室盖及摇臂和单体泵,肉眼也无法观察到铜套表现和镶嵌部位是否有破损和泄露的地方。那么,如何快速而准确地判断出是哪个铜套出现了渗漏呢？从压力油的渗透性得到了启发，冷却液加压后也能渗入到柴油油道，而且给冷却液箱加压容易实现，加之拆下单体泵后的柴油油道已暴露在外面，这样很快就能观察到泄露的部位。

(3)故障排除

判断铜套泄露的具体操作方法是：首先，为了防止冷却液流入燃烧室和油底壳中，应先将冷却液全部放出；然后打开气阀室盖，拆下摇臂和单体泵，将各缸的铜套清理干净，并在铜套与缸体的镶嵌处和表面涂抹少许肥皂水；最后，向水箱中注入一定压力的空气并保压1 min左右，此时从单体泵安装孔处观察铜套安装部位的情况，若有气泡出现，就证明此铜套有泄漏。

在确定泄漏或破损的铜套后，必须按照卡特彼勒公司操作规定将铜套拔出，并换上新铜套。需要注意的是，由于是在不拆下缸盖总成的情况下更换铜套，所以拉拔旧铜套时应格外小心和仔细；同时，在拆卸和安装气阀室内的零件时要做好防护工作，以免螺钉或小件工具掉入缸体或油底壳中。铜套安装完成后还须再作加压检查，如确认没有渗漏，铜套的更换工作即告完毕。

3. 活塞冷却油回油不正常

(1)故障经过

某客货轮设有左右主机为9ESDZ43/82B型各一台，该机活塞冷却介质采用滑油，并与主机轴系滑油同时由主滑油泵供应。一天航行中当值轮机员在机舱作巡回检查时，发现左主机滑油细滤器后的油压降为0.28 MPa(正常是0.31 MPa左右)，而细滤器前则没有变化，仍为0.36 MPa。再看滑油进口温度为40 ℃属正常，回油温度已升高为50 ℃(正常为45 ℃)。当即对各阀门和管路作了检查，仅发现操作主机时，滑油至正倒车换向油瓶的阀未关，关上后再看各压力表，只见细滤器前压力升高为0.40 MPa，细滤器后未变。一刻钟后检查时，细滤器前压力下降为0.32 MPa，滤器后压力为0.22 MPa，如此迅速变化，肯定油路有问题，为此再度对有关方面细心察看，结果发现左机5#缸活塞冷却油回油观察镜内似乎(玻璃板不清)回油很少，且有间歇现象。感到问题严重，立即报告轮机长。轮机长见此情景，决定先停左机，稍待一刻后，打开道门进入主机内部检查，发现5#缸活塞进油套管已断。又从扫气箱道门处检查了活塞顶和活塞环，无烧裂烧塌。过后再吊缸拆连杆上下轴承，导板等物检查有无损坏，又将管路清洗等，这才放心。

(2)分析与处理

此机型采滑油冷却活塞，滑油进入活塞头的油路，是从十字头处的套管托架上的油孔流入活塞杆中央的油管，向上到导流盘再喷向活塞顶部起冷却作用后，沿内壁下流，从活塞杆中央的油管外部空间落下，再由十字头上回油孔道流出。进入十字头的滑油是用活动导管来达到上下运动时的伸缩功能。由于这次开航前，曾对5#缸的活塞、套杆拆装换新密封环时，没有把导管与套管中心对正，以至经一段时间运行后，导管单面磨损坏，把大量铁末带到活塞冷却油回路弯头处，以致使回油产生间歇地流动，最后导管单面磨薄后，经运行中的振动而终于断裂落下，这时冷却油大量逃溢，造成滤器后油压大跌，活塞顶严重缺油，幸及时发现，故活塞顶没有烧塌或裂坏。

4. 活塞冷却伸缩管故障致活塞冷却油断流

(1)事情经过

某轮主机为B&W 6L70MC/MCE型，机舱设有集控室的自动控制装置。一天在国外航行早上07:30时，主机2#缸突然发生活塞冷却滑油断油报警，同时自动减速。这时轮机长紧急下机舱检查，从该缸活塞头冷却滑油的回油观察镜处，已看不到滑油，立即决定停车，待主机稍冷后打开2#缸处的道门，进入检查，发现此缸润滑十字头的滑油伸缩管与十字头进油连接的一段弯管（铸铁材料），已掉落不见。伸缩管已缩进套管内，管头处也已被撞毛，在十字头进油口处还留有被剪断的连接螺栓根段。后来在曲轴箱内找到这个弯头，已碎裂得无法修妥，经研究只好采取暂时封缸续航。

（2）分析与处理

这种弯头与一般结构不一样，由于要与十字头紧密相贴合不致漏油，特将接触面放大，故铸成大头，用四个直径为27 mm的螺栓固紧，另一头与伸缩管用普通法兰方式相接，因螺栓较短，还配有保险片，从事后找出这四个完好无缺的螺栓情况来判断，可能安装时旋上的预紧力不够，以致运转中受振动力而先松脱落下，然后十字头上下运动时，该弯头受伸缩管不断地相碰的冲击作用而剪断了连接螺栓，把伸缩管上端也撞毛。

5. 活塞冷却水油污染致活塞冷却水出口温度偏高

（1）故障经过

某轮主机为6RND76/155型。由国外购进，国内造船时配套组装，新船出厂后，主机运转工况较正常。若干年后一次远洋航行过苏伊士运河不久即定速航行，值班轮机员换烧重油后，见主机活塞冷却水出口温度高达72 ℃之多，即将其冷却器的调节阀开足，不见水温下降。后来担心是海水量不足原因所致，所以又把2#海水泵启动并入冷却系统，水压比原来提高了0.02 MPa，还是不见水温下降。为了能符合主机说明书的要求，活塞冷却水进机温度最高不应超过50 ℃，只好将油门暂时逐渐从7.0格拉小下来，车速即由90 r/min降到75 r/min，又设法将活塞水箱内的加热管，改通海水来降温，于是车速又提高到80 r/min，就这样走了约4天时间至锚地抛锚再检查原因。

首先怀疑调温阀可能内部阀门失灵，拆解后还是正常的，但发现管内有较厚的油垢，清洁装还并调节好，由此推想活塞水冷却器内一定油垢也很多。于是先将1#活塞水冷却器的端盖揭开，内部清洁无杂物，而后打开淡水面的检查孔，只见里面尽是一层黑黑的油垢。再拆2#活塞水冷却器，情况相同。后用热水冲洗，又在活塞水箱内投入20公斤磷酸三钠，将水加热到50 ℃，开启活塞水泵打循环，数小时后水箱内浮起一层黑污油，不断捞去，最后放去污水，用清水冲洗数遍。后又将6个活塞的冷却水腔，活塞下部的扫气空间也用热水冲洗，并换新所有水套管上的刮环。经以上一系列的清洗拆检换备和调整等工作，开航后主机工况基本上又恢复到正常了。

（2）分析与处理

此故障主要是由于活塞淡水冷却器内油污造成的，轮管人员皆知油是传递热效率较低的物质之一，有了它就使冷却水的温度降低较慢，也就不能保证活塞头正常降温，所以用暂时降速减负荷来相适应。而污油又是从何而来的呢？污油是从气缸壁上流下来的气缸油和燃油的混合物，以及活塞杆带上来的少部分滑油。这些污油在清洁活塞下部扫气空间时，才发现它在底部已堆积得很厚一层，差不多把水套管上刮环组全堆没。由于水套管的填料和刮环因人员调动，轮机员交接班时交接不清楚，造成很长时间没检修，间隙过大而松动，污油就从间隙处被套管伸缩时产生的吸力而吸入活塞冷却水系统中去了。

6. 活塞与缸套冷却水连通阀关闭不严致膨胀水柜不断溢水

(1)故障经过

某轮主机为6RND76/155型机。缸套冷却系统设有两台冷却水泵(一台为备用),两台缸套淡水冷却器(其中一台也可作活塞淡水冷却器备用)和一个淡水膨胀水柜。水柜的补给是由淡水压力柜来实现,自动调节是采用浮子式补水阀。一天深夜00:30由申港备车开航前,轮机长下机舱检查,当走到主机滑油泵处,用手电照舱底察看时,见到有一股水在流动,心感有异随即寻找源头,方知是从主机膨胀水柜溢流管流出来,认为是水柜内的自动补水阀的浮筒失灵,于是就将补给水管上的腰接阀关紧,并关照当值机匠勤检查水柜水位。第二天早饭后轮机长下机舱巡视,当值机匠报告轮机长,水柜仍在溢水。于是吩咐见习轮机员到上层水柜处检查各有关附件,结果也均正常。这时轮机长在机舱二层找寻通活塞淡水冷却器的一个闸门阀,发现此阀关闭不够紧,再用阀钩关紧后,溢水消除。

(2)分析与处理

缸套冷却水系统,基本上是独立的,以往经常因冷却器内的管子漏,淡水流失发生缺水现象,现在水溢出来,说明还有一路比它压力还高的水源与之相通,那只有活塞冷却水管系。此次开航前曾因活塞冷却器内油垢较多,而调换与缸套合用的一台冷却器,此冷却器与现用的缸套冷却器之间有管路相通,而活塞冷却水泵出口压力为0.48 MPa,比缸套冷却水压高出约0.10 MPa左右,故当互通的闸门阀关而不紧时,就有涓涓细水流向缸套冷却水系统中去了。

7. 6S50MC型主机排气阀座密封圈老化漏水引起故障

(1)故障经过

某公司三条44 000吨级油轮,主机选用的是MAN B&W 6S50MC机型,自营运以来,主机排气阀座下面的一道密封圈(备件号:90801-107-36)老化快,导致阀座漏水。按照说明书规定,排气阀每运行6 000小时才需拆检,但实际使用中几乎很少有达到规定的拆检时间的,原因就是这道橡皮密封圈老化漏水而不得不提前更换排气阀或是将排气阀拉出更换这道密封圈。漏水情况几乎都是发生在主机运行中,当碰到漏水情况时,如果海况和船期允许可以停车漂航更换排气阀;如果不适宜立即停车更换排气阀时,唯一的办法就是用木楔暂时将阀座上的检验孔闷堵,维持航行,近距离或平静海面这样做可以,如长距离航行或是遇恶劣海况将对船舶安全构成很大威胁。

排气阀座上有两只检验漏水的孔道(如图4-5所示),孔道的底部是在下面的一道密封圈与阀座和阀体的密封面之间;上部通过阀座的顶部,露出外面。如果底部的一道密封密封圈老化漏水,则水进入这道密封圈与排气阀座的密封面之间,沿着检验孔道从上部的孔中喷出。遇到这种漏水情况,一般都是密封圈老化,一点弹性也没有,或是密封圈已经断掉,完全失去密封作用而漏水的排气阀座大多都很难拔出,两只用于固定阀座的内六角螺丝钉在往外拉排气阀时一般都被拽断:拽断后有的靠着空气活塞与空气气

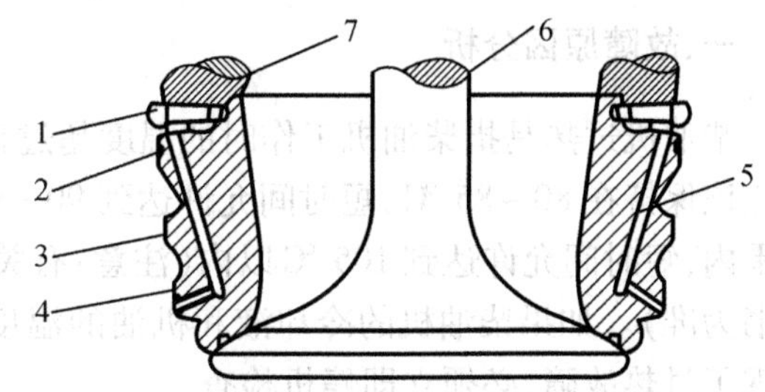

图4-5　排气阀座上检验漏水的孔道

1—止动螺钉;2—上密封圈;3—排气阀座;4—下密封圈;5—检验孔道;6—排气阀;7—阀体

缸之间的接触可以继续将排气阀吊出;有的则必须拆下缸头设法拆下阀座。

而且,每次拆下漏水后的排气阀观察阀座底部的一道密封圈,基本上都会发现密封圈完全老化,失去弹性,或是断开;密封槽中积满坚硬的水垢或细泥。

(2)分析与排除

航行中遇到漏水情况,如果不能立即停车更换排气阀,唯一的临时措施就是用木楔暂时将阀窿上部的两个检验孔闷堵,等到港后再更换排气阀。但需要说明的是,在安装排气阀的阀座时,一定要使这两个检验孔处于船的首尾方向,而不能处于左右方向,否则将无法闷堵。这一点最容易被忽视,使出现漏水的问题时无法闷堵而不得不停车更换排气阀。实际上,在安装排气阀座时,只要阀座上的两个用于吊装的螺丝孔对准阀体上的两只用于固定阀座的内六角螺丝钉的位置,两只检验孔的位置就正好处于船的首尾方向,适合于闷堵。附图中为了表达清楚,将两只止动螺丝钉与检验孔画在一个平面内,在实际安装中,必须将阀座旋转 90°。

8. 空冷器冷却水漏泄致主机敲缸

(1)故障经过

某轮主机为 6ESDZ43/82B 型。一天航行中二管轮当班,忽然听到 1#缸发出碰!碰的敲缸声,立即停机,轮机长这时也闻声下机舱。听说是 1#缸敲缸,立刻对该缸进行检查,发现该缸排气管活络伸缩接头处有水外漏,尝其味是咸的,于是再将空冷器残水阀打开,一股残水直向外流的声音清晰可闻,此时只好抛锚进一步检查,打开扫气箱道门时,就有水向外飘出,并看到空冷器上部的盖板的床垫转角处还在漏水,同时冷却水也从扫气箱活塞杆填料涵处流入曲轴箱,再看滑油亦已乳化了。

(2)分析与处理

冷却水漏入主机内部,引起敲缸和滑油乳化,其原因主要是前一航次厂方拆装清洗空冷器时未把上盖的橡皮床垫转角处安装放好,经使用一个多航次(约 100 余小时)时间的水流冲刷把床垫冲破了,由小漏逐步扩大为大漏,致使冷却水从空冷器转角处对准 1#缸扫气口处喷射,而后随扫气气流进入机内,终于形成水击敲缸。若值班者都能按制度按时检查空冷器的残水,就能及时发现漏水问题采取措施,不致于演成敲缸和扩大漏水进入曲轴箱把滑油也变了质。

第六节 柴油机过热故障诊断与排除

一、故障原因分析

柴油机过热是指柴油机工作时的温度超过正常温度。一般情况下,柴油机的冷却液温度应该保持在 80 ~ 85 ℃,短时间允许达到 90 ~ 95 ℃左右;机油温度应该控制在 85 ~ 90 ℃范围内,短时间允许达到 105 ℃以内(注意:有关冷却液和机油的许用温度以厂家的使用说明书为准)。如果柴油机的冷却液和机油的温度长时间超出正常许用值,则说明该柴油机出现了过热故障,必须立即停机检查。

柴油机过热运行会导致柴油机功率下降,加速性能变差,各运动部件的磨损加剧,严重时还会出现拉缸、黏缸、烧瓦和活塞顶部烧熔等恶性故障,导致柴油机严重损毁,必须认真对待。造成柴油机过热的主要原因有:

1. 各系统有堵塞现象

散热、冷却、润滑系统的堵塞，都会导致柴油机过热。

(1)散热器或管路堵塞

一旦散热器及管路被堵塞，冷却液不能进行循环流动，柴油机将出现过热。

(2)排气管堵塞

当排气管被堵塞，在柴油机运转时，废气排放不通畅，有一部分废气就存留在气缸内，到下一个进气行程进气时，由于气缸内有较多的废气，新鲜的油气混合气就不能充分进来。当喷油着火时，火焰传播和燃烧速度缓慢，燃烧的时间很长，形成后燃。与燃气接触的零件，因燃烧的时间长，吸收热量放不出去，因而造成过热；同时又由于废气排放不通畅，排气时废气温度明显上升，整个柴油机热负荷增加，使柴油机出现过热。

(3)机油滤清器堵塞

在正常情况下，柴油机的机油都是通过机油滤清器进入柴油机。一旦机油滤清器被堵塞，机油只有通过分路通路进入柴油机各个润滑点。这样，机油由于没有经过滤清，很容易堵塞机油管路，造成润滑不良，机油管路被堵塞，各摩擦副产生的热量就散不出去，导致柴油机过热。

(4)机油滤网堵塞

机油滤网设置在油底壳内吸油器的进口处，用来清除泡沫和防止较大的杂渣进入机油泵。机油滤网一旦被堵塞，柴油机的机油供应中断，将会使柴油机的各摩擦副出现干摩擦，从而造成柴油机过热。

2. 冷却系统有泄漏现象

冷却系统、润滑系统出现泄漏，也是导致柴油机过热的主要原因。

(1)散热器或管路漏水

散热器或管路漏水，将使柴油机散热器的储水量减少，柴油机将因散热不足而出现过热。

(2)油底壳或机油泵漏油

油底壳或机油泵漏油，原因多是由于放油螺塞松动或密封垫损坏，漏油导致的后果都是柴油机机油供应减少或中断。由于柴油机减少了机油的冷却效果，柴油机各摩擦副的热量传不出来，以致柴油机过热。

3. 冷却系统主要部件损坏

水泵。机油泵和冷却风扇等部件性能变坏将直接导致柴油机过热。

(1)水泵性能变坏

水泵的作用是强制进行冷却液循环，把柴油机水腔内的热水送到散热器进行冷却，然后再回到冷却液腔。一旦水泵的性能变坏，泵水量不足，就导致热量不能及时传出，造成柴油机过热。

(2)机油泵性能变坏

机油泵的作用是将油底壳的机油强制压入柴油机各个需要润滑的摩擦副，进行润滑与冷却。一旦机油泵泵油能力下降，大量的热量不能排出，将导致柴油机过热。造成机油泵性能变坏的原因有：一是机油泵密封圈损坏，造成漏油；二是内部磨损；三是减压阀调整不当。

(3)节温器损坏

节温器损坏可能堵塞冷却液道,导致冷却液流量减小,柴油机过热。

(4)冷却风扇损坏

柴油机的冷却风扇损坏或传动装置故障,都直接导致冷却系统的散热能力下降,柴油机肯定过热。

4. 冷却系统或燃烧室内结垢太厚

散热器水垢过多,燃烧室积炭过多也是导致柴油机过热的重要原因。

(1)散热器水垢过多

散热器水垢过多会导致散热不良,从而不能及时将缸内气体燃烧发出的热量传给冷却液,而且水垢积存还会阻碍水的流动,从而使柴油机过热。

(2)燃烧室积炭过多

燃烧室积炭过多,积炭传热性差,表面温度较高,在进气压缩过程中不断加热混合气,导热不良也使压缩过程散热量小,而且积炭会有一定的体积,相对使压缩比有所提高,增加燃烧的倾向。积炭表面高温易将混合气点燃,从而产生早燃现象。在电火花跳火前点燃混合气,炽热表面对混合气的加热作用又使火焰传播速度高,压力升高,使压缩行程末期的负功很大,温度很高,导致功率损失和向气缸壁的散热增加。早燃又促使强烈爆炸的产生,进一步增加了散热损失,从而导致柴油机过热。

燃烧室积炭的解决方法是:在气缸盖拆下后,要用煤油使燃烧室内的积炭软化,然后用木质刮刀清除,清除完毕后再用煤油清洗干净。气缸体表面和气阀顶处的积炭可用木质刀或钢丝刷来清除。这时应注意不要让刮下来的积炭落入活塞和气缸的缝隙中,以免拉伤气缸。活塞和活塞环,也可用化学方法清除。

(3)对于风冷柴油机

如果缸盖、缸套、散热器表面积尘太多,会使柴油机整体的散热能力下降,柴油机将过热。风冷柴油机冷却风扇液力耦合器内的油泥太厚,机油通过量减少,风扇转速降低,冷却强度减弱,柴油机将过热。

5. 阻力太大或长时间超负荷运行导致柴油机过热

(1)制动系统有阻力也能导致柴油机过热。造成制动系有阻力的原因是制动闸瓦和制动鼓之间的间隙太小,使设备始终处于制动状态。柴油机在这种情况下,实际上等于长期超负荷运转,以至柴油机过热。

(2)柴油机长时间超负荷运行或重载运行,都可能是冷却系统过热的原因。

6. 柴油机机械故障和其他因素

某些机械故障或损坏都以能导致柴油机出现过热故障:

(1)柴油机缸套裂纹、气缸垫烧蚀,都可能使燃烧气体进入水箱直接加热冷却液而导致柴油机冷却系统出现过热故障。

(2)对于闭式冷却系统,如果冷却系统内有空气,可能就会使冷却液容量不足而导致柴油机运行中产生过热现象。

(3)喷油提前角过小,会使进入气缸的燃油错过最佳燃烧期而燃烧不完全,大量未燃烧的燃油进入排气管继续燃烧,会使排气温度升高而致使柴油机产生过热现象。

二、柴油机过热故障实例

1. 冷却系统内有空气导致柴油机过热

(1)故障现象

一台混凝土泵送机的 BF6M1013ECP 柴油机,出现了过热故障,该柴油机其他现象正常,但是只要带负荷工作,30 min 内柴油机冷却系统就会过热,加水口往外喷热气。开始时操作者怀疑是柴油机的喷油提前角和风扇系统故障,但是查来查去就是找不到原因,所有认为可能引起柴油机过热的燃烧系统因素和风扇因素全部排除,但没有解决该柴油机过热的问题,柴油机故障仍旧存在。

(2)故障原因分析及排除

最后经过分析,该柴油机冷却系统为闭式循环系统。但是检查冷却液系统的补液箱好像是满的,没有发现问题。但打开下面的放水阀却不见出水,而是"出气",原来冷却系统内部出现气堵了。放掉原有的全部冷却液,重新加注。加注时,先不关闭放水开关,待放水开关处全部流出没有气体的冷却液后再关闭,之后加满冷却液,启动柴油机作业运行,柴油机过热现象消失。

2. 缸套裂纹导致柴油机过热

(1)故障原因排查

一台矿山井下铲运机使用道依茨 BF6M1013ECP 为动力,该柴油机在使用过程中出现过热故障,柴油机只要大负荷工作 30 min 左右,柴油机即出现过热现象,水箱翻水,冒气泡。

①开始怀疑节温器故障,检查节温器没有发现问题。

②由于原来发生过水箱里有空气导致过热故障,因此,对水箱进行了排空处理,也未排除过热故障。

③至此,根据经验,认为是气缸垫"冲缸"了,逐个拆卸柴油机缸盖进行检查,气缸垫完好无损,冲缸因素被排除。

④事已至此,只有全面分解柴油机进行检查,当拔出缸套后,发现有一个缸的缸套有微小裂纹。故障是由缸套裂纹所致。

(2)原因分析

一般情况下,如果缸套有裂纹,应该伴随有油底壳内有水或水箱内有机油等衍生现象,但这台柴油机没有这类现象。原因应该是:缸套虽然裂纹,但裂纹轻微,柴油机温度低时,缸套裂纹基本不漏,当柴油机带负荷工作且气缸温度和压力增大后,缸套裂纹由于热涨原因而变大,所以燃烧气体喷出,导致冷却液温度变高,柴油机过热。而气缸温度和压力较低时,缸套裂纹密闭,所以没有冷却液进入油底壳。

3. 柴油机冷却液"开锅"导致动力不足、排气管冒黑烟

(1)故障现象

一辆斯太尔 91 系列汽车在运行中突然发现冷却液温度过高,继而"开锅"。车主以为管道有泄漏,随补加冷却液后继续行驶。但行驶不足 20 km,冷却液又"开锅"外溢。同时明显感到柴油机动力不足,将加速踏板踩到底,车速也超不过 60 km/h,且踏加速踏板时排气管有大量黑烟冒出。车主只好行驶一段路补充一些冷却液,勉强将车开回。

(2)故障检查

接车后首先进行外部检查,发现加水口处确有“开锅”外溢的痕迹,但拆检节温器正常,水泵传动带松紧度适当,散热器也畅通,因此初步确定冷却系无明显故障。接着检查供油时间,正常。检查各缸情况,发现2#缸、3#缸不工作。难道是缸垫与水套穿通?将6个独立式缸盖分别拆下,发现缸垫略有炭化现象,但没有冲穿,显然“开锅”不是由缸垫引起的。继续检查喷油器,发现2#缸和3#缸的喷油器有明显的烧损迹象。检查进、排气系统,涡轮增压器未见异常,但在排气管部分发现排气制动操纵缸与阀门连接的摇臂断裂,使装在排气管内的蝶形阀处于半关闭状态。

(3)故障分析

该车型的排气制动是在柴油机排气管内装五个片蝶形阀门,当需要排气制动时,利用压缩气体控制气缸,经顶杆、摇臂驱动蝶形阀关闭排气通道(图4-6),利用柴油机的排气阻力起到缓速和辅助制动作用。由于排气制动摇臂断裂,排气管内的阀片处于半关闭状态,汽车在正常运行时,排气受阻,大量高温废气存于缸内,造成柴油机连续“开锅”和冷却液外溢。由于未及时查明原因,又长时间高温“带病”运转,以致造成一系列连带故障:第2#、3#缸喷油器烧损卡滞,致使两个缸不工作,动力下降;又由于这两个缸工作不良,使部分燃油燃烧不完全,在排气管处遇高温形成黑烟;同时排气受阻也导致涡流增压器充气量大大降低,使动力性进一步变差,即出现了上述的故障现象。

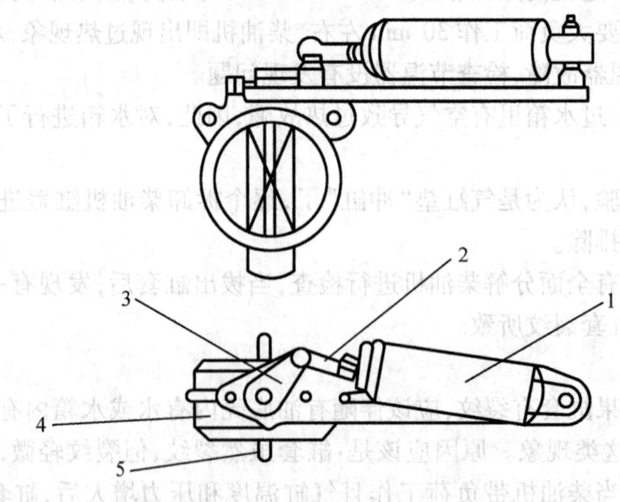

图4-6 排气制动蝶形阀示意图

1—气缸;2—顶杆;3—摇臂;4—阀片;5—排气管

4.4120F风冷柴油机消声器喷火

一台4120F风冷柴油机,工作无力,排气管喷火。检查发现机体温度过高,人员靠近有炙热感觉。分析导致该机排气管喷火的主要原因有:

(1)气阀间隙不正确,排气阀关闭不严,燃烧的高温混合气泄入排气歧管。

(2)冷却风扇故障,柴油机冷却风量不足。

(3)供油提前角过迟,未完全燃烧的燃油在排气歧管内燃烧。

检查气阀间隙、冷却风扇及风扇传动带未发现异常,检查供油提前角时发现,高压泵联轴器输入轴的半圆键被切断，仅依靠联轴器径向紧固螺栓带动喷油泵凸轮轴转动，供油提前角滞后。重新更换半圆键，供油提前角调至标准，故障现象消失。

5. 副机排烟温度超高故障分析及排除

(1)故障经过

某轮发电柴油机型号为 SULZER 3A25，额定功率 367 kW，配用发电机功率 320 kW，标定转速 750 r/min，增压器型号 VTR160，采用定压增压。由于该副机长时间来存在排温过高的问题，并考虑到该机运转时振动严重，船上常限制其运行负荷在额定功率的 1/3 左右，该副机实测排温见表 4－5。

表 4－5　柴油机实测排烟温度表

	功率/kW	排烟温度/℃			
		1#缸	2#缸	3#缸	总缸
1997 年 5 月	100	470	405	490	435
	110	495	410	510	440
说明书	132		——		300
限制排温	240		420		390

由表 4－5 可看出，该机排温明显存在两方面的问题：

①各缸排温严重不均，1#、3#缸排温偏高；

②整机总排温度超高，110 kW 时实测排温甚至超过说明书中 240 kW 时的限制排温。

(2)分析与处理

排烟温度是反映柴油机热负荷大小的重要参数，而影响排温的两大因素是换气质量和燃油喷射与燃烧质量。

在柴油机管理中，影响换气质量的因素主要有：

①废气涡轮增压气故障；

②进气系统严重泄漏；

③空冷器堵塞和脏污；

④进气总管着火；

⑤气道脏堵；

⑥进排气阀故障。

影响燃油喷射与燃烧质量的因素主要有：

①燃油质量问题；

②各缸负荷不均；

③喷油器雾化不良；

④喷油正时问题。

鉴于该机不仅单缸排温不均，而且整机排温过高，而单缸排温不均又会影响整机排温，因此需先分析解决单缸排温不均的问题。

(3)单缸排温不均分析处理

①原因分析

上述影响排温的因素分析中:废气涡轮增压器故障,进气系统严重泄漏,空冷器堵塞和脏污,进气总管着火等因素会影响整机排温,而不会导致个别缸排温偏高。因此单缸排温偏高可从上述的其他几个因素加以分析。

a. 进排气阀故障

气阀间隙过小,在气阀受热后会关闭不严;气阀间隙过大,会影响气阀正时,这些均会影响排温。经对1#、3#气阀间隙的测量和气阀正时检查,结果符合说明书规定,因此可排除这一因素。

气阀卡住也会使个别缸排温偏高,从故障现象看,也不是这种情况。

个别缸排气阀泄漏,会导致该缸空气量不足,压缩压力降低,致使排温升高。通过测取三缸示功图做比较,最大压缩压力无异,因此可排除这一因素。(后经拆检发现排气阀密封良好)

b. 气道脏堵

个别缸气道脏堵会导致该缸排温升高,但本机距上次吊缸时间不是太长,且上次吊缸对进排气道进行了彻底清洁,鉴于该机1#、3#缸排温严重偏高,至少这应不是主要因素。

这样可能原因就集中在以下三方面:喷油器雾化不良;各缸负荷不均;喷油正时问题。为查明单缸排温不均的具体原因,船上测取了该机各缸爆压值,喷油提前角,检查了油泵刻度值。有关数据见表4-6。

表4-6 柴油机各缸爆发压力、油泵刻度、喷油提前角

时间	功率/kW	爆发压力/MPa			油门刻度/格			喷油提前角/度		
		1#缸	2#缸	3#缸	1#缸	2#缸	3#缸	1#缸	2#缸	3#缸
1997年5月	100	6.85	6.90	7.50	4.3	4.4	5.0	17.4	17.1	17.3
	110	6.90	7.00	7.55	4.4	4.5	5.1			

我们知道:若某缸排温高($T_r\uparrow$),爆压高($p_z\uparrow$),则该机负荷高;若排温低($T_r\downarrow$),爆压低($p_z\downarrow$),则负荷低;排温高($T_r\uparrow$),爆压低($p_z\downarrow$),则喷油提前角太小;排温低($T_r\downarrow$),爆压高($p_z\uparrow$),则喷油提前角太大;排温高($T_r\uparrow$),爆压正常,则可能是喷油器的问题。

表4-6显示:排温最高的3#缸,其爆压值也最高,说明该缸负荷较高。负荷高低主要取决于喷油量,表4-6中3#缸油泵刻度值的确高于1#、2#缸。因此可以认为该缸是因喷油量较大,负荷较高,从而引起排温偏高。

喷油正时也影响排温,喷油提前角太小,会使爆压降低,排温升高。查说明书,该机100%负荷时,喷油提前角为17.5度。由表4-6知各缸喷油提前角均接近此值,这说明三缸排温偏高与喷油正时无关。

表4-6中排温较高的1#缸,其爆压值接近排温较低的2#缸,数值正常,由此可考虑是喷油器方面的故障。该机喷油器为多孔喷油器,拆检试验发现:2#、3#缸喷油器未见异常,1#缸喷油器启阀压力正常且密封性良好,但雾化试验发现雾化不良,喷射后有燃油滴漏现象。

②故障处理

根据分析,对3#缸进行了单缸调油,更换了1#缸喷油器。之后,测得有关数据见表4-7,可以看出:经对3#缸单缸调油和更换1#缸喷油器后,3#缸油泵刻度值降低,爆压值下降,1#、3#缸排温均下降。这样,各缸爆压值和油泵刻度值趋于一致,各缸排温也趋于平衡。由此说明前面的理论分析是正确的:1#缸排温过高是因喷油器故障致使雾化不良引起的;3#缸是因单缸负荷较高引起的。

表4-7　燃油系统处理后柴油机各缸爆发压力、油泵刻度、排烟温度

时间	功率/kW	爆发压力/MPa			油门刻度/格			排烟温度/℃			
		1#缸	2#缸	3#缸	1#缸	2#缸	3#缸	1#缸	2#缸	3#缸	总管
1997年5月	100	7.00	7.15	7.10	4.5	4.5	4.5	465	455	450	420
	110	7.10	7.20	7.15	4.6	4.8	4.6	480	470	465	425

单缸排温得以平衡,总排温度虽稍有降低,但仍高居不下,下面进一步加以分析解决。

(4)整机排温过高分析处理

①原因分析

影响整机排温的因素是多方面的,下面就几个主要方面加以分析。

a.燃油质量问题

燃油质量是影响整机排温的重要因素,若燃油质量不能满足雾化要求,则会引起燃油雾化不良,燃烧恶化,排温升高。

该轮副机使用20号重柴油,燃油在进入副机前无加热设备。按说明书雾化要求,燃油在20 ℃时恩氏黏度为3.7°E,查燃油黏温图,在50 ℃时对应恩氏黏度为1.7°E。夏季使用的重柴油一般能达到50 ℃左右,而20号重柴油在50 ℃时对应的恩氏黏度为1.8°E,与雾化要求黏度相近,因此所用燃油性能满足良好雾化要求。除非错驳燃油或装油时严重溢油造成重柴油严重污混,一般可以不考虑因使用重柴油对排温的影响。

b.扫气压力太低

扫气压力太低意味着进入气缸的空气量减少,引起气缸内燃烧不良,后燃加重,排温升高。该机在进气总管上未安装压力表和温度表。为测量进气温度和扫气压力,于是轮机员在进气总管上安装了压力表和温度表。测得有关数据见表4-8。

表4-8　柴油机扫气压力、温度,海水温度,机舱温度

时间	功率/kW	扫气		海水温度/℃	机舱温度/℃
		压力/MPa	温度/℃		
1997年6月	100	0.25	54	32	45
	110	0.26	56		

根据说明书,要保证航行时单机正常使用,且燃烧良好,排温不超过限制值,需保持进气压力在0.32 MPa以上。由表4-8中扫气压力低于0.32 MPa,且在此期间观察到柴油机运行时烟囱冒黑烟,这说明该机存在扫气压力不足的问题。导致扫气压力不足的可能原因有:

Ⅰ.进气系统严重泄漏

经仔细检查,未发现任何泄漏,可以排除此原因。

Ⅱ.空冷器空气侧严重堵塞

如果空冷器空气侧严重堵塞,会造成阻力增大,使得扫气压力降低。此空冷器距上次清洗时间不是太长,且空冷器空气侧不容易脏堵。暂时可不作为主要因素考虑,详情有待修船时拆检查明。

Ⅲ.废气涡轮增压器故障

ⅰ.机械方面

增压器轴承和轴封处的管理要求较高,这部分也容易受到污染。污染后,容易引起轴承烧损,转子转动受阻,转速降低,增压压力下降。检查时,从观察孔观察到透平油发黑,于是更换了透平油,但在短时间内油质又恶化,由此可以断定增压器存在机械方面的故障。

ⅱ.涡轮方面

涡轮叶片污损、变形,喷嘴环叶片变形,均会导致涡轮效率降低,转速下降,增压压力随之下降。

ⅲ.压气机方面

压气机空气滤网脏堵,叶轮及扩压器通道污损,这些均可使流阻增大,增压压力下降。

c.扫气温度太高

扫气温度也是影响整机排温的重要因素。扫气温度升高,会使扫气密度降低,从而减少了扫气量,使得排温升高。由表4-8可以看出扫气温度明显偏高。若按正常情况扫气温度在46 ℃左右,进气温度每提高1 ℃,经燃烧后排烟温度升高3 ℃计算,该机扫气温度高达54~56 ℃,这种温差8~10 ℃会使排温升高约24~30 ℃。因此,扫气温度太高对该机排烟温度的影响不可忽视。扫气温度太高,主要有三方面的原因:

Ⅰ.扫气总管着火

该机扫气温度较高,排温过高,烟囱冒黑烟,具有进气总管着火的一些征兆。但该机长时间来存在排烟温度超高的问题,且打开进气总管放残考克并未发现有烟气冲出。由此可判断原因不在于此。

Ⅱ.空冷器换热面脏污

该机空冷器距上次清洗时间虽不是太长,但近期该轮长时间在混浊、脏污水域停泊,估计空冷器海水侧已经脏污。

Ⅲ.冷却海水量不足

本轮属于老龄船,管路锈蚀严重,常出现漏穿现象。为防止漏穿,副机海水泵常不能开至正常压力,这样就减少了空冷器冷却海水流量,从而降低了冷却效果,也就会导致扫气温度升高。这有待于修船时彻底解决。

②故障处理

为查明实际原因,船上对增压器进行了拆检,结果发现:涡轮及压气机除少量脏污外,并无其他问题。然而,增压器转子转动有卡阻现象,涡轮侧轴承烧损。结合运行中透平油迅速变值的现象来看,经分析认为是由于气封不足,致使废气进入透平油中,结炭,从而使轴承存在磨粒磨损以及因油质恶化,润滑不良,造成轴承发热烧损。这样就使得轴承转速下降,增压压力降低。因此,船上更换了轴承,并清洁了脏污之处。另外,拆开空冷器发现其海水侧确实脏污严重,于是进行了清洁。经上述处理后,测得有关数据见表4-9。

表 4-9 配气系统处理后柴油机排烟温度,扫气压力、温度

时间	功率/kW	排烟温度/℃				扫气	
		1#缸	2#缸	3#缸	总管	压力/MPa	温度/℃
1997 年 6 月	100	410	390	385	370	0.30	48
	110	415	400	395	380	0.32	49

可见:扫气压力升高到接近正常值,扫气温度也有明显下降,各缸排温及总排温度都随之大幅降低。

(5)结论

由上述分析与处理可知,本机排烟温度过高实际原因如下:

单缸排温过高,3#缸是因负荷较高引起,1#缸是因喷油器雾化不良引起;整机排温过高,是由于废气涡轮增压器涡轮侧气封不足,导致透平油变质,轴承烧损,从而增压器转速降低,扫气压力降低;空冷器海水侧脏污,冷却海水压力不足,致使扫气温度升高。

第七节 柴油机缺缸运行的故障诊断与排除

一、缺缸运行的故障原因分析

柴油机的实际运行过程中,经常会碰到个别气缸不工作(缺缸工作)的故障。导致个别气缸不工作的影响因素主要有:

(1)冬季冷启动时,由于天气寒冷,个别气缸因为每天第一次启动时怠速不工作,但随着运行温度的提高,所有气缸逐步工作正常。

(2)个别气缸出现活塞环断裂、拉缸或气阀密封不严等机械故障,使气缸压缩压力达不到要求,导致该缸不工作。

(3)喷油器堵塞,使该缸不喷油,所以该缸不工作。

(4)喷油泵柱塞、出油阀故障,导致该缸供油不正时或不供油,使该缸不工作。

(5)其他综合因素导致某缸不工作。

二、缺缸运行的危害

柴油机缺缸运行的危害有:

(1)由于某缸不工作,使柴油机的工作不稳定,容易出现振动大等问题,严重时可能引起共振,损坏或降低柴油机各部件的使用寿命。

(2)缺缸工作易造成机体的受力不平衡而使其变形,进而影响柴油机整机的使用寿命。

三、缺缸运行故障实例

1. 出油阀被卡导致缺缸工作

(1)故障现象

有一台与 75 kW 发电机组配套的 6135 型柴油机,曾经出现过怠速时各缸都工作,高速时缺缸工作的故障。拆下排气管现场分析,发现该机怠速时,虽然各缸都工作,但第二缸排

气口排出的废气温度比其他缸排出的废气温度略低,并且随着转速的增加温度逐渐降低。

当转速升至1 000 r/min时,排气口已排出"冷气",说明此时该缸已不工作。当转速降到900 r/min以下时,随着转速的降低,排气口排出的废气温度又升高。转速由低到高过程中,排气口无黑烟出现。

(2)故障诊断和排除

从上述症状分析,可以肯定问题出在供给系统,因为排气口无黑烟排出,说明进气供给正常,喷油时间正确。由于怠速工作较好,说明气缸严密性好,压缩比正常。柴油机第二缸排气口排出的废气温度随转速的增加而降低,这是因为该缸供油量随转速增加而减小造成的。转速升高到900 r/min时,第二缸开始不工作,是因为该缸此时已不供油,或是供油很少,混合气很稀而不能着火燃烧造成的。

在柴油供给系统中,由于只是第二缸高速时不工作,说明低压油路没有问题。因此问题只能出在高压油路部分,高压油路中包括喷油泵、喷油器和高压油管三大部件,在这三大部件中可以肯定高压油管不会引起这类故障,问题集中在喷油泵和喷油器上。

当把第二缸的喷油器与第一缸的喷油器对调后试车,发现还是第二缸高速时不工作。这说明问题出在第二缸喷油泵的泵油机构上,泵油机构包括柱塞偶件和出油阀偶件。把第一缸的出油阀偶件和第二缸的出油偶件对调后试车,发现第一缸高速时不工作,第二缸高速工作了。可见,问题在原第二缸的出油阀偶件上。把第二缸的出油阀偶件清洗干净,重新装到柴油机上,启动试验,故障排除。

(3)故障分析

从上面故障排除过程可知,这台柴油机怠速各缸都工作,高速后缺缸工作,是因为出油阀被燃油中的脏物卡住(不是卡死)。从而使出油阀的运动阻力增加,关闭速度变慢引起的。

出油阀打开的时间及打开的速度是由泵油机构的泵油时间及泵油速度确定的,也就是说随柴油机的转速变化而变化。但是,出油阀关闭的时间及关闭的速度,一方面受出油阀弹簧预紧力与高压油管中残余压力之和的影响,另一方面又受出油阀关闭运动阻力的影响。当弹簧的预紧力不变时,这个阻力大小变化,就会出现各种不同的状况。

第一是出油阀的运动阻力远远小于出油阀弹簧的预紧力,此时,出油阀开关自如,柴油机不会因此而引起故障。

第二是出油阀的运动阻力远远大于出油阀弹簧预紧力与高压油管油残余压之和,此时出油阀会被卡死在打开位置,由于出油阀不能关闭,致使高压油管的油流回低压油路。柴油机高速、低速都会因建立不起较高的压力而缺缸工作。

第三是出油阀的运动阻力略小于出油阀弹簧的预紧力与高压油管中油的余压之和。即出油阀被脏物卡住,但没能卡死。这时,出油阀虽然能在阀座中作往复运动,但是阀的关闭速度会明显变慢。

怠速时,柴油机各缸虽然都能工作,但出油阀受卡的那一缸,由于出油阀关闭慢,会使高压油管中有少量燃油倒流回低油路,该缸工作就不如其他缸好,排出的废气温度比其他缸低。当转速升高时,出油阀打开的速度加快,但关闭的速度不能随转速增加而加快。高压油则流回低压油路的相对时间(用曲轴转角来表示)增加。倒流的油量增加,高压油管内的残余压力降低,尽管柱塞的供油行程增加,但实际的供油量减少,排气口排出的废气温度降低。当转速增加到一程度时,就有可能造成前一循环供油,出油阀还未关闭,下一循环供油又开始了。导致高压油管里的油在高、低压油路之间来回窜流,高压油管里建立不起足够大的油压使喷油器喷油，造成柴油机缺缸工作。

2. 柴油机 1#缸不工作故障实例

一辆江淮载货汽车安装的是某厂生产的490 型柴油机。该车在行驶中发现有缺缸的征兆，功率下降，柴油机有杂音。

该车进厂后，首先作了断缸试验，从而确认是 1#缸不工作。从断缸试验时可以看出，喷油泵 1#缸供油情况与其他缸无明显差异，接着拆检 1#缸喷油器总成，结果该喷油压力正常，雾化良好。表面上已找不出原因，开始拆卸气阀室罩盖检查气阀间隙和气阀机构，仍未发现问题，接着将气缸盖拆下，检查气阀封闭程度，通过试验进排气阀密封较好。一般活塞与气缸配合间隙增大或活塞环磨损严重，会造成工作不良，所以还得继续深入检查，决定拆卸 1#缸活塞连杆组。

将 1#缸活塞连杆组拆下，活塞与连杆分开，经检查发现连杆瓦拉伤较重，接着将连杆安装在连杆检查仪上进行检测，发现连杆弯曲量较大。检查曲轴 1#缸连杆轴颈，连杆轴颈也有明显拉伤，看来曲轴也需修磨。在摇转曲轴拆卸其他三个活塞连杆组时，发现曲轴 1#缸连杆轴颈前端与连杆之间有微错位，曲轴是否从此处断裂的？为弄清原因，将三个活塞连杆组拆下，接着拆曲轴，果然发现是曲轴在 1#缸连杆轴颈前部分曲柄呈斜形断裂，并有明显互错痕迹，可确认是上述故障的症结。

1#缸连杆的弯曲量超限，再加上曲轴在 1#缸连杆轴颈处断裂，造成了 1#缸压缩比减小，连杆及其活塞在气缸内上下移动产生歪斜，严重影响气缸压缩力，从而导致 1#缸不工作。当曲轴断裂之后对于整个发动的供油时间、配气相位都将受到影响，柴油机会出现杂音和功率下降的现象。

第八节　柴油机异响故障诊断与排除

柴油机在运行中可能发生故障，同时发出异响，可用柴油机故障诊断方法来诊断，主要是用听觉来诊断，有条件的可借助于简单的听诊工具或柴油机异响测试仪来诊断。但最简便的方法就是听诊，听诊要有经验，经验对听诊柴油机异响发出的部位和柴油机损坏程度十分重要，要在柴油机维修实践中逐渐锻炼和积累。

一、柴油机异响故障分类

柴油机异响故障主要有：气阀机构异响；活塞和活塞环异响；主轴承异响和连杆轴承异响；飞轮异常响声；柴油机爆燃异响；柴油机排气异响；柴油机支承异响；水泵异响；风扇异响；柴油机轮系异响等。

异响的部位不同，发出的响声也会不同，其产生的机理和原因也不尽相同。因此，要非常谨慎地进行诊断。

1. 气阀机构异响故障

(1)故障现象

汽车运行中听到柴油机上部有明显的异常响声，响声的大小和频率随着柴油机转速增加而加大，响声一旦发生不采取补救措施很难自行消失。

(2)气阀机构异响故障的主要原因

柴油机漏机油，没有被发现，使气阀机构中的顶杆无油，气阀间隙加大，气阀机构运动不正常；机油盘中油面过低；机油压力过低或机油黏度过小；液压顶杆故障；摇臂磨损；摇臂轴磨损；气阀卡滞；气阀座偏斜或积炭过多。

2. 活塞和活塞环异响故障

(1)故障现象

柴油机气缸体上部和气缸盖发出哒哒哒的研磨声，响声和频率随柴油机转速增加而加大，并可能伴有柴油机排气冒蓝烟，柴油机功率低的现象。

(2)故障原因

活塞环不标准，磨损过大，环隙过大；活塞损坏；气缸壁上端磨出凸肩，与活塞环相撞击；活塞环与环槽之间间隙过大；活塞与缸壁间隙过大，产生活塞撞击异响；活塞裙部损坏；活塞销安装不当或活塞销磨损；连杆与活塞安装位置不对或窜动。

3. 主轴承异响故障

(1)故障现象

汽车运行中高转速大功率时可能突然听到柴油机下部发出“吭”、“吭”的异常响声，响声比较沉闷。停车检查时，加大油门提高转速可在柴油机下部听到，用听诊棒听诊时能够听到主轴承发响。主轴承响往往在下部中间位置。

(2)故障原因

柴油机漏机油，没有及时发现，柴油机在无机油状态下运行时往往在第四道主轴承(中间轴承)处首先发响；机油供给不足或机油压力过低；曲轴或主轴承磨损；曲轴轴向间隙过大，曲轴轴向窜动；飞轮与曲轴后法兰固定螺栓松动；维修试车的柴油机，轴承与曲轴的配合不正确。

4. 连杆轴承异响故障

(1)故障现象

汽车在行驶中或柴油机维护调整中听诊到柴油机中下部有异常响声，响声有时是突发的，响声可能忽大忽小，“哒哒哒”的响声连成一片，连杆轴承响声发生后很难自行消失。

(2)故障原因

柴油机漏机油，当无机油时，在主轴承发响的同时连杆轴承也响；机油供给不足或机油压力过低；连杆轴承或曲轴连杆轴颈磨损；连杆弯曲变形；曲轴轴向窜动；维修试车的柴油机连杆轴承响声为轴承与轴颈配合不正确。

5. 飞轮异响故障

(1)故障现象

汽车运行中听到柴油机后部发出响声，响声沉闷，加速时响声加大，响声无规律；柴油机后部发响很难判断是飞轮响还是离合器发响，如在停车状态变速器置空挡并踏下离合器踏板，再加速，或突然加速和减速时，柴油机后部仍然响，一般可以判断为飞轮响，但是飞轮响的故障较少发生。

(2)故障原因

飞轮与曲轴后突缘的固定螺栓松动或断裂；曲轴轴向窜动或因离合器故障引起飞轮非正常磨损；曲轴轴颈和轴承磨损过剧，引起飞轮上下左右窜动。

6. 柴油机工作粗暴异响故障

(1)故障现象

汽车上坡加速时或汽车高速高负荷运行时，柴油机上部发出清脆的“嗒嗒嗒”粗暴异响，声音较响，较容易听清。

(2)故障原因

柴油机爆燃;柴油机过热;喷油正时不对,过于提前;燃油标号不对;燃烧室积炭;喷油泵或喷油器故障等。

7. 柴油机的排气异响故障

(1)故障现象

汽车行驶中异响明显加大,先是较轻的“哧哧哧”声,以后声音逐渐加大,即为柴油机的排气异响,排气异响一旦发生不能消失。

(2)故障原因

柴油机与排气管接头处固定螺栓松动或密封环损坏;排气管烧穿;排气管与排气消声器接头脱开。

8. 柴油机支承异响故障

(1)故障现象

汽车行驶中柴油机异响突然加大,听不清是在前部还是后部,多数听到似乎是在前部时可能怀疑柴油机损坏;柴油机启动或加速时异响明显加大,并且伴有柴油机的异常振动。

(2)故障原因

柴油机支承螺栓与螺母脱开,橡胶支承损坏或丢失;维修汽车和柴油机时漏装柴油机支承或螺栓螺母未拧紧。

9. 柴油机轮系异响故障

(1)故障现象

柴油机前端发出类似于口哨的异响,异响忽大忽小,翻转驾驶室,检查异响是由柴油机带轮和轮系发出的。

(2)故障原因

轮系上的 V 带紧张度不够;V 带打滑;V 带翻背;轮系机构异响。

10. 水泵异响故障

(1)故障现象

柴油机前端发出较尖锐的研磨声,仔细听诊异响是从水泵发出来的。当有水泵异响时,常伴有冷却液循环不畅和柴油机容易过热等柴油机故障。

(2)故障原因

水泵轴承损坏;水泵水封损坏;水泵中异物卡滞。

11. 风扇异响故障

(1)故障现象

汽车行驶中柴油机前端异响突然加大;翻转驾驶室检查,发现异响可能是从风扇处发出来的;停机检查,发现风扇前端折弯或某一片风扇折损严重或风扇离合器损坏。

(2)故障原因

风扇损坏;风扇驱动电动机损坏。

二、柴油机异响故障实例

1. 顶杆故障导致柴油机异响

(1)故障现象

一台湖动 6105Q－1 型柴油机,在二级维护后试机时,从柴油机的第 1 个进气歧管(柴油机每三缸一盖,故有两个进气歧管)中发出“啪啪啪”的响声。如用手捂住进气管口,其响声似有减弱;怠速时,响声极为清晰,好似气缸垫冲坏后的响声。

(2)故障原因

柴油机 1#缸进气阀的气阀间隙没有了,而试机前是调整好的,且气阀弹簧处在压缩状态。拆松摇臂轴总成,气阀弹簧便自动回位了,这说明不是气阀弹簧张力不够,而是其他部件不良引起的。拆下摇臂总成,未发现摇臂在摇臂轴上有发卡现象,顶杆稍有弯曲变形。校正好顶杆,装复摇臂轴总成,调好气阀间隙,重新试机,柴油机进气管又发出“啪啪啪”的响声。

重新检查气阀,发现该气阀又处在开启位置,气阀弹簧被压缩,顶杆微微弯曲变形。到底是什么原因引起的呢?

拆下气缸盖,发现 1#缸气缸内有柴油。在转动曲轴时,1#缸进气阀的顶杆不动。由于顶杆卡死在导向孔内,造成该进气阀处于常开状态。

(3)故障分析

顶杆是凸轮的从动件,其作用是把凸轮的推力通过顶杆和摇臂传递给气阀。该柴油机的顶杆为圆筒形,其目的是减轻质量和减小往复惯性力。顶杆底面为球面,当凸轮轴转动时,顶杆在升起或下落时产生旋转运动,达到圆柱面均匀磨损的效果。该柴油机的顶杆因受损拉毛,在装入顶杆导向孔时,用旋具或其他工具将其强行压入,使其与凸轮接触而落座。在凸轮轴转动时,凸轮将此顶杆顶入顶杆导向孔,顶杆与顶杆导向孔配合过紧而不能回位落座(气阀弹簧的张力不能使其回位),致使该缸进气阀在柴油机工作时处于常开状态。这样,在柴油机压缩、做功和排气行程时,气缸内的混合气或废气便从进气阀中大量排出,故柴油机第 1 个进气歧管内发出一种“啪啪啪”的响声(注意:此种响声与气阀间隙过大时从进气管发出的声音是不同的)。

2. 排气阀撞击活塞异响故障

(1)故障现象

一台玉柴 6105QC 型柴油机,在运转中出现一种沉重而有节奏的撞击声,这种声音与柴油机一般的异响有明显区别。

(2)检修过程

拆下柴油机的气缸盖检查,发现柴油机 6 个排气阀都已将活塞顶面撞出了一个与排气阀一样大小的凹坑,排气阀与活塞接触部印痕光亮,而进气阀却没有与活塞发生撞击。

一般来说,气阀头部顶面碰活塞,是由于气阀间隙过小、气阀下沉量不够、连杆铜套严重松旷或配气相位失准引起的。经查,气阀间隙和气阀的下沉量符合标准,连杆铜套与活塞销配合也良好。检查柴油机的配气相位,正时齿轮的记号没有对错,只发现凸轮轴上的正时齿轮与凸轮轴之间的配合松旷,起固定作用的平键磨损严重。

(3)故障分析

平键严重磨损后,凸轮轴正时齿轮与凸轮轴配合松旷,使柴油机运转时配气相位相应改变。因排气阀延迟关闭,在活塞到达上止点时,活塞顶面与气缸盖上的排气阀头部平面之间的距离(气缸压缩余隙高度为 1.1 ±0.1 mm)也相应地缩小,导致排气阀头部平面与活塞的顶面发生碰撞。与此同时,尽管进气阀也延迟关闭,且进气阀的迟闭角要比排气阀的迟闭角大得多,但由于进气阀在活塞到达下止点后才开始关闭,故不存在进气阀撞击活塞的问题。

3. 高压油管引起的异常敲缸故障实例

一辆 T815 修井作业车因使用周期已到，将柴油机送修理厂大修。修理厂按修理规范进行解体、清洗、零部件检测、喷油泵、喷油器校验后，按装配标准进行组装，简单试车后竣工装车。使用单位投入使用后发现柴油机怠速正常，高速或有负荷时敲缸严重，温度上升（已超过 120 ℃，此柴油机为 V10 缸，风冷），冒黑烟。修理厂派人到现场诊断后判断有两只气缸不正常，随即将喷油器拆下后进行校验，发现其工作不正常，更换喷油器后故障仍在，依然无法工作，只得将柴油机吊回厂检修。

柴油机解体后发现有异常敲击的两只气缸已拉缸，修复后试车，故障没有排除，只得第三次解体，进行更仔细的检修。重新校验喷油泵、喷油器，包括易引起敲击故障的主轴瓦、连杆瓦，检查活塞销压缩上止点间隙等都在标准之内，装配后试车故障仍然没有排除。

通过综合分析后认为，该注意的问题都已全部排出除，故障仍然存在的原因应该在燃油系统，异常敲击可能属于燃烧爆燃造成的，原因可能有：喷油泵供油角度不均布；出油阀或弹簧工作不正常，出现二次喷油；喷油器工作不正常；柴油不达标，十六烷值过低。

为找到故障的真正原因，首先将工作正常与不正常的喷油器互换试车，仍旧是这两只气缸有异常敲击；其次将喷油泵出油阀及弹簧互换也不能解决问题；再在油泵试验台上查供油角度也正常。柴油应该没问题，因为只是两个气缸敲击。后来将不同的两只喷油器拆下，启动柴油机用量杯直接测供油质量。结果发现在相同循环时间内供油量相差一倍以上。

问题找到了，如何排除呢？我们在喷油泵校验台上单独调整油量大的两只缸，调到正常气缸的一半供油量，结果还是不解决问题。这时一位修理工反映说修理时更换了一组高压油管，在装配时损坏两根，就用原来的两根旧的高压油管继续使用，这个问题立即引起了注意。

为验证是否高压油管的问题，立即将不同的两根油管从中间锯开，发现两根高压油管内径不同，问题就出现在高压油管上：外径相同内径不同，高压油管的壁厚不同，如果加工材质不过关的话，高压油管在受到高压后，产生弹性变形，使之容积增大，不随着转速和负荷的增大而供给相应的油量。而内径小的反之。所以内径小的两只气缸的负荷就非常大，引起敲缸、高温。因为高压油泵试验只是标准喷油器、标准高压油管，所以在油泵试验台上发现不了此故障。重新更换一组高压油管，此故障排除了。

此故障引起的经验教训是：

①购买配件一定要购买正规厂家的合格产品。

②成组或成套的配件尽量统一更换。

③在配气正时、气阀间隙、喷油器、喷油泵、气缸压力都正常的情况下，如柴油机无力，应考虑高压油管是否有问题。

4. 轻微拉缸导致柴油机异响

(1)故障现象

一台道依茨 F12L413F 风冷柴油机出现了“啪、啪、啪”的异响。采用单缸灭火法没有准确判断出声音来自哪个缸，但总的感觉是声音来自风扇端左侧。

(2)故障排查与排除

一开始维修人员发现该柴油机的冷却风扇有问题，风扇叶片碰击外壳，似乎异响就是来自此处。所以就对风扇进行了维修，更换了已损坏的风扇。但是，原有的异响声音继续存在。

为了准确判断故障位置,维修人员拆掉了左排缸的排气管,启动观察,发现左排第二缸(按道依茨柴油机气缸排列,应该是右排第五缸)低温时燃烧不好,排气口有机油渗出,且异响声音非常明显。据此,判断该缸活塞或活塞环可能有问题。拆下该缸气缸盖后,发现该缸活塞顶部有烧蚀现象,缸套有划痕,但情况不是很严重。

更换了该缸的活塞、活塞环、缸套和活塞销等组件后,异响声音消失,故障排除。

5. 康明斯柴油机“敲缸”实例

(1)故障现象

一辆东风载货汽车配置康明斯 210PS - 20 柴油机,用户反映该车柴油机大修后,行驶里程仅 3 500 km,柴油机缸内出现了“騑、騑、騑”敲缸声。曾到修理厂进行检查处理,采用断缸法检查响声消除,怀疑机械敲缸(因柴油机内运动摩擦副的配合间隙大小是影响活塞对缸套敲击的主要因素,间隙过大必然会导致敲缸)。对此其柴油机进行了拆油底壳,卸缸盖,拆活塞,测量缸套、活塞等一系列检查,未能找出“病”源,响声仍旧存在。

(2)故障排查

众所周知,柴油机工作时,是由喷油泵产生的高压油通过喷油器把柴油以雾状直接喷入燃烧室后,即与气缸内高压、高温空气相遇混合自行发火燃烧产生气体推动活塞运动而工作的。柴油从喷油到混合气的形成时间,一般不超过千分之几秒,甚至在更短的时间内完成,在这极短暂的时间里,使柴油完全燃烧,就得必须具备以下条件:

①要有正确的喷油开始时刻,并且这时刻根据转速自动进行调整。

②要有一定的供油速率,供油时把一定量的柴油,用足够的压力,在规定的时间内喷入燃烧室。

③要有适合燃烧室的喷射雾束,喷入燃烧室内的柴油必须成雾化状态,并能适当地分散在燃烧各部位。

④要有与柴油机负荷相适应的油量,多缸柴油机应做到各缸供油量相等,供油提前角一致,喷射延续时间相等。

只有这样柴油机工作才能达到正常状态,声音柔和,运转稳定,排放烟色正常。倘若满足不了上述要求,柴油机工作就会出现异常,甚至会发生“敲缸”响声。当然造成敲缸的原因是多方面的,有机械原因,也有燃烧原因,从这两方面又可以分解成各自的具体原因。我们常说机械敲缸,一般指使用年久的柴油机活塞与缸套的配合间隙过大,活塞受到连杆摆动的侧压力,造成活塞对缸套周期性的撞击。燃烧敲缸一般指可燃混合气在柴油机燃烧室内非正常燃烧造成的响声。那么这种原因源于何处呢?首先了解询问了用户使用情况后,又进一步观察柴油机敲击故障的特征:刚启动着车,柴油机发出较均匀的沉闷敲击声,运转不稳,排气管排白色烟雾;柴油机升温后,排烟变成灰黑色,急加速其声音渐弱但不消失;从该机大修后使用时间来看较短,工作环境又不恶劣,所以造成机械敲缸的概率很小,从拆解检验,活塞连杆组与缸壁配合间隙等技术参数要求,已说明了问题,排除机械敲缸。分析考虑是燃烧敲击声,并作了如下的检查诊断:

①柴油机启动后,稍运转一会儿,用手摸各缸的排气歧管,检查其温度是否有明显异常。发觉三缸排气温度低,说明三缸的燃烧不良。

②用手触摸高压油管,六根高压油管都感觉有高压油脉动流动,说明喷油器工作,但三缸高压油管脉动感觉压力小。

③着车少许,油温、冷却液温度上升后,此声仍旧存在,并随柴油机转速升高,声音减弱。

④用断缸法诊断,发现三缸的响声有变化,断缸后声音及排灰黑烟现象消失。

⑤检查验证喷油提前角,符合设计要求。

⑥怀疑三缸喷油器存在问题,于是对其喷油器进行了检验,在规定正常喷油压力下,喷油锥角、射程等参数都符合要求,油束的形状正常,雾化质量良好。

⑦为了验证判断喷油泵是否存在问题,对三缸喷油器与邻缸喷油器进行了更换,但三缸异响还存在。诊断为喷油泵有故障,拆检喷油泵,发现其凸轮轴三缸凸轮尖与滚轮体磨损过大,致使该缸供油过迟,造成了该缸供油间隔角度改变,使供油间隔角度均匀性变差。更换了喷油泵凸轮轴调校泵故障排除。

(3)故障原因分析

至此可知是燃烧造成敲击异响。该喷油泵凸轮轴三缸凸轮尖与滚轮体处磨损严重,改变了喷油泵三缸凸轮的升程,同时也改变了三缸喷油提前角,影响了供油的时间,并使三缸内的燃烧过程中的“着火延迟期”时间延长,在正常的“着火延迟期”之后。喷射的柴油得不到完全燃烧,而且造成柴油机冷车排白烟、热车排黑烟,运转不稳,功率下降,发生沉闷的敲击声。

6. 柴油机启动“放炮”故障三例

(1)气缸盖轻微变形导致启动放炮

F12L513 风冷柴油机每天第一次启动时,柴油机有“啪、啪、啪”的放炮声,但热机后再次启动时,放炮声消失。

经检查发现,造成该机冷启动有“放炮”声的主要原因是:该机有两个缸有冲缸现象;进一步检查发现,这两个缸的气缸盖与缸套的密封带都有轻微变形。柴油机冷态时,间隙增大导致冷启动时有燃烧气体冲出而产生放炮声。柴油机热机后,间隙变小或消失,放炮声也就随即消失。如果柴油机的放炮声连续不断,则表明有气缸严重冲缸现象。

(2)预热电磁阀漏油导致启动放炮

BF12L513C 风冷柴油机起机时放炮,后来干脆不能启动。

经检查发现,该机启动预热电磁阀损坏,即常开。柴油通过电磁阀不断地进入火焰加热塞,并漏入进气管,柴油机一直工作时不会有大的反应,但停机一段时间后进气管内就会充满了柴油,柴油将直接进入进、排气阀开起的气缸内,此时启动柴油机就会出现强烈的放炮声(也就是所谓的爆燃)。如果柴油充满了气缸,柴油机将不能启动。

(3)缸盖螺栓紧固不力导致柴油机工作时放炮

BF12L513C 风冷柴油机冷机启动时,有中度的“放炮”声。

经仔细检查发现,该机有三个缸存在启动时窜气现象。柴油机正常工作后,放炮声消失。进一步检查发现,导致此故障的基本原因是:窜气缸缸盖螺栓的拧紧力矩不足。

7. 加速时发生敲缸

(1)故障经过

某轮主机为 6RLB56 型,机上装有 WOODWARD PGA58 型液压调速器。该轮自新造出厂试航过程中,数次发生当车速由 80 r/min 加速至 110 r/min 时,推动油门杆略为快一些之后,主机则出现不断地剧烈的敲缸声音,在集控室仪表板上的转速表波动很大,负荷指示针从 5 一下跳到 7,若将油门杆再拉小后,这种状况即消失。同样在开倒车时,如前操作也会发生敲缸现象。为此怀疑调速器中增压空气控制式的燃油限制器有问题,因为它的功能是防止主机加速时因增压空气一时不能与燃油量的增加同步,从而引起主机燃烧恶化。故该机构设有用增压空气压力来限制调速器中的动力活塞(加大油门)的动作,然后随转速上升扫气压力增大,该机构相应拉大油门。现根据以上敲缸情况,说明控制油门方面未起到作用,故在返厂整修时提出拆检调速器及有关连接。厂方将调速器等拆厂检修装妥调试后送船装还主机,出厂开航参加营运时,未再发生敲缸现象。

(2)分析与处理

PGA58 型调速器是一种液压调速器,在其内装有气动转速设定机构控制车速和增压空气压力控制燃油限制器及超速停车等装置。

前两种机构都是通过一种波形膨胀装置的伸缩来起调节作用,故其一端受外界气压变化后,引起内部的液压压力变化,而推动活塞产生位移传递到连杆再利用杠杆原理最后传递到油门控制机构上来达到调速的。在正常运行时,外界变化极少情况下,双方基本上处于平衡状态,若只要有一边发生故障,就不可能达到平衡,不管是低速或中速,都会出现失控的故障发生。开车过快一般易引起敲缸,因短时间内喷油过量,一时转速未能跟上时,迟燃严重后会发生爆燃出现敲缸。在转速限制中的调速轴上,各种转速时都有一个一定的燃油限制位置予以对应,正常情况它们相互的关系是:AB 线的斜率是根据可调浮动杆上一椭圆形孔中的一只支点螺丝位置的移动而改变。

由此可以推理,只有当该螺丝松动后,这时由前进二加速到前进三时,推油门动作稍快一些后,该螺丝在椭圆形孔中发生移动后,使可调浮动杆很快严重倾斜,影响到燃油控制杆位移量引起燃油一时大量增加而发生敲缸。该轮在进厂保修时,将调速器交厂拆检中,在调试支点螺丝时,该螺丝又被固定拧紧,出厂航行时,这种故障也就消除了。但此螺丝经一定时间的运行后,由于机体震动等因素,还有可能再次发生松动。同型机亦有可能出现类似情况。

第九节 柴油机飞车故障诊断与排除

柴油机“飞车”的故障表现为:转速突然升高,且大大超过标定转速,减小油门也不能使转速降低。此时如不采取紧急措施,会出现重大机械事故。

一、柴油机“飞车”故障的原因

柴油机“飞车”的主要原因有:

(1)喷油泵柱塞或调速杠杆卡死在最大供油位置。

(2)喷油泵柱塞油量调节臂从调速杠杆叉槽内滑出,或安装时没有将油量调节臂装入槽内,导致喷油泵柱塞处于最大供油位置,柴油机一启动就发生飞车。

(3)对齿轮齿杆式柱塞泵进行装配时,齿条和柱塞齿轮的记号未对准。

(4)柱塞套定位螺钉松动或螺钉头磨损变短,不能起定位作用。装配时,柱塞套已向供油量大的方向偏转一个角度。

(5)喷油泵柱塞中间的轴向回油孔堵塞。

(6)调速滑盘胶木部分开裂损坏,钢球脱落,或调速齿轮轴轴向移动不灵活,钢球离心力不能将滑盘向外推出,致使喷油泵柱塞处在最大供油位置。

(7)加入油底壳内的机油量过多,由于活塞、缸套磨损严重,配合间隙过大,使大量机油窜入气缸燃烧而造成飞车。

(8)油浴式空气滤清器油盘内机油过多,机油随空气进入气缸燃烧而造成飞车。

(9)柴油机大修后活塞环的方向装反;或活塞环开口间隙、边间隙过大引起烧机油而造成飞车。

二、出现飞车故障时应采取的紧急措施

当柴油机出现飞车时,应沉着冷静,果断地采取有效措施使飞车停止。

(1)当设备静止,柴油机空转时,迅速用衣服或毛巾等紧紧包住空气滤清器的空气入口,使空气不能进入气缸而使柴油机熄火,用此法制止飞车最有效。

(2)重车时,可加重柴油机负荷而使柴油机停车。

(3)迅速拧松高压油管接头螺母,切断柴油供应。如找不到扳手,可将高压油管砸掉,使柴油机熄火。

(4)有减压装置的,可将减压手柄扳至减压位置,使柴油机熄火。有油箱开关的可迅速将开关置于断泊位置迫使柴油机熄火。

(5)设备在运行中,千万不要脱档或踩下离合器,以防止转速继续升高,应紧急制动迫使柴油机熄火。

三、柴油机“飞车”故障的排除

(1)在制止飞车时,首先应切断柴油的供给,迅速拧松高压油管接头螺母,如飞车立即停止,则说明柴油机的飞车是由于柴油供应过多引起的。这时,可检查喷油泵柱塞油量调节臂是否从调速杠杆叉槽内滑出,或喷油泵柱塞和调速杠杆是否卡死在最大供油位置。如果飞车发生在刚刚更换喷油泵柱塞偶件后,应检查喷油泵柱塞油量调节臂是否嵌入调速杠杆的叉槽内,还应注意柱塞轴向回油孔是否有加工问题或未钻通。对于齿轮齿杆式喷油泵,在装配时,应检查油量调节齿轮与齿杆装配记号是否对准。

(2)如拧松高压油管接头螺栓后柴油机仍飞车,则是过量机油窜入气缸燃烧而造成的。待制止柴油机飞车后,首先应拨下机油尺,检查油底壳内机油是否过多,如油面过高,应放出过多部分;如不高,则应检查空气滤清器油盘内机油是否过高,如过高,也应放出过多部分,并检查空气滤清器芯内是否沾有大量柴油或机油,若油底壳和空气滤清器油盘内机油油面没有问题,则再检查活塞、缸套,活塞环是否磨损严重,活塞环是否装反或卡死在环槽内等。

在飞车故障原因未找到并排除之前,严禁再次启动柴油机;故障排除后,还应检查柴油机各运动件有无因飞车而损坏,以免产生不必要的损失。

四、柴油机“飞车”故障实例

一台车用X6130柴油机,在运行过程中突然柴油机油门不能回位,即松开加速踏板后柴油机转速降不下来,即发生飞车故障。

根据车主反映,该车行驶约50 000 km,柴油机功率尚可,耗油量、排烟基本正常。通常,引起飞车的主要原因有两个方面:一是喷油泵调速器本身的故障,使其丧失了正常的调速性能,这种情况产生于调速器部分有卡滞、松旷,调速器内腔压力高等不正常现象;另一方面是由于外因而改变了柴油机的调速特性,其特征是喷油泵本身没有故障,而柴油机在运行过程中有额外的柴油或机油进入燃烧室掺入燃烧。

根据以上两方面的原因,首先,对油门拉杆和喷油泵供油调节齿杆进行检查,未发现卡

滞现象,供油调节杆活动自如,其问题究竟在哪里呢?是否是喷油泵调速器的问题呢?此时,车主要求我们先对喷油泵进行检修,以排除故障。

该 X6130 柴油机配装的是杭汽生产的 6 缸 P 型泵 RFD 调速器,拆下喷油泵,在试验台上分别检查喷油泵各工况下的供油量,检查结果为:供油量基本正常,特别是怠速断油转速小于 450 r/min(变速杆置于怠速位置,试验台转速为 450 r/min 时,喷油泵完全停止供油),拆开调速器后壳,未发现异常情况,且拉杆活动自如,无任何卡滞现象。故认为喷油泵性能基本正常,怀疑因喷油泵毛病而引起怠速飞车理由不充分,为此,将喷油泵装上柴油机重新试车,试车结果为:飞车现象依然如故。

为了迅速判断故障的起因,更换了一台新的同一型号的喷油泵,结果飞车现象消失,柴油机一切正常,因此故障由喷油泵导致已明确无疑。当故障的起因确诊为喷油泵而引起时,仍无法迅速找到故障的真正原因,为了慎重起见我们更换了柱塞偶件,出油阀偶件,并重新调整各工况下的供油量,但调整后装车后,柴油机仍然怠速飞车。

故障原因分析如下:

(1)从喷油泵方面来讲,柴油机怠速飞车一般为齿条发卡,柱塞油量调整齿圈固定螺钉松动,怠速不断油或怠速空行程小于 0.5 mm 而引起,而检查的结果均为正常。

(2)从柴油机方面来讲,引起飞车的原因多半为烧机油,如机油油面过高,活塞环磨损,机油进入燃烧室,但烧机油时,排气管一般应冒蓝烟,并伴有其他故障现象,该车无烧机油的特征,且机油液面并未超过规定的上限值。

(3)既然故障已明确出在喷油泵上,而在试验台上又检查不出,则说明有某种因素,只有当喷油泵装上柴油机后就会出现,或说喷油泵在试验台上调整时,与喷油泵在柴油机上工作时其工作条件有哪些不同,就是产生上述故障的原因。根据这一推断,查找后认为唯一不同的条件是喷油泵凸轮轴腔的润滑方式,喷油泵在试验台上调试时凸轮轴腔是加机油润滑,而装在柴油机上是压力润滑。即 X6130 柴油机所用的 P 型泵凸轮轴腔是与柴油机主油道相通的,如低压腔(调速器内)机油压力偏高,势必影响调速器的调速性能,从而导致怠速飞车,但遗憾的是经检查柴油机机油压力一切正常。

(4)柴油机的机油压力正常,表明柴油机本身的润滑系统没有故障,喷油泵内部机油压力是否正常,这是问题的两个方面,进入喷油泵内部的机油,其管路与柴油机其他油道是并联的,压力是一定的(一般为 0.4 MPa ~ 0.5 MPa),而喷油泵内部的机油压力往往要小得多,其压力的大小由喷油泵机油回油螺钉的孔径大小来决定,当因某种原因回油不畅极易造成喷油泵内机油压力升高,从而导致上述故障现象的发生。

通过上述分析,现场检查了喷油泵机油回油螺钉,发现孔内有一异物,回油确实不畅,随即将其取出,并彻底清洗,再试车,柴油机一切正常。

第五章 柴油机主要零部件的检修

第一节 维修工作中的物料

在船机装配工作中，由于机器、零部件安装的密封性、连接的紧固性和调节装配精度等的要求，需要各种不同材质的物料辅助，使机器检修后达到规定的技术要求，恢复其使用性能。

检修工作需要各种材质的物料来完善修理后的装配工作，达到柴油机要求的密封性、坚固性和可靠性。用于检修工作的物料有：

(1)金属材料：碳钢和合金钢的板材、管材等；紫铜、黄铜和青铜；铝合金等；

(2)金属制品：螺栓、螺母、管接头、开口销、垫圈和焊接材料等；

(3)化学品：试剂、清洁剂、药品等；

(4)垫料和填料。

一、装配中需要的垫料和填料

为了满足柴油机密封性的要求，防止漏水、漏油或漏气，在零件连接表面处就要很好地密封。密封的方法有两种：

(1)采用高精度的精加工表面作为零件的配合面，使零件连接后形成精密配合；

(2)在零件连接表面安放具有弹性的垫料或填料。

显然第二种方法是经济的，所以柴油机的许多部位采用垫料或填料的密封连接。例如，气缸盖与气缸套之间用垫片来达到气密的要求、活塞杆与气缸体底板孔之间用填料来密封。

1. 垫料

垫料是用来保证固定连接面之间密封性的材料。一般把垫料直接加在两个连接平面之间。垫料在使用中为了保证获得要求的密封效果应注意以下几个问题：

(1)垫料的形状、尺寸应与固定连接面的形状、尺寸吻合。对于两半式厚壁轴瓦结合面处的垫片不能过大，以免影响轴的运转；对于管子法兰垫片其内孔不能小于管子内径，更不能忘记垫片开孔，否则不仅影响流量，而且还会将油、水、气路堵死。

(2)固定连接面之间安装垫片后，上紧连接螺栓时应仔细和用力均匀，以免垫片位置错动。

(3)为增加垫片与连接面的接触紧密性，可与涂料配合使用。例如，石棉纸板垫片上可涂抹石墨油膏或油脂，纸板垫片可涂机油或石墨粉，橡皮垫片可涂滑石粉，铅板垫片可涂油漆等。

(4)垫料厚薄的选择应取决于连接面之间的间隙、接触面积的大小和连接面的表面粗糙度。尺寸大、粗糙度等级低的应选用厚垫料，压力高的应选用薄垫料。垫料厚薄选用不当将直接影响装配尺寸和机器性能，例如气缸垫的厚薄将影响气缸的压缩比。

2. 填料

填料是用来保证具有相对运动的表面之间密封性的材料。填料装于填料函中,也就是填料填充于有相对运动的零件之间的间隙。要求填料的摩擦阻力小和不损伤零件。

二、常用的垫料和填料

1. 常用的垫料

垫料依其材质的硬度分为软垫料和硬垫料,其性能与用途分别列于表5-1和表5-2中。

表5-1 软垫料

品名	原料与加工方法	性能	用途
石棉纸板	石棉纤维与耐热橡胶的混合物,高压制成	耐高温、绝热性好,可承受1.6 MPa~2.5 MPa压力	用于高温连接部位,不宜与油类接触
橡胶板	橡胶制成	柔软,有弹性,不耐高温,遇油类膨胀	用于冷却水管路上
软木版	橡树类树皮经加压制成	弹性和密封性好,易剪切,耐油,不耐压	用于检查孔盖板处
压缩纸板(或纸板)	造纸原料加压制成	质地坚实,耐一定温度,耐高压,耐油	用于油、水空气管路连接处

表5-2 硬垫料

品名	原料与加工方法	性能	用途
紫铜片	铜皮经退火制成铜片或铜包石棉垫	硬度低、易压合、耐高温	用于空气及油管路,气缸垫
铝板		硬度低、易压合、耐高温	气缸垫
铅板		软、易压合、耐高压、但氧化铅有毒	用于启动空气管路

2. 常用的填料

常用的填料的性能与用途列于表5-3中。

表5-3 常用填料

品名	原料与加工方法	性能	用途
棉质填料	棉纤维或棉绳浸于油脂中煮沸浸透而成	有弹性,柔软和不易硬化	用作机油泵、水泵的填料
麻质填料	麻浸于润滑油脂中煮沸而成	易硬化而失去弹性,组织粗糙,引起较大摩擦,易发热	用于温度和压力均不高的机构
石棉填料	石棉绳浸于油脂中煮沸浸透,再涂以石墨粉而成	紧密、润滑,摩擦小且耐高温,长期使用易失去弹性变硬,应定期更换	用于温度和压力均较高的机构

第二节　柴油机零件清洗

机器拆卸后应对其零件进行清洗,必要时还应对管系进行冲洗。对零件清洗是除去零件表面上的油垢、积炭,铁锈等污物;对管系进行冲洗是清除系统中带入、残存和沉积的杂质污垢。零件表面清洁后便于发现和检测缺陷,测度准确,也为修理和装配提供良好条件,管系清洁,有利于保持润滑油的品质,保证机器的正常运转。为此,要求清洗工作迅速和彻底,对零件无损伤和腐蚀作用,保证零件工作表面的精度。

一、零件的清洗

船机长期运转使其零部件表面不同程度地附有油垢、积炭和铁锈等。为了清除这些污物,常用以下方法清洗:油洗、机械清洗和化学清洗。或者针对零件上不同的污垢有:除油垢、除积炭和除锈等方法。

1. 常规清洗

常规清洗又称油洗,是利用有机溶剂和汽油、柴油或煤油溶解零件表面上油污垢的一种手工清洗方法。清洗时,先将零件浸泡在油中,用抹布或刷子除去零件上的油污。此种方法操作简单,易于实现,使用灵活。对于清洗油污积垢不严重的零件,效果又快又好,船上和船厂广泛采用这种方法,但对积炭、铁锈和水垢无效。但是,此法使用不够安全,应注意防火,尤其汽油容易挥发,容易引起火灾。

2. 机械清洗

利用毛刷、钢丝刷、刮刀、竹板、砂布或油石等进行人工刷、刮、镶和磨的机械方法清除零件表面沉积较重的积炭、铁锈和水垢,再用柴油或汽油清洗干净。常用于清洗柴油机燃烧室件。

此种清洗方法操作简便,使用灵活,适用范围广,对清除零件表面积垢十分有效,广泛用于船上和修船厂。但此法容易损伤零件表面,产生划痕与擦伤,且劳动强度最大。

3. 化学清洗

利用化学药品的溶解和化学作用,清洗除去零件表面上的油、油脂、污垢、漆皮、积炭、水垢和氧化物等。常用于热交换器的清洗。用于化学清洗的清洗剂主要有以下三种:

(1)碱性清洗剂

碱性清洗剂可有效地清除零件表面上的油、油脂污垢、油脂的高温氧化物、漆皮等附着物。根据零件材料不同有不同的配方。例如。清除钢质零件表面油污、积炭和漆皮的强碱性清洗剂配方为:

苛性钠($NaOH$)　60~70 g/L　磷酸钠(Na_2PO_4)　40~50 g/L;
碳酸钠(Na_2CO_3)　50~60 g/L　硅酸钠(Na_2SiO_3)　8~10 g/L;

将零件浸泡在80~90 ℃碱性清洗液中3~4 h后,用压力为5 MPa的清水冲洗干净,但零件表面容易生锈。铸铁、铝和铜等的制件可采用中、弱碱性清洗剂清洗。

(2)酸性清洗剂

酸性清洗剂与水垢、金属氧化物发生强烈的化学反应后,水垢和金属氧化物被溶解或脱落。酸性清洗剂是用无机酸或有机酸配制而成,用于清洗零件上的水垢和铁锈。

(3)合成洗涤剂

合成洗涤剂是近年发展起来的一种现代的新型清洗剂。对于机舱中不同的机器及其不同的脏污有不同的清洗剂。以下列举国外的几种清洗剂。

①"奥妙能"(AMEROYAI)全能清洁剂

全能清洁剂是一种中性多功能水溶性清洗剂,室温下可以迅速清除零件表面上的油污、铁锈、积炭和氧化物。在60~80 ℃下清洗效果更好。

全能清洁剂完全溶于水,无异味和无腐蚀性,但有刺激性,应避免与眼睛、皮肤和衣物等接触,使用时应戴保护镜和手套。

全能清洁剂能有效地清洗涡轮增压器、热交换器、泵和管系等。

②SNC2000 除炭剂

积炭清洁剂具有很强的溶解力,可溶解油、油脂,能渗透和软化积炭(炭、烟灰、泥垢等)但不能溶解积炭,积炭软化松动后用水冲掉。较小零件一般浸泡4~8 h,可使积垢完全溶解与松动,零件上积垢严重时,可在加热至55~60 ℃的除炭剂中浸泡24 h(最长)后,即可用水冲掉或用刷子刷洗,再用压缩空气吹干。大型固定件可刷洗清除积炭。表5-4中列出几种清洗剂。

表5-4 几种清洁剂的特性、使用方法及用途

名称	特性	使用方法	用途
多用途油污清洁剂(DEGREASER AP)	溶于水,使用安全,不需水冲洗,清洗时间短	擦抹和喷刷,纯清洁剂可与海、淡水混合使用	用于清洗舱底类油、油泥,清洁零件表面油污
快速清洁剂(QUICK SEPARATING DEGGREASER)	可溶性乳化清洁剂,具有特殊的清洁特性,快速分解,不损伤零件	用淡水或海水稀释。注意勿与眼睛、皮肤接触,勿吸入肺部	用于清洁机舱、舱底等出的污油
"奥妙能"净油机叶片清洁剂(DISC CLEANER)	完全溶于水,无腐蚀性,使用安全	室温浸泡或加热至50-60℃使用更佳,最后清水洗净零件	清除净油机叶片上的炭渣等沉积物
"奥妙能"油和油脂清洁剂(DRAW OIL AND GREASER REMOVER)	中性,无毒,不损伤零件	未经稀释或以稀释清洁剂刷、抹零件脏污表面,最后用水冲洗	除机器、零件、工具缓和甲板、舱壁的油、油脂等脏污

使用清洗剂应注意的事项:

a. 选用清洗剂时应选用对人体健康无损害的清洗剂。还应注意有的清洗剂是易燃液体,因此在使用、储存时严格按照说明书的要求操作。

b. 船用清洗剂应满足下列安全因素:闪点>61 ℃;不含苯、四氮化碳、四氯乙烷、五氮乙烷和其他有毒成分的化学品。

c. 清洗时,工作场所应通风良好,要求佩戴保护器具,以减少与皮肤和呼吸道的接触。

d. 依清洗目的选用清洗剂,选用时认真查看商标或产品说明。

e. 使用乳化型清洗剂后不允许将其排入舱底或机器处所,因为许多清洗剂都会引起油水混合物乳化，或者几种不同品种的清洗剂同时排入机舱舱底，可能产生永久性乳化状油污水混合物，以致会造成分离设备不能正常运转，从而造成海洋环境的污染。

国际海事组织（IMO）的海上环境保护委员会经多次讨论研究，通过了“船舶机舱处所洗涤用的清洗剂”报告，制订出保护海洋环境的新措施。

二、管系的清洗

任何新造或修理后的发动机，在启动运转前都必须冲洗其各种油或水的系统。为了保护发动机的零部件及其正常运转，启动前应认真、细心地冲洗主滑油系统、凸轮轴滑油系统和燃油系统。

当一台新造柴油机或一台完成大修的柴油机启动投入运转前，不论是在造机厂、修造船厂还是船上，都应该注意柴油机的各种油系统的清洁，以免留下后患。因为船舶建造或修理时各种作业，如船体喷砂、舱盖焊接等不利于主柴油机的装配工作，落下的灰尘、焊渣、粉末等会进入机器、油箱和管系。在管子制造和管系组装时也可能带入灰尘、污物颗粒。经过长期运转的柴油机各种油系统中还会有污物积存，甚至沉积在管壁上。因此，柴油机启动时必须进行油系统的专门冲洗，以保证各个系统的清洁，尤其是润滑油系统的清洁最为重要。

通常，柴油机的主滑油系统采用标准润滑油进行清洗，燃油系统采用柴油进行清洗。

主滑油系统脏污和润滑油不清洁将造成配合件的磨损加剧和其他故障。造成主轴承、十字头轴承、连杆大端轴承和各种轴承的损伤和轴颈的磨损，破坏润滑油膜，引起抱轴、拉缸等故障发生。清洗主滑油系统是为了彻底清除管路中残存的杂质、污物颗粒以及管壁上的污垢，防止它们进入轴承等配合件中，确保柴油机安全、可靠地运转。柴油机主润滑系统清洗时应注意以下问题：

（1）准备工作

主滑油系统清洗前最主要的准备是，首先清洁主柴油机的内部和链条箱的内部等，可用连接到主滑油管上的软管进行冲洗。然后清洁主柴油机外部管路中的污物，通过滤器和分油机进行清除。但应注意，柴油机外部滑油管路清洗一定要与其内部滑油管路分开来，绝不允许清洗外部管路的油液流经主机。

（2）管口的堵塞

堵住连通到曲柄箱的各主轴承的滑油支管，使滑油不能进入各主轴承、链条箱轴承和喷嘴、推力轴承和十字头轴承、纵振和扭振减振器、力矩平衡器和增压器轴承。图 5－1 为 MAN B&W 型柴油机主滑油系统清洗时堵塞管目的示意图。

①主轴承滑油旁通盲板；

②十字头轴承旁通盲板；

③堵塞到主链轮轴承和喷嘴的油管；

④堵塞到推力轴承的油管；

⑤堵住或旁通纵振减振器油管；

⑥堵住扭振减振器油管；

⑦堵住前力矩平衡器驱动轮的油管；

⑧堵住或旁通增压器油管；

⑨堵住液力张紧轮的油管；

⑩堵住 PTO－PTE 动力齿轮的油管。

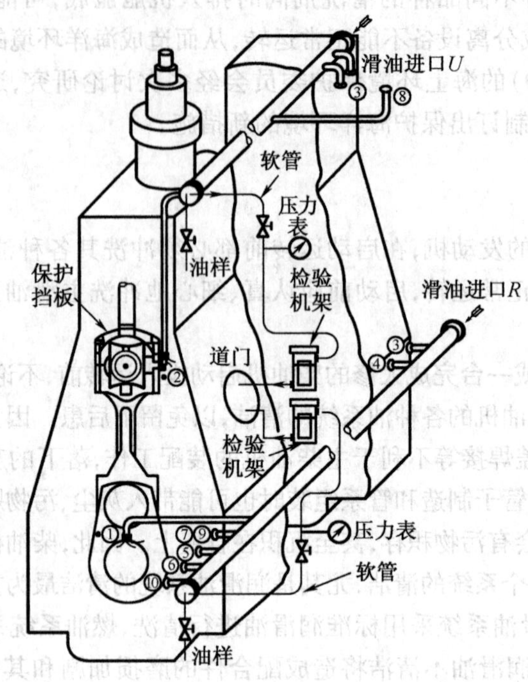

图5-1 MAN B&W 型主柴油机主滑油系统清洗时管口堵塞示意图

(3)保护十字头轴承

由于十字头轴承上盖设计成开式,在主机安装过程中和整个清洗过程中均应将其盖住,以防脏污物落入轴承。

(4)振动或敲击管系

清洗期间,为了使沉积于管壁上的污垢松动,采用便携式振动器或手锤敲击管子,然后将脱落的污物清除。

(5)清洁油柜和管端

清洗时应注意清洁油柜和管端,因为滑油中的颗粒和污物会沉淀在油柜底部和管端,如果不被清洁,当柴油机运转时,滤器就会频繁堵塞。这是由于油温升高或船舶的摇摆倾斜,沉淀在油柜底部的题粒、污物与油再次掺混所致。

(6)润滑油的温度和流速

清洗时,应将润滑油加热至60~65 ℃为宜。为了造成管系内润滑油的充分扰动,滑油应以一定的流速流经主滑油系统。

第三节　气缸盖的检修

气缸盖是柴油机的固定件和燃烧室的组成部分。气缸盖上安装着喷油器、气缸启动阀、安全阀和示功阀等,筒状活塞式柴油机缸盖上还装有进、排气阀,二冲程直流扫气式柴油机气缸盖上装有排气阀。此外,气缸盖内部有各种气道和冷却水空间。船用柴油机气缸盖的结构形式繁多,随机型而异,但共同特点是结构复杂、孔道较多、壁厚不均。

气缸盖的工作条件极其恶劣。气缸盖底面为触火面,直接与高温、高压燃气接触,承受较高的周期变化的机械负荷与热负荷、燃气腐蚀与冲刷，产生很大的机械应力与热应力。冷却面承受机械应力与腐蚀。气缸盖螺栓预紧力使气缸盖受到压应力，在气缸盖截面变化处还会产生应力集中。

气缸盖常见的损坏形式有底面和冷却侧表面的裂纹、冷却侧表面的腐蚀、气阀座面和导套的磨损等。

一、气缸盖裂纹的检修

1. 气缸盖裂纹的部位

(1)气缸盖底面裂纹

裂纹一般产生在气缸盖底面阀孔的边缘过渡圆角处和阀孔之间，即有应力集中的部位。具体裂纹部位将随机型、气缸盖结构和材料的不同而异。

Sulzer RD 和 RND 型柴油机气缸盖裂纹大多发生在中央小缸盖底面上喷油器孔、启动阀孔和安全阀孔周围的过渡圆角处，且沿径向扩展；在大缸盖底面上产生圆周向裂纹，如图 5 - 2(a)所示。目前，柴油机气缸盖多为钻孔冷却结构，冷却效果较好，一般较少产生裂纹。

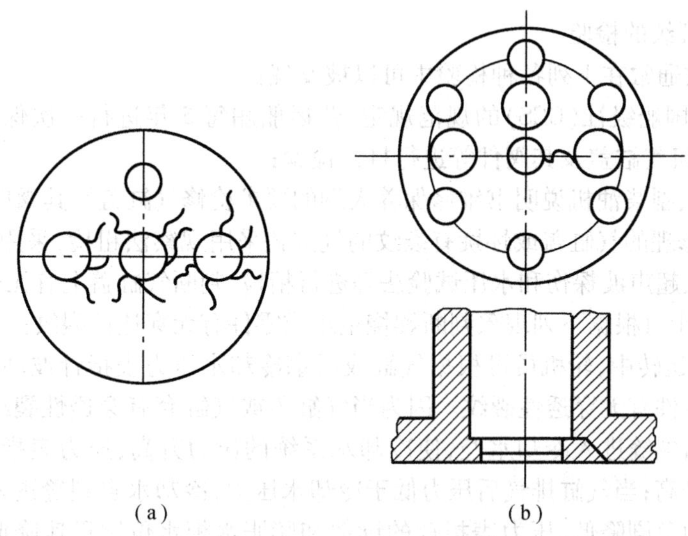

图 5 - 2　柴油机气缸盖裂纹位置图

船用四冲程柴油机气缸盖结构复杂，底面上分布着进、排气阀孔、喷油器孔和示功阀孔等，气缸盖的强度被严重削弱，且由于各处壁厚不等、温度不均，以致在底面上孔之间、阀座面上容易产生径向裂纹，裂纹大多自中央的喷油器孔向周围其他孔扩展，如图 5 - 2(b)所示。

(2)气缸盖冷却侧裂纹

对于老式气缸盖，因其冷却侧有环形冷却水道，一般多在冷却水道的环形筋的根部有应力集中处产生裂纹，并且沿圆周方向向深度(即向底面)扩展，甚至使气缸盖裂穿漏水或者在阀孔壁上产生裂纹，如图 5 - 3(a)所示。

对于新式钻孔冷却的气缸盖，在冷却水侧钻孔处产生裂纹，并且扩展至底面，如图 5 - 3(b)所示。这种裂纹是淡水中的防腐剂浓度不合适和不良燃烧或者是钻孔冷却区的微生物腐蚀引发的裂纹。某新造船舶主机运转6个月后产生上述裂纹。

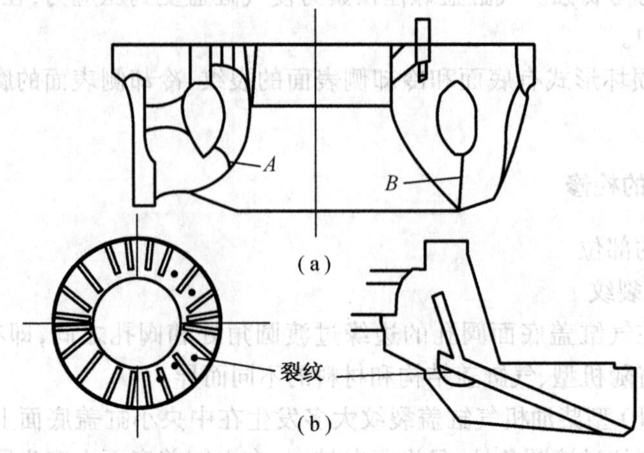

图5-3 汽缸盖冷却侧裂纹

(a)气缸盖环形冷却水侧裂纹;(b)气缸盖冷却水钻孔处裂纹;A、B. 裂纹

2. 气缸盖裂纹的检验

气缸盖裂纹通常在下列各种检验中可以被发现:

(1)根据中国船级社(CCS)的规范规定:营运船舶每5年进行一次保持船级的特别检验,其中对柴油机气缸盖及其阀件等进行打开检验;

(2)按照主、副柴油机说明书维修保养大纲的要求检修气缸盖及其阀件等;

(3)新造、修理的气缸盖或怀疑有裂纹的气缸盖采用观察法粗检,采用无损探伤如渗透探伤、磁粉探伤、超声波探伤和水压试验法等进行精检,判断气缸盖上有无裂纹。

另外,航行中可根据下列现象判断燃烧室组成零件有无穿透性裂纹:

(1)柴油机运转中,轮机员可根据气缸或活塞冷却水压力表指针波动或膨胀水柜水位上下波动判断零件有无穿透性裂纹。因为当气缸盖或气缸套有穿透性裂纹时,燃烧室中的高压燃气就会沿裂缝进入冷却水腔,使冷却水系统的压力升高,压力表指针的读数增大和膨胀水柜水位升高;当气缸排气后压力低于冷却水压力,冷却水自裂缝进入气缸大量泄漏,造成冷却水压力急剧降低,压力表指针的读数和膨胀水柜水位则迅速降低。此外,还可从冷却水温升高,淡水消耗量增加,扫气箱有水流出,膨胀水柜的透气管有气泡冒出和冷却水中有油星等现象进一步判断。至于是燃烧室中哪个组成零件裂穿则需进一步检查。

(2)启动前进行转车和冲车时,轮机员应打开示功阀观察有无水气或水珠喷出。如有水气或水珠喷出,表明燃烧室零件有穿透性裂纹或喷油器冷却水漏泄。此种情况应进一步检查和处理,否则缸内积水较多直接启动就会造成水击事故。

(3)曲柄箱(或循环油柜)中滑油量不正常增多或滑油中水分明显增加,或滑油迅速乳化变质,均表明由于燃烧室组成零件有穿透性裂纹使冷却水大量混入。

(4)吊缸检修时,轮机员应认真仔细观察各个零件,如发现活塞、气缸套或气缸盖工作表面有锈痕,或活塞顶部积水等,说明燃烧室组成零件有穿透性裂纹。

3. 气缸盖产生裂纹的原因

气缸盖产生裂纹的根本原因是热应力和机械应力周期作用引起的热疲劳、机械疲劳或高温疲劳,或者是综合的疲劳破坏。在柴油机运转过程中气缸盖产生裂纹的直接原因是轮机员的操作管理不当,维修保养不良所致。而设计不合理、材料内部缺陷和加工制造问题不是首先要检查的,因为一般说来制造厂对这些问题均已妥善解决,其产品也是久经考验的。

(1)操作管理不当

轮机员操作管理不当将会造成零件过热,机械应力或热应力过大引起机械疲劳或热疲劳。柴油机冷车启动或启动后加速太快,使气缸盖等零件触火面与冷却面的温差过大,热应力增加;柴油机频繁启动、停车或长时间超负荷运转使机械应力和热应力增加;冷却和润滑不良或中断、停车后立即切断冷却水等都会使零件过热,热应力增加。

(2)维护保养不良

轮机员未能按照说明书维修保养大纲的要求进行定期吊缸检修,不能及时发现问题和加强保养;柴油机长期运转,对冷却水不进行投药处理或处理不当致使冷却水腔积垢严重,影响零件散热产生过大的热应力;安装气缸盖时未按照说明书的要求上紧气缸盖螺栓或各螺栓受力不均,使气缸盖产生过大的附加应力等。

所以,轮机员在轮机管理工作中应按照规定操作、保养,不使零件因管理不正确产生过大的机械应力或热应力而损坏,这也是衡量轮机员业务素质和技术水平的标准。

4. 气缸盖裂纹的修理

气缸盖上的穿透性裂纹和关键部位的严重裂纹都必须采用换新办法处置。如果船上无备件则只能采用封缸办法,实行减缸航行的应急措施。

为了延长气缸盖的使用寿命,需对缸盖上的裂纹进行修理。修理前先进行无损探伤查明裂纹的部位、尺寸和深度等,然后再依此和缸盖材料、结构选用下列不同的修理方法:

(1)裂纹微小时采用锉刀、油石和风砂轮等工具打磨裂纹处予以消除,经无损探伤或水压试验检验合格后继续使用。否则,继续打磨、检验。若裂纹较深达壁厚的3%以上时,停止打磨改用其他方法修理或报废换新。

(2)金属扣合法。气缸盖底面和其他部位的裂纹采用金属扣合法修理,不仅保证零件的强度要求,还可满足密封性要求。

(3)焊补。当裂纹较小时先铲去裂纹再焊补。为了获得良好的焊补质量,应制订严格的焊补工艺和选用合适的焊补方法。

(4)镶套修理。对于孔壁上的裂纹,如气缸盖上的进、排气阀孔壁和喷油器孔壁的裂纹采用镶套修理,如图5-4所示。此法效果好,可使零件继续使用2年以上的时间。衬套的材料一般为不锈钢或青铜、衬套端部与阀孔底部间垫以紫铜垫片以增强密封性。

(5)胶黏剂修理。对于气缸盖、气缸套上的裂纹或铸造缺陷(砂眼),依其部位和工作条件选用有机或无机胶黏剂进行修理。

(6)覆板修理。气缸盖外表面裂纹可采用覆板修理。修理时,先在裂纹两端钻止裂孔,涂胶黏剂(如环氧树脂)后将钢板覆盖其上,用螺钉将钢板固紧在气缸盖上。

以上修理气缸盖裂纹的方法亦可用于修理其他有裂纹的零件,应依零件的具体情况选用。修理后,对有密封性要求的零件进行液压试验以检验修理质量。例如,对气缸盖进行0.7 MPa压力的水压试验。

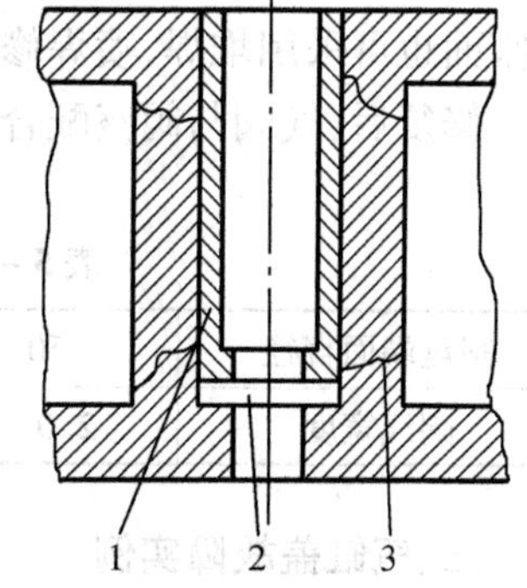

图5-4　气缸盖阀孔裂纹镶套修理图

1—衬套;2—紫铜垫片;3—裂纹

二、气缸盖气阀座面的检修

气缸盖上的进、排气阀长期工作使阀座面产生磨损、烧伤和高温腐蚀，破坏了阀与阀座的密封性，并影响柴油机的工作性能。

1. 气阀座面磨损的检修

气阀座面磨损后阀线变宽、中断或模糊不清，气阀关闭不严，产生漏气。原因是高温下阀座面不断受到撞击，座面金属产生塑性变形和表面拉毛；高压下阀与阀座的配合面产生微小相对运动使之磨损，当配合面间有炭粒和金属屑等机械杂质时磨损更加严重。

在船上条件下，大型低速柴油机气阀磨损后用随机专用磨床研磨修复，座面亦用专用工具研磨。中、高速柴油机进、排气阀与阀座的配合面磨损后可采用手工研磨修复。对于铸钢气缸盖座面磨损严重时，允许采用堆焊修复。中、小型柴油机气阀配合面磨损较轻时采用互研，将气缸盖拆下，底面朝上放于平地上，气阀插于阀孔中，用橡皮碗吸住阀盘底平面，并在阀与阀座配合锥面间放入少量研磨剂或机油进行互研；阀座面磨损较严重时先机械加工座面或更换座圈后再与阀互研。

对于中、小型柴油机气阀与阀座互研后密封性的检查方法有以下几种：

(1)在气阀锥面上用铅笔每隔 3 ~ 5 mm 画一条线，然后将阀装入阀座，压住阀盘并转动 90°。取下气阀观察其上的铅笔线，若全部被擦掉，表明密封性良好，研磨质量高。

(2)将气阀装入阀座，手动使之起落数次敲击阀座，若座面上呈现一连续光环，表明气阀与阀座密封性良好。

(3)将气阀装入阀座，在阀座坑内阀盘底面上倒入煤油，5 min 后擦净煤油并迅速提起气阀，观察配合面上有无渗入煤油，没有煤油渗漏，表明密封性良好。

上述检查均是在气缸盖底面朝上放置时进行的，检查配合面密封性是研磨的后续工作。

2. 气阀座面烧伤、腐蚀的检修

烧伤和腐蚀大多发生在排气阀座面上，主要是由于座面的变形、磨损、积炭和座面裂纹等引起气阀关闭不严，高温燃气漏泄使阀座过热和金属元素烧损；或因阀座过热和燃用重油发生高温钒腐蚀，阀座面产生麻点、凹坑，甚至局部烧穿。

阀盘座面上的腐蚀和烧伤的麻点，凹坑可机械加工消除，然后用专用磨床修磨，或采用堆焊、喷焊工艺修复。阀座面的腐蚀、烧伤可用机加工或手工铰削修复，大型柴油机的排气阀座面也可采用堆焊、喷焊修复。损伤严重时应更换座圈。

修复后，气阀与阀座配合面上的阀线宽度应符合表 5 - 5 规定。

表 5 - 5 规定的阀线宽度(CB/T 3503 - 93, mm)

阀盘端面直径	<50	>50 ~ 75	>7 ~ 125	>125 ~ 175	>175 ~ 250	>250
阀线宽度	2.0	2.5	3.0	4.0	4.0	4.0 ~ 6.0

三、气缸盖故障实例

1. MAN B&W 10L80MC 主机气缸盖裂缝

(1)故障经过

某轮是一艘集装箱船，可装载 3800 只的标准箱，于 1994 年在日本川崎船厂制造，MAN

B&W 10L80MC 机型的主机，10 只缸，缸径为 800 mm，冲程为 2 592 mm，额定功率为 46 700 kW，营运转速为 89 r/min，最大爆炸压力为 13.7 MPa。在运行四万小时左右，气缸盖在几个月时间里，先后有四只气缸盖产生裂缝。

1999 年 11 月某日该轮停靠在青岛港，预计停靠几个小时。完车后，值班轮机员按轮机长的交代，把主机的示功考克和扫气箱放残阀打开，并给主机暖缸，其他处于备车状态。完车大约几个小时后，主机扫气箱放残收集柜(2.5 m)高位报警，但没有引起值班人员重视，只是通知主管轮机员扫气箱的污油柜已满，开航时要驳掉。

在开航备车时，主机进行冲车，发现 5# 缸的示功考克有水气冲出，以为是空气中的水分，而且主机在运行中(转速为 88 r/min)除了缸套冷却水压力(0.3 MPa)有点波动，其他的参数正常。三天后抵靠香港，轮机长督促大管轮对主机扫气箱进行检查，大管轮在检查扫气箱时，发现 5# 缸扫气口有水流出，仔细检查，气缸里如下小雨一样(活塞正好在下死点)，这意味着缸套或是气缸盖裂缝漏水。轮机长得知情况后，下机舱检查确认，但一时判断不出是哪一个部件漏水。由于在香港停靠时间短，即向公司安技科汇报，要求修船厂上船协助查找并更换损坏部件。

公司安技科安排香港合兴船厂上船，对 5# 缸进行吊缸检查。气缸盖吊出后。发现气缸前半壁中下部有黄水和锈斑痕迹，而气缸盖燃烧室表面一层炭黑看不出有裂缝漏水的痕迹。所以起初怀疑是气缸套裂缝，但又一时找不到裂缝的位置，倘若更换缸套将要花几个小时而影响开船时间。因而船上与修理厂商讨，以先易后难逐一排除的办法，先用两个小时左右时间更换气缸盖，按时离泊，如果还是漏水的话，到锚地再更换缸套也不迟。经过两个多小时的拆装，5# 缸的气缸盖更换完毕，开始压水试验检查不漏，说明是气缸盖裂缝漏水(并喷射到缸套前半壁形成黄水锈斑的假象)。那么，气缸盖的裂缝部位在什么位置呢？船离开香港正常航行后，轮机人员准备用水压查漏，但由于气缸盖有四个进水口、排气阀冷却水腔和出水口，另一方面气缸盖很大，不容易把水口闷住。因而轮机人员索性把气缸盖所有的附件拆除，把气缸盖"底朝天"，燃烧室表面用钢丝刷彻底清洁，发现在两只油头的喷雾方向，有两只呈扇形状的凹坑，面积大约为 100 × 200 mm，再仔细检查后一只的凹坑，有一条约 20 mm 的裂缝。这种情况先后在 3#、8#、9# 缸发生同样情况(气缸盖裂缝漏水)，影响船舶安全航行。

(2)分析与处理

①原因分析

从气缸盖呈扇形的凹坑情况来看，裸露的金属表面是比较光滑，而且成有规则的波浪形，凹坑的状态犹如"滴水穿石"的现象，裂缝在波谷最深处。从清洁下来的燃烧产物和腐蚀产物看是高温腐蚀的症状。那么，这种呈扇形的凹坑如"滴水穿石"的高温烧蚀是如何引起的呢？该机型喷油器喷油嘴的下部分(喷油嘴孔)是伸进在气缸盖的燃烧室里，伸进燃烧室部分的大小就直接影响雾化的油束与气缸盖表面的距离，如果该部分过小，那么部分雾化的油束就会喷射到气缸盖内壁顶部，这部分燃油不是雾化状态，而形成线条状。由于雾化的油束压力高达 32 ~ 35 MPa，喷射速度快，一方面会使喷到气缸盖内壁顶部区域的燃油燃烧温度突然升高，使之承受超大应力和热负荷；另一方面燃烧产物中所含五氧化二钒很容易造成高温腐蚀，那么时间一长，就在气缸盖上沿着燃油雾化的油束方向(燃油喷射到气缸盖内壁顶部上)产生凹坑。当这个凹坑深度达到一定时，气缸盖的局部承载强度就大大地减弱，在大负荷高爆压(13.7 MPa)情况下(该高压油泵是采用 VIT 机构，在高负荷时，供油提前角随油门变化而变化,保持最高爆压恒定),承受热应力和机械应力而产生疲劳裂缝。一般来说,每一种机型的气缸盖可允许烧蚀凹坑,在一定的程度内不影响安全运行。MAN B&W 10L80MC 机型的气缸盖凹坑,可允许使用极限深度在 8 mm 以内。但从该轮有裂缝的气缸盖,经测量凹坑最深度已达 12 mm,那么在凹坑的波谷深处产生裂缝就毫无疑问了。

从该轮的油嘴使用情况来看,在备件中油嘴的长度共有长、短两种,长的油嘴规格有三种:

a. 7. 0 × 140 L = 64. 5 mm;

b. 6. 0 × 140 L = 64. 5 mm;

c. 6. 1 × 140 L = 64. 5 mm(标号 53AD9605—14292)。

短的油嘴规格有两种:

a. 6. 0 × 140 L = 57 mm;

b. 6. 1 × 140 L = 57 mm。

经查长油嘴 64. 5 mm 是最近两年订购来的备件,而装机上使用的油嘴大多是短油嘴 57 mm,长油嘴与短油嘴长度相差 7. 5 mm。另外,据原机出厂时,配用的油嘴只有 L = 52 mm。实践证明使用短油嘴时,部分雾化的油束会喷射到气缸盖内壁表面上,而长油嘴就没有此现象,说明制造厂已发现该油嘴设计上有缺陷(过短 52 mm),进行了逐步改进加长到 64. 5 mm。比如,一艘该轮的姐妹船,在 1997 年开始使用长油嘴(以前也是使用短油嘴 57 mm),经吊缸检查,气缸盖上虽然也有凹坑,使其深度只有 5 mm 左右未到极限,至今还未发现气缸盖裂缝。此外,油头若是长时间未拆出清洁、泵压检查或者是油头雾化不好滴油时,那么在运行中,油嘴容易结炭而影响燃油雾化的方向,同样有一部分油雾也会直接喷射到气缸盖内壁上,也会造成高温腐蚀产生凹坑。

后来该轮主机进行逐步吊缸检查,各个气缸盖都有雷同情况,凹坑深度达到 8 mm 以上,因而该轮就难免在几个月时间里,相继有四只缸气缸盖产生裂缝,而且其他六只缸也要进厂补焊修理解决。

②应急措施

船上常规备用一只主机气缸盖,如果只有一只气缸盖产生裂缝的话,就更换备用没有什么问题。但该轮 5#气缸盖产生裂缝更换备用的气缸盖后,没有多长时间(一个月左右),3#缸又发生裂缝。

订购的备件未送船和换下来的气缸盖还没有送修理厂补焊,那么只能由船上采取临时应急措施,补焊解决,做法如下:先把有裂缝的气缸盖附件拆除,而后用行车把气缸盖翻身“底朝天”,对凹坑四周用钢丝刷、砂纸彻底清洁干净,然后用小砂轮把凹坑的波浪打掉磨平,尽量在裂缝处用砂轮磨出一条小“V”形槽,按照主机缸头焊补工艺的要求准备好气焊枪进行预热和应力处理,而后用耐腐蚀合金钢焊条(船上一般没有,就临时用不锈钢或者是普通的焊条)直径选大一些(3 ~5 mm 左右),起初用 120 A 左右的电流对裂缝“V”槽进行补焊,去除焊渣并用小砂轮磨平,随后用更大的电流进行逐层补焊,直到把凹坑补满,去除焊渣,并磨平和应力消除(保温—退火),装复后投入使用。

该轮经过船上自行补焊气缸盖的裂缝,可以维持正常使用两千多小时没有问题。只有这样临时补焊的应急措施,后来才能把裂缝的气缸盖逐步送厂修理解决,不影响主机正常航行。

③日常管理

该轮的主机气缸盖的裂缝除了与油头上的油嘴长度直接有关外，还与油头的雾化质量以及燃油的质量有关。

因而，在日常维护管理中，对油头的雾化质量要定期地检查，虽然MAN B&W 10L80MC机型说明书的要求，对喷油器保养周期在6 000小时左右，但在具体运行中，随着燃油的质量日益变差，每次在3 500小时左右拆检油头时，油嘴结炭比较严重，何况以前在5 500小时左右拆检油头。另一方面随着主机的运行，缸套磨损量的变大，对油头的雾化质量也就要求越高，因此要缩短油头的拆检周期，建议在3000小时左右拆检，至少可以把油嘴的结炭去除掉。

其次，是燃油的加热温度。该机型主机燃用IF380CST的油品，但经查该轮的燃油进机温度在126～130 ℃，根据燃油温黏特性可查到，要把燃油进机的黏度控制在12CST左右，燃油温度必须加热到138 ℃以上，况且如今燃油IF380CST的质量比较差，因而要保持燃油加热温度，在进机时至少在135 ℃以上，才能使燃油雾化的质量提高，减少油嘴的结炭。

此外，上述的长油嘴64.5 mm有三种规格，主要是油孔的直径不一样，但在实际使用中，主机在低速或更新油嘴使用一段时间温差较大（80 ℃）外，高速时温差很小，一般在20 ℃以内，所以三种规格的长油嘴都可以用（但力求使用同一种规格的油嘴），避免再使用短的油嘴。

在每次主机吊缸时，装复气缸盖之前，不应仅把气缸盖与缸套接触表面清洁一下，而忽视了气缸盖燃烧室表面的清洁，以至于表面烧蚀和高温腐蚀产生的凹坑被炭灰掩盖就很难发现，待到气缸盖裂缝漏水才发现，那未免太迟了。因而缸盖的燃烧室表面也要一道清洁，仔细检查，尤其是油嘴孔和其他附件孔的周围，如果发现有烧损凹坑，要进行修理，烧损凹坑较浅，但有波浪或者有尖锐边缘，要把波浪形磨平或者把尖锐边缘磨成弧度（大于4 mm半径弧度），应该对烧损进行修整，防止出现裂痕。该轮的主机缸盖裂缝的情况就是很好的事例。

第四节　气缸套的检修

目前，船用大型低速二冲程柴油机主要采用长冲程或超长冲程直流扫气的换气形式，其气缸套较长（S/D＝2.5～5.0，S为冲程，D为缸径），中下部有一圈气口；老式弯流扫气的气缸套下部有两排气口。四冲程柴油机筒形气缸套结构简单，有干式、湿式之分。

气缸套是柴油机重要而又易于损坏的零件。气缸套上部内表面是燃烧室的组成部分，直接受到燃气的高温、高压和腐蚀作用，与活塞组件的相对运动使其承受侧推力和强烈地摩擦，气缸套外圆表面与气缸体内壁组成冷却水腔，受到穴蚀和电化学腐蚀作用。

常见的气缸套损坏形式有：内圆表面的磨损、腐蚀、裂纹和拉缸；外圆表面的穴蚀和裂纹。

根据中国船级社对营运船舶保持船级的特别检验要求，对船舶主、副柴油机气缸套进行打开检验；柴油机说明书维修保养大纲要求8 000 h对气缸套进行一次检修，此外每当吊缸时均应检测气缸套的损坏情况。

一、气缸套磨损检修

新造气缸套内孔具有一定的尺寸精度、几何形状精度和粗糙度等级。一般几何形状的加工误差，如圆度误差和圆柱度误差应在0.015～0.045 mm以内，粗糙度在R_a 0.4～R_a 1.6 μm之内。气缸套安装到气缸体上后几何形状误差增大，圆度误差和圆柱度误差应控制在0.05 mm以内。柴油机运转时，活塞运动部件在缸套内作往复运动使缸套内圆表面产生不均匀磨损，壁厚减薄，圆度误差和圆柱度误差大大增加。通常，当缸套磨损量超过(0.4%～0.8%)D时，燃烧室就失去密封性。所以，气缸套过度磨损会使其工作性能变坏，柴油机功率下降和导致其他零件的损坏。

轮机员应该依照说明书的要求和柴油机的运转情况对气缸套磨损进行检测，掌握和控制气缸套磨损状况，防止发生过度磨损。气缸套内孔磨损标准如表5－6所示。

表5－6 规定的气缸套内孔磨损极限(CB/T 3503－93，mm)

气缸套内径	内径增量	圆度、圆柱度
85－200	0.60	0.10
>200－300	1.00	0.15
>300－400	1.50	0.23
>400－500	2.00	0.28
>500－600	3.00	0.35
>600－700	4.00	0.45
>700－800	5.00	0.60
>800－900	5.70	0.65
>900－1000	6.40	0.70
>1000－1100	6.80	0.75

大型低速柴油机铸铁气缸套的正常磨损率应小于0.1 mm/kh，镀铬气缸套正常磨损率在0.01～0.03 mm/kh范围之内。

1. 气缸套内圆表面磨损测量

目前，无论是在船上还是在船厂检测气缸套内圆表面的磨损情况均是利用一般的量具，如内径千分尺、内径百分表或随机专用内径百分表。通过测量缸径和计算圆度误差、圆柱度误差或内径增量，磨损率并与说明书或有关标准进行比较，最后作出能否继续使用的判断。

(1)测量部位

测量气缸套内径是在沿气缸套纵向几个确定的测量点的横截面上测量首尾方向($y-y$，即平行曲轴方向)和左右方向($x-x$，即垂直曲轴方向)的气缸直径，如图5－5所示。

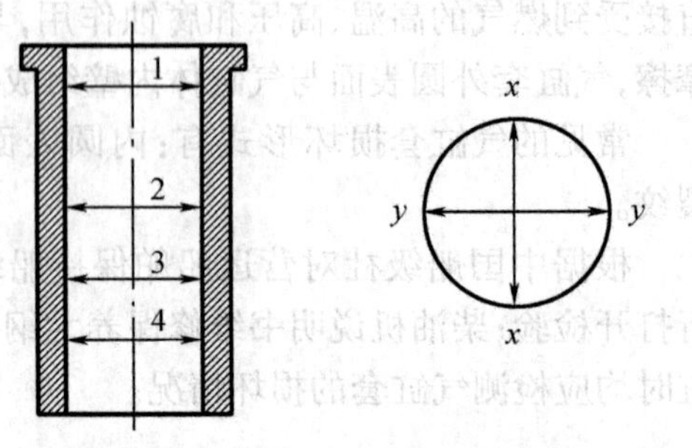

图5－5 气缸套测量部位示意图

中、小型四冲程筒形活塞式柴油机如无测

量用的定位样板又缺少说明书等资料时,可参考以下四个位置进行缸套磨损测量:

①当活塞位于上止点时,第一道活塞环对应的缸壁位置;

②当活塞位于行程中点时,第一道活塞环对应的缸壁位置;

③当活塞位于行程中点时,末道刮油环对应的缸壁位置;

④当活塞位于下止点时,末道刮油环对应的缸壁位置。

还可以根据气缸套磨损规律在以下部位测量缸径:

①活塞位于上止点时,第一道活塞环对应的缸壁位置;

②第一道环分别在活塞行程的10%、50%和100%的位置;

③第一道环在距气缸套下端5~10 mm的位置。

除上述规定点外,还可依气缸套长短和要求,在气缸套上适当部位增加测量点。大型二冲程柴油机气缸套磨损测量部位一般在柴油机说明书中有明确规定,并有随机测量用的定位样板。测量时,只需将样板分别安放在气缸套的首尾方向和左右方向的位置上,依样板上的定位孔确定的各测量截面,测量其相互垂直的两个缸径。图5-6为MAN B&W MC/MCE型柴油机气缸套测量位置,具体尺寸见表5-7。依此可测量缸套各点的直径,或依此制作测量定位样板。

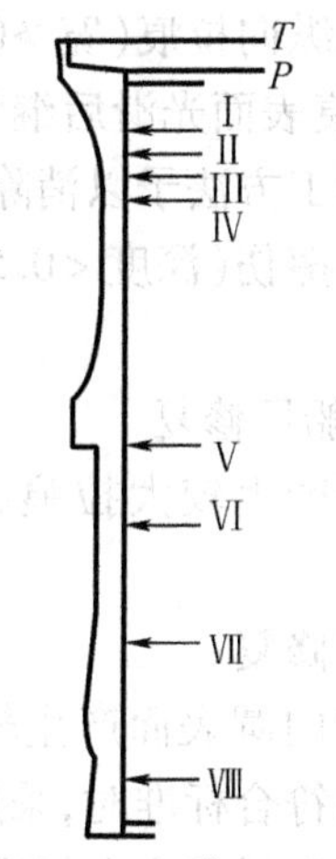

图5-6　MAN B&W MC/MCE型柴油机气缸套测量位置图

表5-7　MAN B&W MC/MCE型柴油机气缸套磨损测量点的位置(mm)

机型		S26	L35	L42	L50	L60	L70	L80	L90	S50	S60	S70	S80	K80	K90-2	K90
T-P		15	8	23	30	30	30	30	30	30	30	30	30	30	30	30
P-Ⅰ		35	15	55	60	83	97	108	124	53	74	87	96	75	75	99
至Ⅰ的距离	Ⅰ	0	0	0	0	0	0	0	0	0	0	0	0	0	0	0
	Ⅱ	15	20	20	26	30	34	40	40	26	30	34	40	40	40	40
	Ⅲ	30	40	40	51	60	68	80	80	51	60	68	80	80	80	80
	Ⅳ	45	60	60	77	90	102	120	120	77	90	102	120	120	120	120
	Ⅴ	370	320	390	500	550	700	800	900	790	948	1106	1264	800	900	900
	Ⅵ	420	450	580	700	830	980	1125	1375	830	1000	1170	1340	1000	1012	1110
	Ⅶ	750	800	1070	1200	1480	1759	2037	2975	1476	1806	2139	2472	1755	1732	1970
	Ⅷ	1040	1130	1440	1720	2060	2397	2741	3320	2010	2410	2810	3210	2280	2280	2530

(2)测量、记录与计算

测量时应准确记录各测量点的数据,依此数据计算出各横截面的圆度并求出最大圆度;计算出首尾、左右两个纵截面的圆柱度并找出最大圆柱度;计算出内径增量;与上一次测量比较,确定两次测量的间隔时间以便计算出这一段时间内缸套的磨损率。

将计算出的最大圆度、最大圆柱度或最大内径增量与说明书或标准比较，以确定磨损程度和修理方案。

2. 气缸套磨损的修复

(1)轮机员自修

当气缸套磨损后各项指标均未超过说明书或标准的要求，只是气缸套内圆表面有轻微拉痕或擦伤时，可在船上由轮机员自修予以修复。

①轻微纵向拉痕（宽≯0.2%D、深≯0.05%D、数量≯3条，D为缸径）可用砂纸或油石打磨，使拉痕表面光滑后继续使用。当气缸套内圆表面纵向拉痕超过上述规定时，则应送厂采用机加工方法予以消除或减轻。

②较轻擦伤（深度<0.5 mm）时可采用油石、锉刀或风砂轮等手工消除，使表面光滑后继续使用。

(2)造船厂修复

气缸套产生较大拉痕、擦伤、磨台和过度磨损时应拆下气缸套送船厂修复，主要方法有：

①镗缸修复

气缸套内圆表面产生较大拉痕、擦伤和磨台，或者气缸套的圆度、圆柱度超过标准，但内径增量尚符合标准时，采用机械加工（即镗缸）方法消除表面损伤和几何形状误差，但镗缸后的内径增量仍应在标准之内。

②修理尺寸法

当气缸套内径增量超过标准时，在保证气缸套壁厚强度的前提下进行镗缸，消除气缸套内圆表面的几何形状误差和拉痕、擦伤、磨台等损伤，再依镗缸后的缸径配制新的活塞组件，以恢复气缸套与活塞之间的配合间隙。

③恢复尺寸法

当气缸套内径增量超标时，先镗缸消除气缸套内圆表面的几何形状误差和表面损伤，再根据气缸套壁厚要求增加的厚度可选用镀铬、镀铁或镀铁加镀铬的工艺，也可采用喷涂工艺，恢复气缸套原有的直径和与活塞之间的配合间隙。

气缸套修复后装机正常运转前必须进行磨合运转，按说明书要求或视修理状况进行。

二、气缸套裂纹的检修

柴油机气缸套裂纹损坏虽然比气缸套过度磨损的数最少，但在大缸径、强载的中、低速柴油机的气缸套中是常见的损坏形式。气缸套裂纹大多为热疲劳和机械疲劳等破坏。引起疲劳裂纹的原因与气缸套的结构、材料、毛坯缺陷及维护管理等有关。在船上工作条件下，维护保养不良、管理不当往往是产生裂纹的直接原因。一般来说，气缸套裂纹总是发生在结构设计不合理、强度较差和有应力集中的部位。常见的气缸套裂纹部位主要有：

1. 气缸套冷却侧裂纹

在气缸套外表面上部支承凸缘的根部多发生周向裂纹，严重时扩展到气缸套内表面，即裂穿，甚至整个圆周上裂纹连通，造成支承凸缘以下部分气缸套脱落的严重事故，如图5-7(a)所示。国产9ESDZ43/82型柴油机、B&W型高增压柴油机气缸套均有此种损坏。

产生这种裂纹的原因多为设计不合理，支承力点布置不当，致使气缸套受力后在其支承凸缘根部产生过大的弯曲应力，加之，凸缘根部过渡圆角太小引起应力集中，在气缸套凸缘根部必然产生裂纹。后经过改进,即改变支承力点位置,减小或消除弯曲应力、增大凸缘根部圆角半径和控制气缸盖螺栓预紧力等措施,使气缸套产生此种裂纹的情况得到改善。

气缸套冷却侧因流通设计结构不良使冷却水流速过高,局部过度冷却引起过大的热应力,再加上流道圆根处如有应力集中,在气缸套冷却侧就会产生裂纹,并向内圆表面扩展,造成气缸套内圆表面上部产生纵向裂纹,如图 5-7(b)所示。

此外,当二冲程柴油机气缸套有内铸冷却水管时,会产生纵向裂纹,甚至裂至内圆表面。这是由于气缸套铸造时,内铸冷却水管与气缸套之间熔合不良或因冷却水压力波动,也可能因冷却水处理不佳发生腐蚀等导致。

目前,新式二冲程柴油机的气缸套均为钻孔冷却,冷却效果好,热应力很小,能有效地防止裂纹的产生

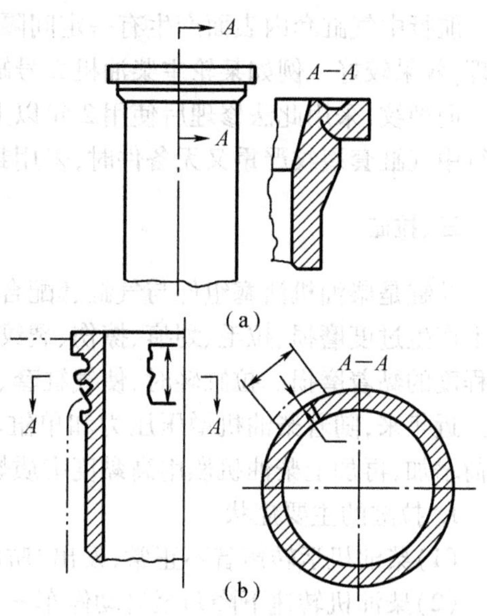

图 5-7　气缸套冷却侧裂纹常见部位位置示意图

2. 气缸套内表面裂纹

二冲程柴油机气缸套内圆表面上部纵向裂纹或龟裂严重时会扩展到冷却侧。这是由于冷却水侧结垢较厚或有死水区时,会使气缸套局部过热产生裂纹,或者由于过大的交变热应力引起的热疲劳裂纹。裂纹始于气缸套内圆表面,经过较长时间后裂穿。此外,如果燃油黏度过高或喷射压力较大,使燃油喷射距离加长,炽热的火焰侵袭气缸套内圆表面造成局部过热时,也会使气缸套内圆表面上部产生裂纹,如图 5-8(a)。

气缸套排气口附近的裂纹是由于排气温度过高,排气口附近金属过热所致。此外,拉缸会使内圆表面产生纵向裂纹和气口处产生裂纹,如图 5-8(b)。

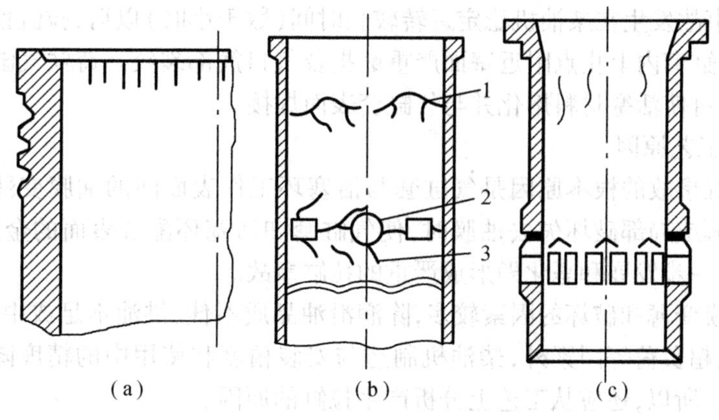

图 5-8　气缸套内表面裂纹位置示意图

3. 气缸套裂纹的修理

航行中气缸套内表面产生有一定间隔的少量纵向裂纹的,可采用波浪键和密封螺丝法修理,效果较好。例如某轮主柴油机2号缸的气缸套内圆表面产生2条长约260 mm的纵向裂纹,采用此法修理后使用2年以上。当裂纹较严重或已裂穿时,则应换新气缸套。航行中气缸套裂纹严重又无备件时,采用封缸措施实行减缸航行。

三、拉缸

拉缸是柴油机活塞组件与气缸套配合工作表面相互剧烈作用(产生干摩擦),在工作表面上产生过度磨损、拉毛、划痕、擦伤、裂纹或咬死的现象,拉缸是在有润滑条件下产生的不同程度的黏着磨损。拉缸轻时,使气缸套、活塞组件受损,严重时会造成咬缸的恶性机损事故。近年来,随着柴油机增压压力和单缸功率的提高,气缸套和活塞组件的热负荷和机械负荷增加,再加上柴油机燃用高黏度劣质燃油等使拉缸事故更易发生。

1. 拉缸的主要症状

(1)柴油机运转声音不正常,发出“吭吭”声或“嗒嗒”声;

(2)柴油机转速下降乃至自动停车——因为气缸内摩擦功大增;

(3)曲柄箱或扫气箱冒烟或着火——由于缸套和活塞组件温度升高,使曲柄箱或扫气箱空间加热,油或积油蒸发成油气,当活塞环黏着或断环失落时使燃气泄漏以致着火;

(4)排烟温度、冷却水温度和润滑油温度均显著升高;

(5)吊缸检查可以发现气缸套和活塞环、活塞工作表面呈蓝色或暗红色,有纵向拉痕;气缸套、活塞环,甚至活塞裙异常磨损,磨损量和磨损率很高,远远超过正常值。

2. 柴油机拉缸种类

一般柴油机拉缸事故多发生在运转初期的磨合阶段和长期运转以后。根据拉缸发生的时间和损伤特点分为以下两类:

(1)柴油机运转初期的磨合拉缸

这种拉缸事故发生在新造或修理后的柴油机磨合阶段,损伤部位在气缸套和活塞环工作表面,严重时波及活塞裙外表面。

(2)柴油机运转中的拉缸

这种拉缸事故发生在柴油机稳定运转较长时间(数千小时)以后,拉缸使活塞裙外表面烧伤、磨损和气缸套内上止点附近壁面严重磨损及气口筋部裂纹。铸铁气缸套与铝合金活塞发生拉缸时,可使活塞材料熔化并与气缸套表面焊接。

3. 拉缸的工艺原因

柴油机拉缸事故的根本原因是气缸套与活塞环工作表面间的油膜变薄或遭到破坏所致。当油膜变薄或局部破坏失去油膜时,使气缸套和活塞环配合表面的金属直接接触,发生黏着磨损,进一步发展和恶化即形成严重的拉缸事故。

使润滑油膜变薄和破坏的因素较多,除润滑油品质不佳、供油不足或中断、气缸套冷却不良缸壁过热、超负荷等因素外,柴油机制造与安装精度和使用中的精度降低也是不容忽视的重要原因。所以,还应从工艺上分析产生拉缸的原因。

(1)气缸套与活塞环工作表面的粗糙度不合适容易引起运转初期的磨合拉缸

气缸套和活塞环的表面粗糙度对磨合过程有很大影响。表面初始粗糙度等级过低,表面太粗糙难以在较短的时间内完成良好的磨合;若表面初始粗糙度等级过高,表面太光洁,难以存油而使金属直接接触，造成黏着磨损。新造或经修理的气缸套内表面粗糙度应符合下列要求：

高速柴油机　　不超过 $R_a0.8$ μm

中速柴油机　　不超过 $R_a1.6$ μm

低速柴油机　　不超过 $R_a3.2$ μm

(2)活塞运动装置对中不良引起拉缸

新造柴油机活塞运动装置与气缸套对中性差，即安装精度低，或者由于长期运转使导板、滑块、轴承等磨损破坏了活塞运动部件在气缸中的正确位置，致使柴油机运转中活塞在气缸中往复运动时产生摆动和敲击气缸，油膜被破坏导致拉缸事故。例如某油轮主机修理后试车时发生第一、五缸拉缸事故，起因是活塞运动装置对中不良。表5－8示出第一、五缸活塞与气缸套间隙测量值。分析数据可以看出，该筒状活塞式柴油机的第一、五缸首尾方向上出现零值，表明活塞在气缸中向首端倾斜。

表5－8　活塞与气缸套间隙(mm)

缸号		1#缸		5#缸	
测量部位		首	尾	首	尾
上止点	上	0.51	0.83	0.46	0.91
	下	0.20	0	0.31	0
下止点	上	0.46	0.89	0.51	0.84
	下	0.20	0.02	0.28	0

活塞与气缸之间的配合间隙反映二者的对中情况，配合间隙过大、过小或分配不均都会导致拉缸。间隙过大，运转时产生燃气下窜，破坏油膜；间隙过小，金属直接接触甚至黏着，当活塞往复运动时产生拉缸；间隙分布不均，活塞运动部件在缸中倾斜，往复运动时产生摆动敲缸，破坏油膜，产生拉缸。

4. 防止拉缸的工艺措施

(1)保证活塞运动装置良好的对中性

新机在船上安装时应保证安装质量，保证活塞运动部件与固定件之间要求的配合间隙符合说明书或规范要求，从而使其具有良好的对中性。运转中的柴油机应加强维护管理，减少导板、轴承等的磨损，加强定期检测及时发现失中现象，防止由于对中不良导致拉缸。

(2)气缸套内圆表面采用波纹加工或珩磨加工

采用波纹加工或珩磨加工气缸套，不仅使其内圆表面具有合适的粗糙度，而且在表面上形成网状沟纹。这种网状沟纹的表面减少了活塞环与气缸套的接触面积，提高了单位面积压力，加速磨合；由于沟纹可以储油，有利润滑，尤其缺油时沟纹内的油可以补充，从而可以防止拉缸的产生。通常大型柴油机气缸套采用波纹加工，首先进行波纹切削，使表面呈波纹状，然后再进行珩磨，将波纹顶部磨去15%，这样的表面结构磨合效果更佳，拉缸发生率大大降低，如图5－9所示。中、小型柴油机气缸套则采用珩磨加工或振动加工，以形成良好的抗拉缸表面。

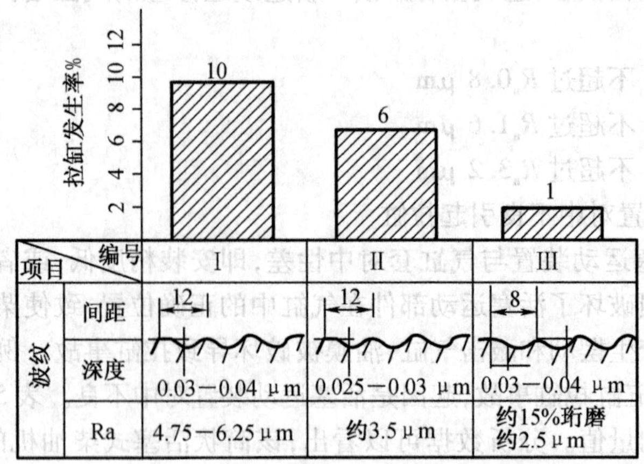

图5－9 气缸套内圆表面加工与拉缸发生率的关系图

(3)气缸套内圆表面强化处理

气缸套内圆表面采用松孔镀铬、喷钼、离子氮化处理等工艺来提高表面的耐磨性、抗咬合性,以提高缸套的抗拉缸性能。

(4)活塞环外表面强化处理

采用镀锡、镀锌、镀铅等工艺,在活塞环外表面上镀覆一层 5～10 μm 的金属,可加快活塞环与缸套的磨合,提高配合面的密封性,减少由于窜气破坏油膜引起的拉缸事故。活塞环外表面喷钼,可以提高抗咬合性能和提高耐磨性;因为钼的熔点为 2 640 ℃和喷铝层多孔且孔分布均匀,储油性好。

5. 拉缸时的应急措施

航行中,柴油机一旦发生拉缸事故,轮机员应沉着冷静地分析情况,积极设法采取可行的应急措施。根据拉缸程度、情况、海域或航道情况、柴油机结构特点等按说明书指导或自行决定应急措施。例如,当拉缸尚不严重,海面情况不允许停车检修或者距目的港(或任何港口)较近时,可采取简单的减缸航行措施;拉缸较为严重——发生咬缸或自动停车时,虽距目的港较远,但海面平静则可停车吊缸修理;若无备件,可采用完全减缸航行。

四、主机气缸套损坏实例

1. 主机气缸套裂纹

(1)故障经过

某轮是 20 世纪 90 年代末在大连造船新厂建造的好望角型船舶,载重吨 149 135 t,主机型号为 B&W 6S70MC,大连船用柴油机厂制造,六缸机,功率 14 300 kW,额定转速 85 r/min。2005 年 7 月,该轮航行期间,主机所有缸缸套均发生程度不一的裂纹,经过安排临时修理维持航行,并紧急定购备件陆续供船,至 9 月底,所有缸缸套换新。

7 月 16 日,该轮 71 航次从南非到荷兰的航行途中,23:57 主机 5#缸扫气箱高温报警,主机自动降速,值班轮机员立即现场触摸各缸扫气箱道门温度,感觉无明显异常,以为是温度传感器故障,遂将该警报复位后,主机开始自动加速程序。17 日 00:11,当主机自动加速到 71 r/min 时,忽听一声爆响,同时空冷器冷却水低压报警、主机缸套水低压报警、缸套水备用泵自动启动,透平发出一声喘振,主机后部透平附近有黑烟,并有嗤嗤的漏气声,主机再一次自动降速。

值班轮机员立即通知轮机长和大管轮,同时通知驾驶台停车。轮机长和大管轮下机舱检查至5#缸后部时,发现大量水从缸套部位流出,水被气流吹成水雾,此时由于惯性,主机还没有完全停下来,尚看不清具体的破漏处,船上判断为缸套的冷却水套产生裂纹,待主机转速进一步下降、气流减小后,发现冷却水套有一道约10 mm宽、自上而下的贯通裂纹,水从裂纹处流出。再进一步检查:发现5#缸缸套在透平侧自缸套上沿开始,有大约1 000 mm长纵向裂纹,在纵向裂纹的两侧有三道横向裂纹。进一步检查其他缸情况,均有不同程度的裂纹。

公司接到船上报告后,紧急安排在拉斯帕尔马斯港更换了5#缸套,同时紧急订购其他缸备件并计划在荷兰、比利时供船。7月30日,该轮先后抵达鹿特丹和安特卫普两港,由于时间原因(缸套备件没有现货),只好在第一港安排METALOCK服务工程师上船,对已裂纹的1#、2#、3#、4#、6#主机缸套进行临时修理。

9月11日,该轮抵阿姆斯特丹港,公司紧急定购4只缸套备件供船,另一只仍在韩国加工,计划安排在加拿大供船。同时安排修理机舱天车,指导船员用10吨葫芦换新1#、3#缸套,因船期原因,无法完成全部缸套换新。9月18日开航,航行期间将主机转速控制在70 r/min左右,工况基本正常,期间公司进行了24 h全程跟踪。29日,该轮抵加拿大七岛港。公司紧急安排剩余1只缸套以及天车备件供船,在当地完成了剩下3只损坏缸套的更换。至此,该轮主机缸套裂纹故障得到最终解决,完全恢复了主机的正常工况。

(2)分析与处理

①技术分析

局部热疲劳是此次裂纹的直接原因。柴油机工作中,气缸套在燃烧压力、内外温差、气缸盖螺栓预紧力的作用下,产生机械应力和热应力。分类如下:

a. 高频机械应力:由于周期性变化的气体压力,缸套承受高频机械应力;

b. 高频热应力:随着周期性气体温度的变化,缸套承受高频热应力;

c. 低频热应力:随着柴油机使用中的起停,缸套承受低频热应力。

众所周知,MAN B&W是一个成熟型机械制造厂。已生产出千台同样类型的主机,从设计和材料使用上,不会不考虑机械应力,高频热应力和低频热应力。为了排除这些应力的可能,故障发生后,我们查阅了大量技术资料,并通过定量的计算,已经证明不是上述三种应力产生的裂纹。

基于以上受力分析,船用气缸套大多采用耐热、耐磨合金铸铁,为了提高耐磨、耐蚀、耐热等性能,加入了硅、磷、硼、锰、铬、钼等元素。

为了耐磨,缸套内侧采用松孔镀铬。为了磨合,进行磷化处理,内表面波纹加工、粗珩油纹。缸套上部做出凸肩,用气缸盖螺栓将缸盖、缸套凸肩和缸体紧固在一起。缸套只有上部固定,下部可以因受热自由膨胀。缸套上部受到燃气高温、高压作用以及气缸盖螺栓紧固力的作用。当前船舶所使用的柴油机。全部为高增压。长冲程或超长冲程柴油机,缸套上部因组成燃烧室,所受到的热负荷和机械负荷很大。为了减少缸套上部的机械应力和热应力。降低缸套上部的温度,把缸套上部的凸肩做厚、做高,并在凸肩中钻孔冷却。钻孔是倾斜的,孔与缸套内表面的距离既要保证活塞环工作区有足够的低温以利润滑,又要防止温度过低因燃烧重油产生较重的腐蚀。

仔细观察分析裂纹种类与分布，其具有一定的规律性，即裂纹都在同一个方向且大约同一个位置出现（见图5－10），且位于缸套的前左和右后位置，并呈对角分布。该型主机设计为两油头。裂纹的位置则正好被对面油头油嘴所指向。并沿缸套顶部径向和缸套内壁纵向发展，裂纹在不断地发展，其速度较快。损坏的5#缸套顶部凸缘裂纹沿径向贯穿，所有裂纹都是从缸沿直角处开始然后向纵深发展。

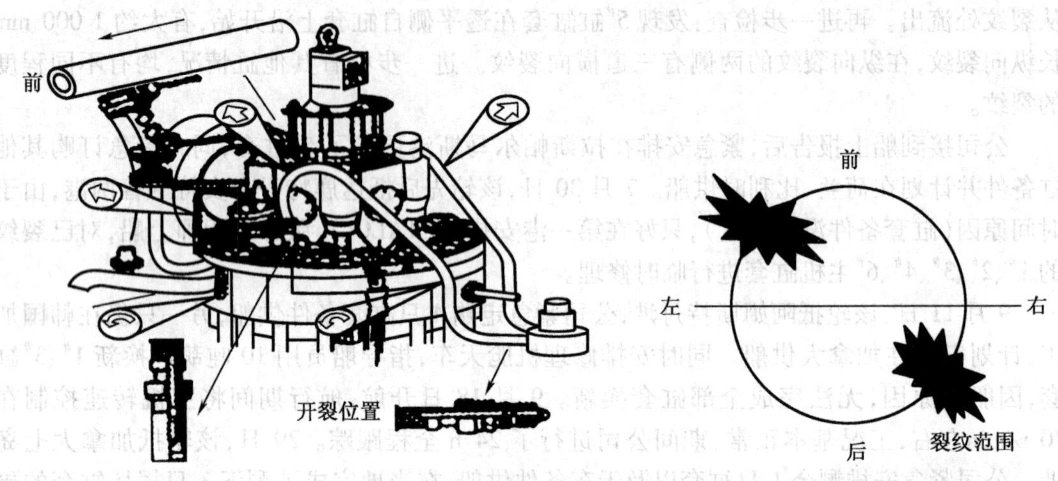

图5－10 气缸套裂纹位置示意图

根据以上规律，可以基本得出结论，即缸套的裂纹源于缸套局部热疲劳，而缸套的局部热疲劳是燃油长期喷溅燃烧产生的局部高温的结果。

产生局部热疲劳，必须有两个条件，热源和冷却，这就需要检查油头的雾化和缸套的冷却。根据裂纹规律，可以确定的是同时在相同位置产生的局部热疲劳和烧蚀是因为燃油喷在上面的结果。

推测的具体过程是：由于油头雾化不良，产生油雾和油滴，油滴穿透压缩空气，飞溅到缸壁和缸盖。产生局部过热。

通过现场的油头雾化试验，6个缸的油头喷射角度相同，油滴飞溅到缸头和缸壁的位置相同，所以6个缸都有不同程度的裂纹。对此，在船轮机长曾做过如下试验，即将油头装在备用缸头上，用油头试压泵（使用轻油）在常压下（不考虑实际汽缸内的压缩空气的阻力）进行泵压试验，发现燃油直接喷在斜向对面的缸头圆弧和缸头下沿，位置正好与缸套裂纹的位置基本吻合。正常情况下燃油经油嘴喷射后会受到汽缸内压缩空气的阻力和气流的扰动不会直接喷在缸套和缸头上的，但是非正常情况下的不正常喷射就会发生上述情况。产生燃油喷溅则与燃油质量、油头本身状况及油头安装位置有关。

Ⅰ．燃油的质量

在鹿特丹和安特卫普两港检查裂纹时，发现4#缸缸沿壁上有大量的未燃烧的重油，其他缸有厚而坚硬的积炭，在缸套裂纹处则非常明显。其原理是如果燃油比重、杂质和其他有害成分多的话，就会使油头雾化不好，工作失常，而且细小的燃油颗粒带着燃油形成油柱，不但不能雾化，而且由于其比重大会穿透压缩空气的阻力（38～40 MPa油头启发压力与汽缸内压缩空气压力6.0～8.5 MPa之比）到达缸套上沿在那里附着、燃烧。

另外,由于燃油杂质多,不但影响雾化还容易堵塞油嘴喷孔,检查中发现油嘴上有坚硬的积炭在喷孔周围堆起,用榔头才能敲下。由于在油嘴喷孔周围堆起的坚硬的积炭改变了喷孔的方向,使燃油喷在缸头上再折射到缸套上,其方向也与缸套裂纹的位置相吻合。燃油喷在缸头上造成缸头产生波浪形烧蚀,个别油嘴喷孔堵塞,使缸头冲刷烧蚀成沟槽。

Ⅱ.油头的工况

由于油头各部件的磨损造成漏泄也会在油头喷孔周围产生坚硬的积炭,从而改变喷孔的方向。同时也会造成启阀压力低,雾化不好使燃油喷在缸头上,进而导致与燃油质量问题相同的结果。经查,目前船上的备用油头状态不好,在试验中发现启阀压力一般都能达到,但关闭时有燃油拖尾现象,关闭时不干净利索。

Ⅲ.油头的安装位置

油头安装位置有偏差,同时会产生上述的情况进而导致相同的结果。主机4#缸壁残存油垢和缸头背面烧蚀,也说明油头的安装问题。而油头安装的位置偏差则与制造时的工艺及人员的操作有关。有些船员在安装油头时,加过铜垫,而这是不允许的,加过铜垫后,油头位置提高,更接近缸头,如果雾化质量不好,更加容易将燃油滴流到缸头和缸壁上,出现过热源。

②管理分析

船员日常操作、保养、检查不到位,发生故障后的应对、处理失当,加之船岸信息沟通不力,致使故障扩大,损失加剧。

该轮此次故障,造成6个缸缸套全损的巨大经济损失同时也耽误了一定的船期。冷静、仔细地回顾和分析我们处理过程的每一步,我们认为,如果检查及时,处理得当,该轮故障是可以避免的。至少可以控制在局部。

首先,该轮在南非进行了主机5#缸吊缸,当时已经发现缸套已磨损3.23 mm,已超过最低极限2.8 mm,同时发现了三处裂纹。但船上没有及时换新缸套也没有汇报公司,继续装复使用,留下了故障的隐患。此次是有前车之鉴的,某公司曾有条船发现一个缸套裂纹漏水,没有及时换新,开航7天后,结果又造成二个缸套裂纹,最终致使船舶漂航。

其次,7月16日23:57,当主机5#缸扫气箱高温报警并自动降速时,值班轮机员立即到现场触摸各缸盘根箱道门温度,并感觉无明显异常,以为是温度传感器故障,没有报告轮机长,自行将该警报复位,主机开始自动加速程序。十几分钟后,当主机自动加速到71 r/min时,发出一声爆响,致使所有缸套裂损。

警报系统确实有误报警的可能,但作为值班轮机员,一定要对警报进行核实,不能凭感觉凭经验,事实证明报警并非误报,因为即使警报报警,扫气箱壁也不可能马上升温,只是用手触摸外壁是不可能得以核实的。

a.接船时汽缸油调整不当,导致5#缸过度磨损

经查,该轮刚刚接船第一个航次,由于气缸油调整不当,活塞令和缸套磨损严重,一个月的时间,活塞令被磨损1 mm,初期磨合不当,为以后的管理增加了难度。45 000 h 5#缸套磨损3.23 mm,也与当初的磨合有关系。

b.船员在油头安装上存在错误做法,容易产生过热源

有些轮机员在安装油头时加过铜垫,这是不科学的,因为加过铜垫后,油头位置提高,更接近缸头,如果雾化质量不好,更加容易将燃油滴流到缸头和缸壁上,出现过热源。

c.没有做好扫气箱清洁,导致多缸活塞令卡死

在该轮连续几年的营运中,活塞令卡死现象时有发生。本次机损吊缸,4#缸第1#、2#两

道令卡死，在南非主机5[#]吊缸时，也发现活塞令卡死现象，第3[#]、4[#]道活塞令槽天地间隙达到0.59 mm。主要原因仍是扫气箱过脏所致。

2. 承磨环局部剥落造成咬缸而后缸裂

(1)故障经过

某客货轮设有左右主机，机型为9ESDZ43/82B。一天航行中午后二管轮在值班室时，忽听到左机发出"呱！呱！…"异常声音，并伴有抖动，寻声检查到是第5缸发出，当即将油门关小，车速降为100 r/min，同时电话报告轮机长，轮机长下机舱时只见左机5[#]缸气缸盖气缸体上烟气较浓。于是从该缸的窥查孔处看看内部情况，只见扫气箱内的缸套上部已呈暗红色，马上奔到集控室将车速又降低到60 r/min，随即再去手摇气缸油泵，加强缸壁注油量给以润滑，又将该缸冷却水进出口关小，约一刻钟后，手能放上缸体即停机。后进扫气箱内检查，发现该缸套沿扫气口向上有多处纵向裂纹在漏水，最长一条约370 mm，只有换新缸套。在吊缸准备换缸套时，又看到活塞裙部向上直至活塞环处也拉出了六道槽痕，承磨环不但磨损严重，而且在拉槽处的青铜也已剥落约37 mm×15 mm一块。

(2)分析与处理

从承磨环剥落处，隐约可见有老伤，说明厂方在安装时，敲击过重而发生内伤，经运行一定时间后，自行脱落出来。落块掉入活塞与缸套之间，受活塞上下不断的拉磨，进而破碎成若干小块，碎裂的粒子又扩大了摩擦面，形成拉缸发热，使缸套局部发生高温变为暗红色，此处上部又是冷却水腔部位，这样产生应力高度集中，使铸铁材料内金属晶粒结构分离而形成缸裂了。

3. 气缸套内壁出现纵向沟槽

(1)故障经过

某轮主机为MAN KBZ60/105E型。20世纪80年代初，一次由国内首航远洋，长时间在外，历经数国后，国内所带去的气缸油用尽，回国时在印度加尔各答港经外商推荐购买了CASTROL牌气缸油3 075立升。抵申港即作主机吊缸检修，发现缸壁位于8个注油孔以下，有8条沟槽，吊出活塞时，看到在其上部位于注油孔相对应的位置上，各有一块像豆瓣大小呈白色的硬块，用凿子方可凿下。由此可见缸套内的沟槽，就是由于它黏附在活塞上后将缸壁磨出的。

(2)分析与处理

由于国内供应的燃油，含硫分达2%～3%以上，因此在印度购买了高碱性的气缸油予以匹配。因该机气缸油注油孔位置是在缸套上部近凸缘处，接近燃烧空间，又该轮缸套冷却水从未处理过，在缸壁高温区域易结水垢，使传热效果下降，缸壁温升较高，高碱性气缸油中所含有的大量金属盐添加剂如$CaCO_3$的化合物，在这种情况下极易把钙硼等固体物析出，而积存附在注油孔道口把孔道逐渐堵小，使注油压力增加，将析出物喷射到活塞头部，时间长了后形成了一硬块，随活塞上下往复时在缸壁上拉出沟槽来。

第五节 活塞的检修

活塞是柴油机的主要运动机件之一，燃烧室的组成部分。活塞工作时承受着很大的机械应力和热应力，同时还承受着摩擦。因此，在使用中活塞容易损坏，特别是高速柴油机的活塞。活塞的主要损坏形式有：外圆表面及环槽的磨损、裂纹和破裂，顶部烧蚀等。

一、活塞的损坏与检修

1. 活塞外表面的磨损检测

(1)活塞外表面磨损部位与检测

一般中、小型柴油机的筒形活塞裙部外表面容易发生磨损。这是由于运转中活塞裙部起导向作用和承受侧推力的结果。大型十字头式柴油机活塞运动部件的运动是靠导板、滑块起导向作用和承受侧推力,况且活塞与气缸之间的间隙较大,所以正常运转中活塞外圆面是不会磨损的,只有在活塞运动装置不正和拉缸等异常情况下才会发生。

活塞裙部外表面磨损后,裙部直径减小,活塞与气缸的间隙增大,活塞横截面产生圆度误差、纵截面产生圆柱度误差。这些都直接影响活塞的工作性能和柴油机的功率。

在船上是通过测量活塞直径来检验活塞的磨损程度。通常采用外径千分尺、游标卡尺进行测量。测量部位为活塞的上部、中部和裙部的外径,有承磨环的活塞应测量每道环的外径。测量每一测量点的横截面上相互垂直的两个直径:平行曲轴方向的直径和垂直曲轴方向的直径。将测量值记录在表格中,计算出每个横截面的圆度、纵截面的圆柱度,以其中最大值与说明书或标准比较,以确定活塞的磨损程度。表 5 -9 为活塞裙部外表面的圆度,圆柱度的磨损极限。

表 5 -9　活塞裙部外圆磨损极限(CB/T3543 -94,mm)

气缸直径	筒型活塞裙部圆度、圆柱度	十字头活塞裙部圆度、圆柱度
<100	0.10	—
>100 ~150	0.12	—
>150 ~200	0.12	—
>200 ~350	0.15	0.30
>300 ~350	0.20	0.30
>400 ~500	0.25	0.38
>500 ~550	0.30	0.45
>550 ~600	—	0.50
>600 ~650	—	0.60
>650 ~700	—	0.65
>700 ~750	—	0.75
>750 ~800	—	0.85
>800 ~850	—	0.95
>850 ~900	—	1.05
>900 ~950	—	1.15
>950 ~1 000	—	1.25
>1 000 ~1 050	—	1.35
>1 050 ~1 100	—	1.40

(2)活塞外圆表面磨损的修复

活塞裙部外圆表面磨损不太严重时,采用光车裙部外圆,消除几何形状误差。光车后仍符合活塞与气缸间隙要求时可继续使用。否则依活塞材料不同采用不同的对策,铝活塞采用换新;铸铁活塞采用热喷涂、镀铁等工艺恢复尺寸;铸钢活塞采用镀铁、堆焊金属等恢复尺寸。承磨环适度磨损、严重拉伤或松动时应换新。

2. 活塞环槽的磨损检修

(1)环槽磨损的原因

活塞环槽端面磨损是活塞常见的损坏形式,尤其以铝合金活塞为多。环槽端面磨损主要是由于环在环槽中的相对运动,包括环在环槽中往复运动(即环上、下运动)、环的径向胀缩运动、环在环槽中的转动和扭曲运动。其次是由于新气中的灰尘硬质颗粒、燃气中的炭粒,尤其是燃用重油时的更大更坚硬的炭粒,这些硬质颗粒在环与环槽端面之间形成磨粒加速环槽端面的磨损。此外,如果燃烧室的高温使活塞头部和环槽变形、材料性能下降、环与环槽端面间的油膜破坏时,则环槽磨损更加严重。

环槽端面磨损使其与环的配合间隙增大,这将使活塞环的密封性下降,产生漏气和使压缩压力和爆发压力降低,同时进入环背面的燃气增多,高压燃气将环压向缸壁致使环容易折断。环槽端面磨损使环槽截面形状由矩形变为梯形或出现磨台,且以第一、二道环槽磨损为重为快。一般活塞环槽端面的磨损率小于 0.01 mm/kh 为正常磨损。

(2)环槽磨损的测量与修复

环槽磨损程度是利用样板和塞尺测量环槽高度的变化来确定的。样板是以新活塞的环槽高度为准制作的,也可以用一只新活塞环作为样板。测量时,将样板水平插入环槽并紧贴环槽下端面,用塞尺测量环与环槽上端面之间的距离,即环与环槽的配合间隙,称为平面间隙或天地间隙。测量值与说明书比较。当测量值超过极限值时,说明环槽严重磨损,应予以修复。根据环槽端面磨损情况可选用以下方法修复:

①光车或磨削环槽端面,依加工后的修理尺寸配制相应加大尺寸的活塞环,保证平面间隙符合原有要求。采用此法将会使槽脊厚度(环槽之间的轴向高度)减小,强度降低。为了不使槽脊过分减薄,要求槽脊减薄量不得超过原槽脊设计厚度的20% ~25%。同时要求同一活塞上不得有两个环槽采用此法修复。因为如果同一活塞上各道环槽均采用此法修复时,由于各环槽的修理尺寸不同,新配制的各道活塞环尺寸不同。一只活塞上有多种规格的活塞环将给备件供应和管理带来麻烦。

②光车环槽端面或采用喷焊、堆焊、镀铬等工艺恢复环槽原有尺寸。例如,MAN B&W L60MC/MCE 型柴油机的活塞环与环槽最大平面间隙超过 0.7 mm 时,可采用恢复尺寸的方法修复环槽端面,使平面间隙值恢复到 0.4 ~0.45 mm。

③环槽端面镶垫环恢复环槽原有尺寸。低速柴油机钢制活塞的环槽端面严重磨损时,可采用镶垫环的方法修复:首先光车环槽端面,消除几何形状误差,然后在环槽下端面镶耐磨垫环来恢复环槽原有尺寸和平面间隙。图 5 -11 为环槽镶垫环法。

采用焊接工艺将垫环焊在环槽下端面上形成永久性连接,这种垫环称为死环,这种方法称为镶死环法。此法连接牢固,使用中垫环不会脱落,但垫环磨损则难以修复。

采用过盈配合将垫环镶在环槽下瑞面上,称为镶活环法。由于垫环不固死在环槽端面上,便于再度磨损后更换垫环,但垫环容易松动脱落到气缸内引发事故。

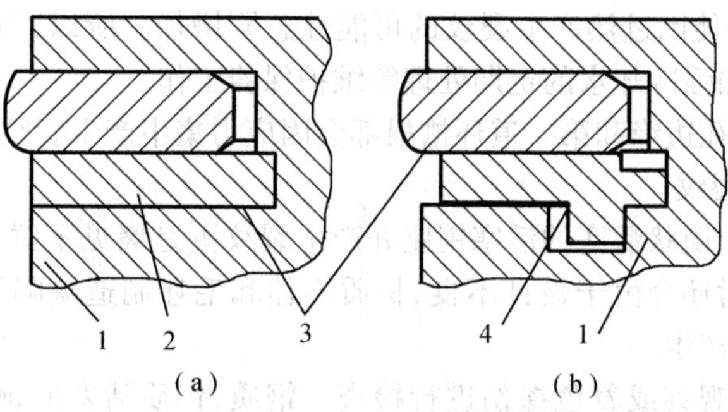

图 5－11　活塞环槽镶垫环示意图

(a)镶死环法；(b)镶活环法

1—活塞；2—死垫环；3—活塞环；4—活垫环

3. 活塞裂纹的检修

(1)活塞头触火面裂纹

活塞头部触火面裂纹是指在活塞顶面产生的径向或圆周向裂纹、起吊孔边缘裂纹及第一道环槽根部裂纹，如图 5－12 所示。

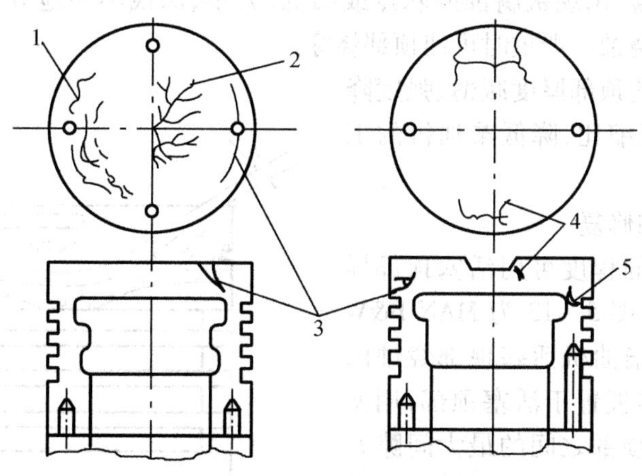

图 5－12　活塞头部裂纹示意图

1—周向裂纹；2—径向裂纹；3—冷却侧裂纹；
4—顶部尖角一处裂纹；5—第一环槽根部裂纹

活塞头部裂纹主要是热应力引起的，同时还有机械应力的作用。柴油机运转时，活塞顶部温度分布不均：顶部中央或边缘温度最高，铸钢活塞可达 450 ℃，铝活塞可达 300 ~ 375 ℃，顶面冷却侧和第一道环槽附近温度在 200 ℃左右。在正常工作条件下，活塞头部各处存在着温差应力和高压燃气作用的机械应力等，而且这些应力又都是周期性的；当喷油定时不正、燃油雾化不良或火焰直接触及活塞顶面时就会造成局部过热，引起过大的热应力；当柴油机超负荷运转或活塞顶部冷却不充分时也会引起热应力。过大的热应力会引起裂纹。柴油机频繁启动、停车也会引起热疲劳裂纹。

活塞顶面裂纹还会因冷却不充分，活塞顶面散热不良所致。例如水冷活塞冷却侧结垢严重或活塞顶面积炭严重时就会使活塞顶面局部过热，导致裂纹。通常，结垢层或积炭层超过0.5 mm时，就会使因过热产生裂纹的可能性急剧增加。所以，为防止裂纹产生，柴油机应定期吊缸检修，加强冷却水的定期处理等维护保养工作。

活塞顶面的起吊孔边缘和第一道环槽根部会因应力集中产生裂纹。

(2)活塞冷却侧裂纹

活塞顶面冷却侧、筒状活塞的活塞销座处产生裂纹更是屡见不鲜。主要是由于过大的机械应力引起的，同时还会由于设计不良、材质不佳和毛坯制造缺陷等在这些部位存在应力集中而加速裂纹的产生。

活塞裂纹可通过观察或着色探伤进行检查。钢质、铝质活塞的顶部裂纹较轻时，可采用焊补工艺修理，钢质活塞顶部裂纹严重时采用局部更换。活塞环槽根部裂纹、活塞上穿透性裂纹及无法修理的冷却侧裂纹则应将活塞报废换新。

4. 活塞顶部烧蚀的检修

(1)烧蚀原因

首先由于活塞顶部直接与燃气和火焰接触，温度很高，尤其当喷油定时不正、喷油器安装不良或冷却侧结垢时使顶部局部过热，温度更高；其次，由于柴油机燃用的重油中含钒、钠过多，就会在活塞顶部温度达550 ℃以上的部位产生高温腐蚀。同时，活塞材料过热时发生氧化、脱碳而使其化学成分变化。在以上因素综合作用下，活塞顶部金属产生层层剥落使顶部厚度逐渐减薄，出现钒腐蚀的麻点或凹坑，大小、深浅不一地分布于活塞顶部，这种现象称为活塞顶部烧蚀。严重时可使顶部烧穿。

活塞顶部烧蚀使顶部厚度减薄、强度降低，甚至影响气缸压缩比，降低柴油机的工作性能。

(2)烧蚀测量和修复

活塞顶部烧蚀的程度可用活塞顶部样板和塞尺进行测量，图5-13为MAN B&W S/L 60MC/MCE型柴油机活塞顶部烧蚀的测量。测量时，将样板置于活塞顶部，用塞尺测量样板与活塞顶部之间的最大间隙 t。测量时，还应使样板绕活塞轴线转动，每转45°角测量一次，取其中最大值 t。当 t 超过15 mm时应换新活塞。在缺乏备件或应急情况下可采用以下措施：

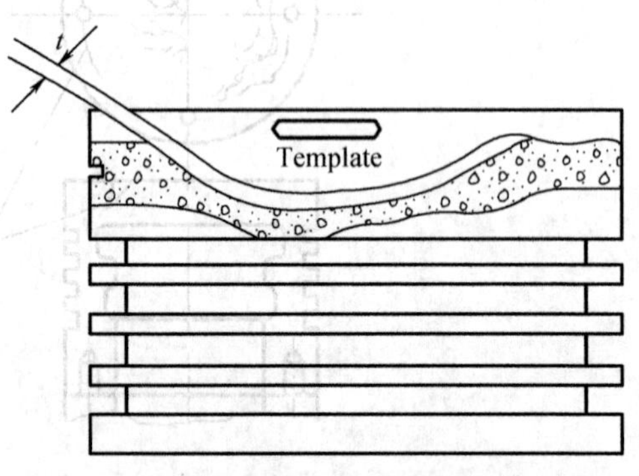

图5-13 MAN B&W S/L60MC/MCE型柴油机活塞顶部烧蚀测量示意图

①改变活塞的安装位置

当烧蚀尚不太严重，而且活塞结构又允许的情况下，改变活塞安装角度。例如，B&W型柴油机活塞顶部烧蚀部位对应于喷油器喷油方向，燃油在此部位集中燃烧和采用冷却效果不良的油冷，致使该部位产生烧蚀。由于活塞结构允许，在产生不太严重的烧蚀时将活塞安装位置转过90°角，使烧蚀部位避开喷油方向继续使用。

②焊补修理

烧蚀严重时(最大烧蚀厚度接近规定值时)可采用堆焊工艺进行修补，焊后进行机械加工恢复活塞顶部形状。

③换新

当活塞顶部最大烧蚀厚度超过说明书规定值或使活塞顶部厚度减至设计厚度的一半时应将活塞报废换新。

二、主机活塞头严重烧蚀实例

1. 概述

某轮是 1998 年由广州国际船厂制造的散货船,主机由宜昌船用柴油机厂制造,型号:SULZER RTA48。自 2005 年 6 月份以来,该轮先后出现了主机活塞头严重烧蚀的问题,在前后半年的时间里,由于严重烧蚀的原因更换了全部的 6 只活塞头。另外,该轮在 2001 年曾因燃用劣质燃油,造成了 6 只主机活塞头严重烧蚀而全部更换过。

2. 故障经过

2005 年 6 月份在对主机通过扫气口进行检查时发现,主机 4# 缸活塞头顶部有烧蚀的现象,同年 8 月 9 日发现 6# 缸活塞头已经出现明显裂纹,更换了备件,从扫气口检查其他缸时,发现 2#、4# 缸有初步塌陷的现象,于 9 月 16 日更换了 2# 缸活塞头(此时已经击穿),于 10 月 8 日更换了 4# 缸活塞头。在 10 月份通过扫气口进行检查时发现,1#、3# 缸又出现初步塌陷迹象,于是紧急申请活塞头备件,于 11 月 18 日收到 2 只活塞头,随即将 1#、3# 缸活塞头更换。12 月 21 日检查发现 5# 缸也出现初步塌陷的迹象,坚持到 2006 年 1 月 18 日将翻修过的活塞头应急换上。

这样,在半年多的时间内 6 个缸的活塞头全部换完。1# 至 6# 缸更换活塞头时,工作时间分别是:14 375、18 254、12 509、13 580、14 693、18 611 小时。

3. 分析与处理

活塞头的烧蚀损坏过程,是由于活塞头顶部表面产生高温,造成表面材料的高温腐蚀和烧蚀,使活塞顶部逐渐减薄,时间一长,实际的烧蚀量超过了允许的烧蚀量极限(烧蚀量极限:RTA38、RTA48 是 7 mm,厂家指出:小于 0.2 mm/1 000 h 的材料损耗是正常的),使活塞顶部的承载能力大大降低,难以承受强大的机械负荷与热负荷而产生了疲劳裂缝和局部塌陷而造成损坏。

分析可能造成活塞头表面高温的原因如下:

(1)活塞头的冷却不足

①由于冷却油通路污染积垢、活塞头内部冷却孔道不畅、或由于活塞头上的密封橡皮令失效,造成进油路与回油路旁通等原因,使单位时间内冷却介质的循环量减少,造成活塞头的冷却不足。

②冷却表面脏污结垢、积炭,使换热效果降低,造成活塞头的冷却不足。

③设计制造方面的缺陷,使冷却不足。

该机型活塞冷却油进口温度为 40 ℃左右,出口温度高达 56 ℃以上(相同功率的 B&W 机型进口温度为 45 ℃左右,出口温度只有 50 ~ 53 ℃),活塞头冷却系统设计成:进油是通过 18 个直径非常细小的钻孔(喷嘴)喷至活塞顶部边缘的冷却孔中,回油的流通截面积很大,为的是产生冷却滑油不能充满活塞的冷却空间,在活塞的往复运动过程中,产生“鸡尾振荡”以增加冷却效果,但这种冷却方式并不是十分理想,相同机型的其他船舶的主机活塞头也存在严重烧蚀的问题。

(2)燃烧不良,排烟温度过高,使热负荷增高

喷油器雾化不良,使得直接向活塞头滴油或未经雾化的高压油束直接喷至活塞顶面,一方面造成该区域的温度异常增高并承受额外的机械应力;另一方面燃烧产物中的五氧化二钒在此处聚集,从而造成高温腐蚀。

进、排气系统污染造成供气量不足,使燃烧不良,排烟温度升高,增加了热负荷。如:空冷器、气口及口琴阀脏污,排气通道、废气炉烟管脏堵,透平增压器效率下降等原因造成换气质量下降。

针对上面分析的原因,逐一排除于处理:

①与出厂时的参数相比较,查看近期主机活塞冷却油出口温度升高了多少,并确认和消除1#、6#缸异常偏高的原因,(目前该轮活塞冷却机油出口平均温度61~63 ℃、其中1#和6#缸高达70 ℃),船舶反馈:查证出厂后及几年来的活塞冷却油出口温度基本都在60 ℃左右,与现在的机油压力、温度参数变化不大。1#缸高温是温度探头问题,收到供船备件后准备将6#吊缸,检查活塞油高温问题并消除之。

②适当提高机油压力,增加冷却滑油的流速,以增强冷却效果。从该轮的热工报表看到,长期以来滑油泵的出口压力保持在0.38 MPa左右,进机压力在0.34 MPa左右,此值偏低。从滑油管路图上看出,在两台泵的出口管上有一条直径是25 mm的管路与泵的进口管相连,中间有一个阀(RSl5)控制,它的作用是调压用的,指导船舶对此阀进行调整,以提高机油压力。船舶反馈:通过增高机油压力,使活塞冷却油出口温度降低了3~5 ℃左右。

③加强主机机油的分离处理,分离温度保持在90~93 ℃,分油量控制在额定分油量的三分之一以下,以此提高主机滑油的分离质量,最大限度地降低滑油中的杂质含量,减少对冷却空间的污染。

④对换下来的主机活塞头解体,检查内部冷却腔和油路的积炭状况,检查喷嘴的脏堵情况,以判断活塞头的冷却情况。船舶反馈:冷却空间表面有油垢和结炭,特别是中心部位有塌陷的位置较严重;喷嘴无堵塞现象。

(3)针对燃烧不良,热负荷高方面的原因

①检查喷油器的雾化质量,消除缺陷;解体一台高压油泵,更换新柱塞套筒,以此再试验该缸燃烧情况,判断是否是由于高压油泵问题引起燃油雾化不良(因船舶报告2005年7月份烧过20 m^3劣质油,但无法确定柱塞套筒是否已过度磨损);并提高主机燃油进机温度至135~140 ℃左右(从该轮热工报表看,进机温度偏低,燃用380CST规格的重油,有时进机温度只有110 ℃左右),以提高燃油雾化的质量。船舶反馈:主机油头分别检查了1#、4#、5#、6#缸,启阀压力能够保持,但都有滴漏现象,喷嘴周围容易结炭。已将燃油进机温度提高到135~140 ℃,解体了一台高压油泵,未见严重磨损痕迹。

②测试主机各缸参数,检查爆炸压力和压缩压力,如压缩压力偏低说明活塞令或排气阀的气密性不好,如压缩压力正常,而爆炸压力低,并伴随排烟温度高,说明有后燃现象,从船舶反馈的主机热工参数看,排烟温度都已超过了400 ℃,说明燃烧不良。船舶反馈:各参数正常,与以前无大差别,只是排烟温度偏高。

③调整扫气温度保持在40~45 ℃,检查空冷器压差是否正常。如压差高则进行化学清洗。船舶反馈:压差正常。

④打开扫气箱的端盖,检查所有口琴阀工况,有无腐蚀和脏堵现象、是否能正常开启和关闭。船舶反馈:所有口琴阀都在正常状态。

⑤检查废气锅炉烟面的积灰情况，视情况进行人工清洗清通；航行中增加对废气炉烟面的吹灰次数。船舶反馈：废气炉烟管不脏，并定期清洗。

⑥检查透平增压器的工况，转速和扫气压力是否正常，检查排气总管隔栅是否脏堵。船舶反馈：透平前膨胀接头的螺栓无法拆开，要拆开只有气焊割断螺栓再重新购买新螺栓换新，所以透平前隔栅没有检查到。在相同负荷下，主机透平的转速和压力有所降低，且明显的是透平前总管温度升高了许多。

初步判断此种现象的原因与透平部件被严重污染和排气不畅有关，由于船舶近期回国，公司已安排船舶回国时，由专业厂解体、清洁检查主机透平。

通过以上的分析和排查，证明在造成该轮主机活塞头严重烧蚀的诸多因素中，起主导作用的是由于冷却腔表面结炭和机油压力偏低，造成活塞的冷却不足而使活塞头表面产生高温烧蚀和腐蚀。因为检查被烧坏的活塞头，其冷却空间所对应于烧蚀严重的部位，其结炭程度也严重（制造厂的技术通函注明：冷却表面厚 1 mm 的积炭，可导致活塞头表面温度增高 200 ℃以上）。对于新活塞，冷却油流量较低时，活塞头烧蚀的现象虽然不会太明显，但加速了结炭的生成，进一步影响冷却效果，这样产生恶性循环，造成活塞头表面得不到充分冷却，产生高温，烧蚀活塞。

其次是油头的雾化不良和滴油使燃油直接到达活塞顶部并附着在活塞顶部燃烧，产生高温腐蚀和烧蚀活塞。从船上发回的照片和检查油头的情况也证明了这一点。另外，燃烧不良、排烟温度过高造成热负荷高的因素也加剧了活塞头被严重烧蚀事故的发生。

第六节　活塞环的检修

活塞环是柴油机燃烧室的组成零件之一。具有保持活塞与气缸套之间有效密封的作用和将活塞热量传递给气缸壁的散热作用，以及调节气缸润滑油的作用。活塞环又是柴油机的易损零件，主要损坏形式有：过度磨损、折断、黏着和弹力丧失等。活塞环的工作性能直接影响气缸和柴油机的工作性能。为此，应定期地通过扫气口检查和判断其工作情况。

一、通过扫气口检查活塞环

通过扫气口检查活塞环等零件是获取柴油机运转过程中气缸工作信息的直接、简便和经济的方法。

1. 检查方法

（1）准备

柴油机停车后一段时间，拆除气缸体上操纵侧的气缸观察孔盖板，清洁观察孔。借助一长柄强光灯泡伸入缸中进行观察。此工作应由两人配合进行，一人观察，一人记录观察情况。

检查中应使冷却水或冷却油保持循环，以便检查有无泄漏：关闭主启动阀和启动空气，并啮合盘车机；盘车使活塞处于下止点，并由此位置开始检查。为了观察清楚和判断正确，必须把零件工作表面擦拭干净。

（2）观察部位

观察时，盘车使活塞上行至扫气口下方，自观察孔观看检查气缸壁和活塞头部；当活塞上行通过扫气口时，清洁并查看活塞头、活塞环和活塞裙工作表面；活塞继续上行，查看气缸套下部和活塞杆的情况。

2. 观察活塞环的工作状况

活塞环在气缸中有以下几种可能出现的状况，观察时应细心观察、分析和判断。

(1)活塞环良好工作状态：活塞环与气缸工作表面光亮、湿润，环在环槽内活动自如，无过度磨损痕迹，环的棱边可能尖锐，但无毛刺。

(2)活塞环表面有局部轻微擦伤，且对应棱边尖锐，有毛刺，对应缸壁也有轻微磨损。

(3)活塞环表面上有纵向拉痕，是由燃油中硬质颗粒造成的。

(4)活塞环槽内如积炭较厚和较硬使环黏于环槽中，将会造成气缸密封不良。此时可用木棒触动活塞环检查其是否黏着和黏着的程度。

(5)活塞环裂纹或折断，也可用木棒触动进行判断。

(6)活塞环漏气，使环表面干燥发黑，且缸壁上有大面积干燥发黑表面。

(7)活塞头、头几道环和环槽内有带颜色(稍白、黄、褐色等)的灰状堆积物，是气缸油中碱性添加剂导致，可引起缸套严重磨损。

(8)润滑情况：观察缸壁和环上油膜是否充分，除第一道环外其他环的棱边上应有润滑油。气缸套内表面上的白色或褐色部分，是硫酸引起的腐蚀磨损。

二、活塞环的损坏与检修

1. 活塞环过度磨损与检测

活塞环随活塞在气缸内作往复运动，使活塞环外圆工作表面磨损，环的径向厚度减小，活塞环的工作开口即搭口间隙增大；活塞环在环糟内运动，使环的上、下端面磨损、环的轴向高度减小，环与环槽的间隙即平面间隙增大。通常，柴油机正常运转时活塞环的正常磨损率在 0.1 ~ 0.5 mm/kh 之内，活塞环的寿命一般为 8 000 ~ 10 000 h。

正常磨损的活塞环沿圆周方向各处磨损均匀，并仍与缸壁完全贴合，所以，正常磨损的活塞环仍具有密封作用。但实际上，活塞环外圆工作表面多为不均匀磨损。

柴油机运转时，如活塞环迅速产生较大的不均匀磨损，磨损率超过正常值，表明活塞环发生异常磨损。活塞环异常磨损大多由维护管理不良造成。例如活塞环换新后磨合不良甚至不进行磨合就投入使用工况运转；柴油机长时间超负荷运转；润滑油品质不佳或供油不充分；燃用劣质燃油、燃烧不良和冷却不足等。第一道活塞环的工作条件尤为恶劣，高温燃气使缸壁温度过高、滑油氧化、润滑条件变坏导致其异常磨损；高温使活塞头和环槽过热变形，破坏环与环槽配合也会发生异常磨损。

活塞环磨损可通过以下测量来判断：

(1)搭口间隙测量

搭口间隙是活塞环处于工作状态时的开口大小。它是活塞环工作时的热胀间隙，搭口间隙过小会使活塞环受热膨胀，搭口间隙消失，环两端对顶，严重时引起拉缸、环卡死和折断；搭口间隙过大会使燃气漏泄。所以说明书或标准中规定了搭口间隙的最小值(装配值)和极限值。

活塞环外圆面磨损后，径向厚度减小，环的直径 d 减小，但弹力使环仍紧贴缸壁。所以，环的直径胀大与缸径 D 相等，使活塞环搭口间隙增大，由 a 变为 b，如图 5 - 14 所示。

测量搭口间隙的方法：

①测量前，先将活塞自缸中吊出，取下活塞环并清洁环和气缸；

②将环依其在活塞上的顺序依次放入缸套下部磨损最小部位或缸套上部未磨损部位，

并使环保持水平；

③用塞尺依次测量各道活塞环的搭口间隙；

④将测得的搭口间隙值与说明书或标准进行比较。超过极限间隙值时，说明活塞环外圆表面已过度磨损，应予以换新。一般要求活塞环搭口间隙值大于或等于装配间隙，小于极限间隙。

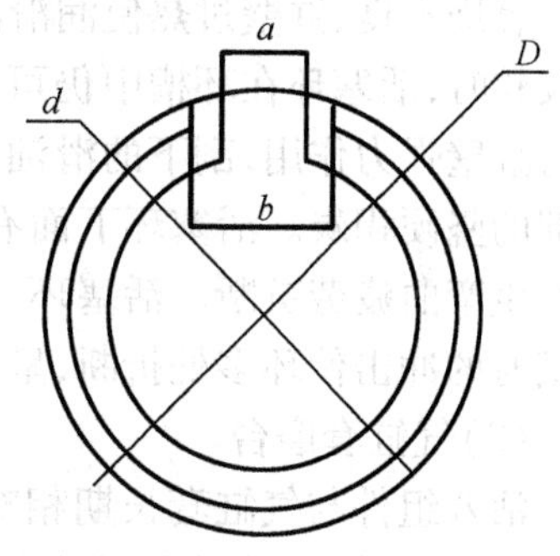

图 5－14　活塞环外圆表面磨损与搭口间隙的关系图

(2)平面间隙测量

平面间隙俗称天地间隙，它是活塞环紧贴环槽下端面时环与环槽上端面之间的间隙。当活塞环与环槽端面磨损后将使端面配合间隙增大。平面间隙过小使环热膨胀受阻和影响环在环槽中的运动；平面间隙过大会使燃气漏泄。说明书和标准中规定了平面间隙的最小值(即装配值)和最大值(即极限值)。

测量平面间隙的方法依活塞环尺寸大小分为两种，但不论哪种方法在测量前均需先将活塞自气缸中吊出，取下活塞环并分别清洁环和环槽，然后再测量平面间隙。

①大尺寸活塞环的平面间隙测量

将环依次装入各道环槽中，使环的下端面与环槽下端面紧贴，用塞尺沿圆周或在圆周上几点处测量平面间隙；

②小尺寸活塞环的平面间隙测量

因活塞环的尺寸较小，质量较轻，测量者可一手持环，将环水平局部插入环槽，并使环与环槽下端面紧贴，另一手用塞尺测量，可在环与环槽的圆周上对应几处测量。实测的平面间隙值应与说明书或标准比较，使之大于或等于装配间隙，小于极限间隙。当实测平面间隙大于极限间隙值时，应修复环槽或换新活塞环；实测间隙变小说明环槽变形或因脏污影响测量的准确性。通常第一道环的平面间隙较大，其他环依次减小。

③活塞环径向厚度测量

活塞环外圆磨损使其径向厚度减小，所以径向厚度也是衡量活塞环磨损的参数。采用外径千分尺进行测量。依柴油机说明书规定，当活塞环径向厚度小于规定值时换新活塞环。例如，MAN B&W S/L60MC/MCE 型柴油机活塞环的径向厚度最小值为 17 mm 时换新活塞环(设计值为 20 mm)。

2. 活塞环的折断

活塞环折断是活塞环常见的损坏形式之一。一般多是第一、二道活塞环容易发生折断，断裂部位多在搭口附近。活塞环可折断成几段，也可能呈粉碎状，甚至失踪。活塞环折断会使气缸磨损加剧，二冲程柴油机的断环可能被吹至排气管或扫气箱中，乃至吹入增压器涡轮端打坏涡轮叶片，造成严重事故。

活塞环折断的原因很多，除材料缺陷、加工质量低外，主要是使用中维护管理不良和装配质量差所致。

(1)搭口间隙过小

搭口间隙小于装配间隙时，运转中活塞环受热温度升高，由于搭口处金属膨胀无充分的余地，使搭口两端对顶产生弯曲，通常是在搭口附近折断。高增压柴油机燃烧室温度更高，如果搭口间隙过小更易折断。

(2)环槽积炭

燃烧不良、缸壁过热使润滑油氧化或烧损均会使气缸中积炭严重。环槽下端面上的积炭较软时,活塞环在环槽中仍可活动和保持与气缸的密封性;当积炭严重时,环活动受阻,环与缸壁强力作用,刮下的滑油和金属屑混合,并在泄漏燃气作用下在环槽下端面上形成局部的坚硬积炭。活塞环下面有局部的坚硬积炭,上面受到周期性燃气压力作用,使活塞环产生弯曲疲劳折断。活塞环一处折断后燃气泄漏量增加,环槽积炭更加严重,加上活塞横摆时的冲击使环多处折断,呈多段状或碎块状,环槽和气缸的磨损更加剧烈。

(3)气缸套磨台

活塞组件与气缸套长期相对运动使气缸套磨损后在缸套上部出现磨台。当活塞上行至上止点时,第一道活塞环碰撞磨台受到冲击而折断。

(4)环槽过度磨损

环槽下端面过度磨损后呈倾斜状。当活塞在上止点附近时,燃气压力作用使环紧贴于倾斜的环槽下端面上,活塞环产生扭曲变形。随着活塞下行,燃气压力下降,环的扭曲变形程度减小而逐渐恢复水平状态。活塞环周期性地扭曲、水平变形而疲劳折断。

(5)活塞环挂住气口

二冲程柴油机经常会发生活塞环挂住扫、排气口使环折断的损坏。由于活塞环开口部位张力最大,受热变形大,而气缸套上气口之间的筋受热容易变形,当活塞运动时环与气口相遇,只要环开口处稍微接住气口就会使环折断。

(6)活塞环径向胀缩疲劳

当活塞环弹力不足或缸套过度磨损时,活塞环与气缸壁不能紧贴,即不能保持气密,以致高压燃气泄漏将环压入环槽。当活塞下行时气缸内燃气压力降低,活塞环又从环槽内弹出。活塞环不断地径向胀缩以致疲劳折断。

3. 活塞环黏着

活塞环黏着(或称固着),是环槽内充满油污和积炭使活塞环不能自由运动的现象。活塞环固死在环槽内使其失去密封作用,引起窜气、功率下降、活塞环折断和缸套磨损加重等故障。通常第一、二道环容易黏着,严重时活塞上所有的环均发生黏着。

活塞环黏着的原因大多因活塞和气缸套过热、润滑油过多和燃烧不良等造成。过热的活塞,缸套使润滑油氧化或烧焦,燃烧不良使缸中积炭严重,以致大量油污和积炭填满环槽使环不能运动。

检查活塞环是否黏着可以从扫气口观察和用木棒触动活塞环来判断。还可以从活塞环的表面变黑情况来识别环是否发生黏着,因为环黏着时引起燃气下窜而将黏着的环表面变黑。

黏着的环应报废换新活塞环。首先应将环从环槽中取出,一般来说不易取出。采用木棒轻轻敲击活塞环使之松动,或先用煤油浸泡使积炭变软后再用木棒敲击使之松动,最后用专用工具将环取出。取环时切勿用扁铲、凿子等工具,以免损伤环槽。

防止活塞环黏着的关键是要防止气缸过热和润滑油过多,尤其防止多余的润滑油进入气缸上部。大型二冲程柴油机采用气缸注油器注油润滑,注油量可调节故环黏着现象较少。但是由于缸径大,功率高,燃烧室温度高,如果活塞冷却不良就会使活塞头部变形,环槽随之变形,致使环卡死在环槽内,如图5-15所示。为防止环卡死在环槽里采用加强活塞冷却和适当增大平面间隙的措施。

4. 活塞环弹力丧失

活塞环经过长期使用产生不均匀磨损，或由于过热、黏着和材料疲劳等使其弹力部分或全部丧失，造成活塞环的密封作用下降或消失。

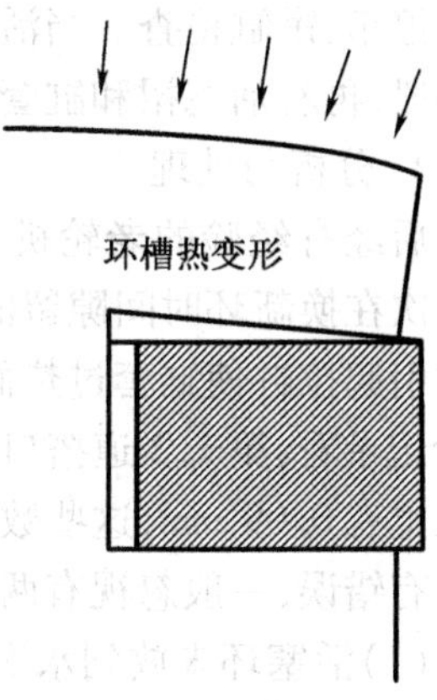

图 5－15　环槽变形使环卡死示意图

在船上对活塞环弹力的检查方法有以下几种：

(1)测量活塞环自由开口。活塞环自由开口是活塞环在自由状态下开口间的距离，其大小直接影响环的弹力。在弹力范围内，开口越小弹力也越小；反之，弹力越大。所以利用改变自由开口大小来调节环的弹力。活塞环的弹力受其材料和加工方法的限制。一般活塞环自由开口 a_0 与环直径 D 的关系为：

$$a_0 = (0.10 \sim 0.13)D \ mm$$

实测活塞环的自由开口 $a_{实测} < a_0$ 或小于新环的自由开口，表明活塞环的弹力下降；若明显减小，表明活塞环弹力丧失。

(2)吊缸检修时，将自活塞上取下的活塞环进行清洁，人为使其自由开口闭合或扩大一倍，松开后测量变形后的自由开口大小。若变形后的开口增大量超过 $10\% a_0$ 时，表明活塞环的弹力过小。

(3)对比法是用新旧环的弹力对比检查弹力的方法。如图 5－16 所示，将新旧环竖立在一起，用力使环开口闭合，如旧环开口已闭合，而新环还有一定间隙时，表明旧环弹力不足。

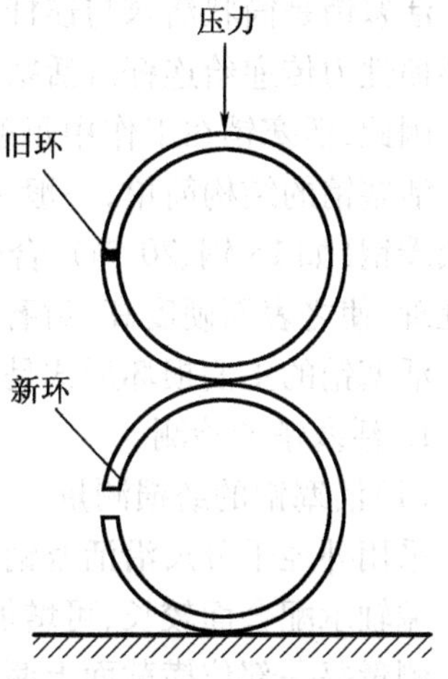

(4)吊缸后，将活塞环和气缸分别清洁干净，将环装入气缸并用手推动。一般正常弹力的活塞环是不容易装入气缸的，装入缸中也难以用手使之移动。如果旧环易于装入缸中且轻轻触动环即沿缸壁移动，表明活塞环弹力过小。

活塞环弹力部分或全部丧失时应换新活塞环。但在无备件的情况下可采用应急方法暂时恢复环的部分弹力。具体做法是用小锤敲击活塞环内圆表面。自搭口对面部位开始重敲，然后逐渐向两侧敲击，用力逐渐减小，使环的开口增大，弹力增加。但应注意，不可用力过大，以免将环敲断。

图 5－16　对比法检查活塞环弹力示意图

三、活塞环损坏故障实例

下面介绍一个主机因活塞环断裂，导致增压器损坏的故障。

1. 故障经过

某轮设有 9ESDZ58/100 型主机一台，匹配三台增压器。一天航行中，当值轮机员听到主机发出尖锐“当！当！”的喘振声。轮机长要求船长抛锚停车拆检该增压器的前后端盖处轴承情况，拆下后未见有异常，盘动转子手感也良好，认为问题不大，继续启航。刚启动主机不久，车速尚未到全速时，增压器已喘振颤动严重，不敢继续加速运转，再次要求抛锚停车解体拆检。这时拆下后透平端轴承外套裂碎，透平喷嘴环和叶片严重被打坏，同时透平内发现有活塞环断块，一时不能自修，于是封闭增压器，主机以半速继续航行，到第三天晚上三管轮值班时,发现2#缸扫气箱上的道门盖处有烟气冲出来,轮机长知道后要求第三次抛锚停车,吊缸检查。当活塞吊出后看到上面已无一根完整的环了,全部断裂为大小不一的小段,再看活塞裙和缸套上也产生多处长短的裂缝十余条。只好再封缸航行。

2. 分析与处理

后经有经验的老轮机长检查后,发现断裂的活塞环搭口处都有很明显的亮点,这就表明上次在换新环时间隙留的过小,一旦暖缸启动运行,经热态膨胀后搭口就顶死磨出亮点,同时引起拉缸使缸套过热而裂和环撑断。再根据上航次对2#缸吊缸换新4根活塞环后的测量记录看,第1、2道搭口间隙是5 mm,天地间隙是0.15 mm,其余的搭口都有3 mm之多,天地也有0.09 mm,这些数据看来还符合要求,但从有亮点的事实来看,说明在测量时的方法上有错误,一般忽视有两点:

(1)活塞环未放到水平位置,是在有倾斜时测出的数字因而有误差。

(2)搭口之间距离不是从水平方向量取,而应从斜面的垂直方向量取。这两者误差也有2~3 mm之多,这怎么不会引起咬缸故障呢?

第七节　活塞销和十字头销的检修

一、活塞销的检修

活塞销是筒状活塞与连杆的连接件,它的作用是把活塞所承受的气体力和活塞的往复运动惯性力传递给连杆。活塞销在连杆小端轴承中做摆动运动。

因此,活塞销在工作中承受周期性并具有冲击性的弯曲作用力和表面受到摩擦与磨损。活塞销的结构简单,一般为中空的圆柱体。为了满足工作要求,活塞销的材料一般选用低碳钢(如15钢、20钢)、合金渗碳钢(如20Cr、12CrNi3等)并经表面渗碳、淬火和低温回火处理,使之表面硬度高、耐磨性好,心部具有较高的韧性。

活塞销的主要损坏形式是磨损和裂纹。

1. 活塞销的检测

(1)活塞销的磨损测量

采用外径千分尺沿活塞销轴线方向的两端和中间三个部位进行测量,如果活塞销与连杆小端轴承配合面较长,可增加两个测量部位。

测量每一部位横截面上两个相互垂直的直径 D_1,D_2,并计算出圆度误差和圆柱度误差,要求其最大圆度误差和最大圆柱度误差符合表5-10的规定。

表5-10　活塞销磨损极限(CB/T3542-94,mm)

活塞销直径	圆度、圆柱度	活塞销直径	圆度、圆柱度
<50	0.03	>175~200	0.06
>50~75	0.04	>200~225	0.07
>75~100	0.04	>225~250	0.07
>100~125	0.05	>250~275	0.08
>125~150	0.05	>275~300	0.08
>150~175	0.06		

(2)活塞销裂纹检测

活塞销虽小但它是一个极为重要的零件,其上微小的裂纹可引起活塞销断裂,进而引起活塞运动部件打坏机体的严重事故(俗称连杆伸腿的波及性事故),为此对活塞销应进行:

①外观检查:通过观察活塞销表面发现表面有无擦伤、过热氧化变色、渗碳层剥落和表面裂纹等缺陷。

②磁粉探伤:要求对活塞销进行磁粉探伤,检查表面有无裂纹。工作表面不允许有裂纹和横向发纹,但允许有数量不多于5条的纵向发纹,同一截面上不多于2条。

2. 活塞销的修理

活塞销外圆表面过度磨损可采用镀铬、镀铁或其他方法修复。要求镀铬前活塞销表面粗糙度为 R_a1.6 μm,镀铬层厚度不应大于0.5 mm,镀后机械加工。

活塞销表面裂纹和渗碳层剥落应报废换新。

二、十字头销的检修

十字头部件由十字头销和滑块组成,是十字头式柴油机所特有的部件。它的作用是连接活塞组件与连杆,构成活塞运动部件,并把活塞的气体力和惯性力传递给连杆。十字头销一般选用优质碳钢(40钢、35钢)或合金调质钢(40Cr、35CrMo)锻造而成。十字头销为短粗的中空圆柱体,刚性好,工作表面粗糙度等级高,一般在 R_a 0.20 μm以下。

柴油机运转时,十字头销承受周期性弯曲作用力,并具有冲击性,十字头销颈表面受到摩擦与磨损。

十字头销的主要损坏形式是表面磨损和裂纹。

1. 十字头销的检测

(1)十字头销的磨损测量

采用外径千分尺测量十字头销与连杆的十字头轴承配合的轴颈的两端直径。计算其圆度、圆柱度误差,并应符合表5-11的规定。十字头销颈圆度误差过大容易引起十字头轴瓦的裂纹。

表5-11　十字头销颈直径磨损极限(CB/T3538-94,mm)

十字头销直径	150-200	>200-250	>250-300	>300-350	>350-400	>400-450	>450-475	>475
圆度、圆柱度	0.06	0.07	0.08	0.09	0.10	0.12	0.14	0.15

(2)十字头销颈中心线与活塞杆孔中心线应垂直、相交。测量垂直度和位置度,要求垂直度偏差应不大于0.15 mm,位置度应不大于0.50 mm。此项检验应在车间平台上进行。

(3)十字头销颈裂纹检验

①外观检查:检查十字头销颈工作表面、过渡圆角附近有无裂纹、较深的拉痕等损伤。一般不允许有裂纹、拉痕等。过渡圆角附近表面不允许有发纹,其他表面不允许有横向发纹,只允许有个别的纵向发纹。

②磁粉探伤:必要时做无损探伤检查。

2. 十字头销颈的修理

(1)十字头销颈外圆表面过度磨损后,可采用镀铬工艺修复。要求铬层厚度在0.20～0.3 mm之内。镀前外圆表面粗糙度 $< R_a$ 1.60 μm,镀层表面不允许有麻点、发纹等缺陷。

(2)十字头销颈圆柱度误差超过规定时,可采用机械加工方法修复。

(3)十字头销颈外圆表面、过渡圆角附近表面产生裂纹并超过规定要求时,应报废换新。

第八节　活塞杆填料函的检修

活塞杆填料函是安装在气缸体底板(或称横隔板)中心孔内的密封装置,具有密封气缸扫气空气、刮除活塞杆上的油污和将气缸与曲柄箱分隔开的作用。

一、活塞杆填料函的结构

活塞杆填料函是由上、下两部分组成的。上部填料函用来密封扫气空气不使其漏入曲柄箱和刮除活塞杆上的油污,以免进入曲柄箱污染润滑油。污油集中在气缸体的倾斜的底板上,可定期用装于气缸体上的旋塞排放。下部填料函用以防止曲柄箱中飞溅润滑油被活塞杆带入气缸。

图5－17为Sulzer 6RTA48T－B型柴油机的活塞杆填料函装置。活塞杆填料函防止燃烧残余物污染轴承润滑油以及将扫气空间与曲轴箱KG密封。

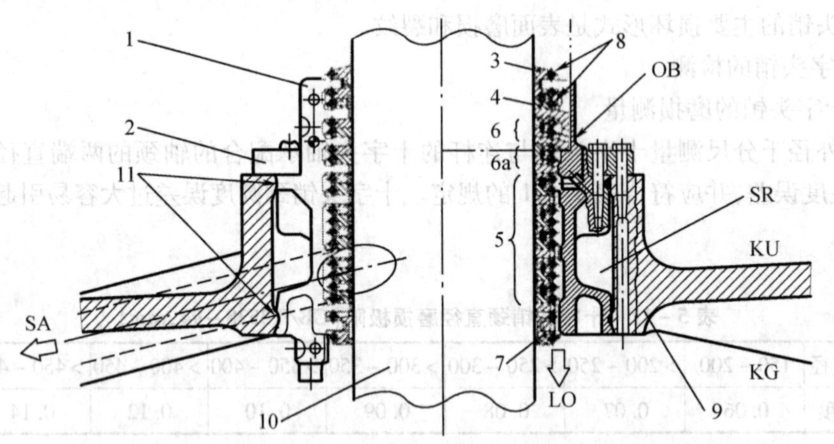

图5－17　Sulzer 6RTA48T－B型柴油机活塞杆填料函示意图

1—壳体(两部分组成);2—固定环(两部分组成);3—刮环(三部分组成);
4—上刮油环(三部分组成,有一道槽);5—下刮油环(三部分组成,有两道槽);
6、6a—密封环(三部分组成);7—刮环(四部分组成);8—夹紧弹簧;9—缸体;
10—活塞杆;11－O—形密封环;KU活塞下侧;KG—曲轴箱;LO—轴承油排放;
OB—油孔;SA—从SR腔排出脏油(气压降低);SR—脏油腔

刮环3和上刮油环4刮除活塞杆10的脏气缸润滑油,被刮下的脏气缸润滑油聚集在缸体底部并从燃油泵侧通过排污管排出。注意:为保证排污通畅,扫气空间KU的脏油排污管必须始终开着。

密封环6和6a是由三瓣组成的密封环，各瓣之间有间隙，为保证密封良好，在各瓣之间的间隙上装有密封块（图中未示出）。密封环6和6a的作用是防止扫气空气漏进曲轴箱。由于间隙漏失引起的低空气压力，通过脏油收集管的排放装置被释放。顶部残余的脏油被密封环6刮掉。这些脏物通过孔OB聚集到扫气空间KU底部。

所有的刮环和密封环用夹紧弹簧8（标准尺寸）压靠到活塞杆10上。注意：下刮油环5安装时必须使标记TOP朝上。

二、活塞杆填料函检修

由于活塞杆与填料函长时间地相对往复运动和环的径向运动，使刮油环、密封环的内圆面产生磨损、划痕、擦伤和端面磨损，致使各部位的环与环槽的配合间隙发生变化。当各部位的间隙接近或超过说明书规定值时，填料函将失去其原有的功能。

当刮油环和密封环过度磨损使规定的间隙接近或超过最大值时、当环内表面产生划痕、擦伤等损坏时均应换新环。对活塞杆填料函的检修应注意以下两点：

（1）每次吊缸检修活塞时均应拆下活塞杆填料函进行检查，发现严重磨损的零件或有怀疑的零件均应换新。由于活塞的检修间隔期是10 000 h，只有在下一次检修活塞时才能再次拆下填料函进行检修，所以每次吊缸必须检修填料函，以保证其处于良好技术状态。

（2）活塞杆填料函的拆、装应按说明书规定的顺序和要求进行，并保证各部位的配合间隙符合要求。

三、活塞杆填料函故障实例

下面介绍一个因活塞杆填料函泄漏，导致主机系统润滑油消耗量偏高的故障。

1. 故障经过

某轮主机型号：MITSUBISH SULZER - GRND76，额定转速：120 r/min。2002年3月18日~20日从上海到天津的航程中，发现主机系统润滑油消耗量偏高，数值与原来的比较偏差较大。由于受船舶压载、装载情况及船上燃油和淡水的使用，造成的前后倾及左右倾的影响，引起测量油位和指示体积数的变化，给原因的查找增加了不少困惑。

2. 分析与处理

（1）怀疑主机润滑油系统的管路可能有破损，为此多次下到机舱舱底花铁板以下，顺着主机润滑油系统的各段管路逐段检查，特别是对法兰垫片等极有可能产生泄漏处，检查得更为仔细，未见有漏。

（2）检查主机润滑油泵轴封，没有发现漏油。润滑油泵工作正常，油压稳定。

（3）检查主机推力轴承的轴封和中间轴轴承的轴封，因为其他船曾出现过推力轴承的轴封漏油的情况，几次仔细检查两轴承的轴封，确认轴封正常，没有漏油。

（4）观察主机润滑油分油机运行过程中出水口和排渣口是否跑油。假如分油时因水封损失跑油，有时这种损失也很大。检查结果，主机机油分油机工作正常。

（5）检查润滑油冷却器进出海水管路的冷却水，也没有发现油迹。说明润滑油冷却器管子没有故障。

（6）进入干隔舱检查主机机油循环柜四周及底部，特别注意对焊缝、人孔盖螺丝及垫片仔细检查，未见有泄漏的痕迹，排除主机机油循环柜泄漏的可能。

经过以上原因的查找和排除，认定主机系统润滑油的消耗量偏高，是由于主机本身造成的。通过对主机机油消耗量和转速的统计比较，发现当主机转速高于 100 r/min 时，主机系统润滑油耗量不正常偏高，而当主机的转速低于或等于 90 r/min 时，主机系统润滑油消耗量则基本正常，初步认定是主机活塞杆填料函失效。打开活塞杆的下部填料函和活塞冷却水套管填料函护盖，逐个缸检查各缸活塞杆的下部填料函情况，发现主机第一缸的活塞杆下部填料函漏油严重，终于确认主机系统润滑油的消耗量偏高的原因，为主机活塞杆填料函失效引起的。

解体主机第一缸活塞杆的上部和下部填料函，发现第一缸活塞杆下填料函的密封环与密封环之间及刮油环之间已紧靠在一起，已不存在说明书规定的最小间隙，密封环和刮油环的内唇均已磨平，已明显失效。

为此更换密封环和刮油环共 8 层 24 片，各间隙按说明书规定进行测量和调整，两道橡胶圈均更换，组装好主机第一缸活塞杆填料函。航行中先进行低速磨合，再逐渐提高转速。通过长时间进行观察，当主机在低速和高速运行时，均未见有油泄漏，且系统润滑油消耗量正常。

第九节　曲轴的检修

曲轴是柴油机的重要零件。曲轴的作用是把活塞的往复运动变成曲轴的回转运动，汇集并输出各缸功率等。曲轴形状复杂、刚性差，其质量占整台柴油机质量的 7% ~15%，造价占柴油机造价的 10% ~20%。曲轴的技术状态直接影响柴油机的正常运转、船舶的安全航行和经济性。所以应加强曲轴的维护保养，减少损伤，尤其应减少曲轴的磨损，控制曲轴的变形和防止曲轴断裂。

曲轴的主要损伤有：磨损、腐蚀、裂纹和断裂、红套滑移等。对曲轴的变形和断裂可通过测量曲轴臂距差予以控制。

一、曲轴损伤的检修

1. 曲轴轴颈的磨损检修

柴油机长期运转使曲轴主轴颈和曲柄销颈产生不均匀磨损：直径减小、几何形状精度降低，产生圆度和圆柱度误差等。

曲轴轴颈的圆度误差是柴油机工作循环使曲轴轴颈回转一周时在圆周方向受到大小和方向变化的力的作用产生的不均匀磨损所致；圆柱度误差是曲轴轴颈受到气体力和运动部件重量作用产生弯曲应力，及活塞运动部件安装不良或失中等使在轴颈长度方向受力不均，产生的轴向不均匀磨损所致。

圆度和圆柱度是衡量曲轴轴颈磨损程度的主要参数。圆度误差过大使轴与轴瓦的配合间隙变化，破坏润滑油膜，降低轴承的承载能力；圆柱度误差过大使轴承负荷轴向分布不均，引起活塞运动装置的失中。所以，新造曲轴应符合图纸上尺寸、几何形状精度要求；运转中磨损的曲轴圆度、圆柱度误差应符合说明书或标准的规定。

(1) 曲轴磨损的测量

采用外径千分尺或游标卡尺测量主轴颈和曲柄销颈的直径，分别计算它们的圆度误差、圆柱度误差并与说明书或表 5 – 12 比较，判断磨损程度。

表 5－12　曲轴主轴颈和曲柄销颈磨损极限(CB/T3538－94,mm)

轴颈直径	>500r/min 筒形活塞式柴油机				<500r/min 筒形活塞式柴油机				十字头式柴油机			
	主轴颈		曲柄销颈		主轴颈		曲柄销颈		主轴颈		曲柄销颈	
	圆度	圆柱度	圆度	圆柱度	圆度	圆柱度	圆度	圆柱度	圆度	圆柱度	圆度	圆柱度
<75	0.03	0.03	0.03	0.035	–	–	–	–	–	–	–	–
>75－100	0.035	0.035	0.035	0.04	–	–	–	–	–	–	–	–
>100－125	0.035	0.035	0.035	0.04	–	–	–	–	–	–	–	–
>125－150	0.04	0.04	0.04	0.04	–	–	–	–	–	–	–	–
>150－175	0.05	0.05	0.05	0.05	0.05	0.05	0.05	0.05	–	–	–	–
>175－200	0.05	0.06	0.05	0.06	0.06	0.07	0.06	0.07	–	–	–	–
>200－225	0.06	0.07	0.06	0.07	0.07	0.08	0.07	0.08	0.08	0.08	0.09	0.09
>225－250	0.07	0.08	0.07	0.08	0.08	0.08	0.08	0.09	0.09	0.09	0.10	0.10
>250－275	0.07	0.08	0.08	0.08	0.08	0.09	0.08	0.10	0.10	0.10	0.11	0.11
>275－300	0.08	0.09	0.09	0.09	0.09	0.10	0.09	0.10	0.10	0.10	0.11	0.11
>300－325	0.08	0.09	0.09	0.10	0.09	0.10	0.10	0.11	0.11	0.11	0.12	0.12
>325－350	0.09	0.10	0.10	0.11	0.10	0.11	0.11	0.12	0.12	0.12	0.13	0.13
>350－375	–	–	–	–	0.11	0.12	0.12	0.13	0.12	0.12	0.13	0.13
>375－400	–	–	–	–	0.12	0.12	0.13	0.14	0.13	0.13	0.14	0.14
>400－425	–	–	–	–	0.13	0.14	0.14	0.15	0.14	0.14	0.15	0.15
>425－450	–	–	–	–	–	–	–	–	0.15	0.15	0.16	0.16
>450－475	–	–	–	–	–	–	–	–	0.16	0.16	0.17	0.17
>475－500	–	–	–	–	–	–	–	–	0.17	0.17	0.18	0.18
>500－525	–	–	–	–	–	–	–	–	0.18	0.18	0.19	0.19
>525－550	–	–	–	–	–	–	–	–	0.19	0.19	0.20	0.20
>550－575	–	–	–	–	–	–	–	–	0.20	0.20	0.21	0.21
>575－600	–	–	–	–	–	–	–	–	0.20	0.20	0.21	0.21
>600－650	–	–		–	–	–	–	–	0.21	0.21	0.22	0.22
>650	–	–	–	–	–	–	–	–	0.21	0.21	0.22	0.22

①测量曲柄销直径:进厂修船时,柴油机解体后可在船上或车间测量。航行期间在船上测量曲柄销直径则需拆除活塞连杆装置。测量步骤如下:

a. 将待测曲柄销转至上止点或下止点位置并进行清洁;

b. 按图 5－18(a)所示的三个截面位置,即曲柄销颈两端分别距曲柄臂 10～30 mm 的两个截面及其中央截面,测量每个截面内的垂直与水平方向的直径,并记录读数;

c. 计算每个截面的圆度误差和两个纵截面内的圆柱度误差,取其中最大值;

d. 查出标准值并与误差的最大值比较,作出磨损程度的判断。

②测量主轴直径测量主、副柴油机各道主轴直径需拆去主轴承螺栓、上盖、上瓦和盘出

下瓦,最后清洁主轴颈。测量步骤如下:

a. 将1#缸曲柄销或待测主轴颈相邻任一曲柄销转至上止点位置;

b. 按图5-18(a)所示的三个截面位置,测量每个截面内垂直和水平方向的直径。可采用图5-18(b)的随机专用外径千分尺或通用外径千分尺测量,并记录读数;

c. 计算各横截面的圆度误差和各纵截面的圆柱度误差;

d. 查出标准;

e. 取圆度误差和圆柱度误差的最大值与标准比较,作出磨损程度的判断。

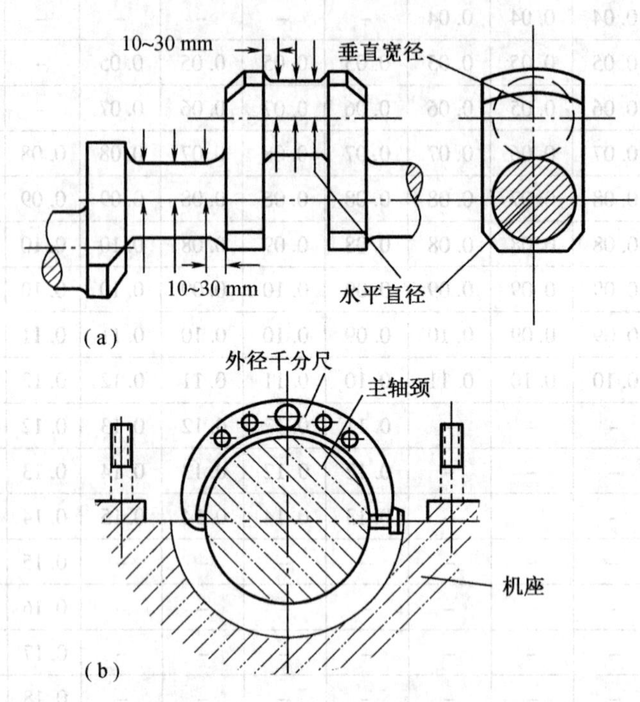

图5-18 曲轴轴颈测量示意图

(a)测量部位;(b)专用外径千分尺测量主轴颈

(2)曲轴磨损的修复

①修理尺寸法

在保证曲轴强度和几何形状精度、位置精度的前提下,选用最小的加工余量进行车削或磨削曲轴轴颈。轴径减少量大于0.01 d(d为轴径)时应进行强度校核。依修理尺寸配制轴瓦,保证恢复原配合间隙值。

曲轴在厂修理时,可在专用曲轴车床、磨床上加工或在车间平台人工锉削修理。在船上可采用装配机原地车削或磨削,也可以人工锉削。无论哪种方法均应保证轴颈圆度、圆柱度和表面粗糙度符合要求。尤其对手工锉削更要严格检测。

②恢复尺寸法

采用镀铬、镀铁等工艺恢复曲轴轴颈原有尺寸。目前国内成功地采用无刻蚀锻铁工艺修复大批各类曲轴,尤其可满足要求较大厚度镀铁层的曲轴。

2. 曲轴轴颈擦伤与腐蚀的检修

曲轴轴颈表面的划痕、拉毛和擦伤等主要是润滑油中的机械杂质或磨损产物引起的。轴颈表面的腐蚀凹坑、锈斑、烧伤等是润滑油中含水分和酸过多产生的电化学腐蚀或漏电等杂散电流引起的静电腐蚀造成的。

当擦伤、腐蚀不严重,尚未影响轴颈的尺寸和几何精度时,一般可采用人工原地修磨予以消除。

(1)轻微擦伤采用麻绳或布条敷细砂纸(0 号或 00 号)缠于轴颈,人工往复拉动磨去伤痕。

(2)较浅伤痕,采用油石打磨消除伤痕后、再用砂纸打光。

(3)较深伤痕,采用油光锉轻轻修锉,消除伤痕后再用砂纸打磨光。

当轴颈表面有轻微擦伤和几何形状误差时,可采用专用磨光夹具进行修磨,曲轴轴颈修磨前,应用黄油将轴颈上的油孔堵塞,以免落入脏物。修磨时注意不要破坏轴颈的几何形状精度。由于修磨量很小,不会影响轴承间隙。但其几何形状误差和表面粗糙度应符合标准要求。

3. 曲轴裂纹与断裂的检修

(1)裂纹的检验

中国船级社的《规范》中规定,锻钢和铸钢的曲轴毛坯均要进行无损探伤检验。

曲轴锻钢件所有加工表面均应进行磁粉检验,并严格检查整锻曲轴的主轴颈、曲柄销颈与曲柄臂连接处过渡圆角,半组合式曲轴的曲柄销颈表面、曲柄销与曲柄臂连接过渡圆角处。曲轴锻钢件还应进行超声波检测。曲轴铸钢件应进行超声波探伤,曲轴所有表面均应进行磁粉探伤,在最终热处理所和精加工后分别进行。

对于新购成品曲轴或修理的曲轴依具体情况进行着色探伤、磁粉探伤或超声波探伤,以检查曲轴表面和内部的缺陷状况。

(2)曲轴裂纹和断裂的修理

①裂纹较小时用来修磨除去裂纹,并将裂纹部位修整光洁,与其他表面之间过渡圆滑,最后经着色探伤或磁粉探伤确认裂纹消失,否则应继续打磨和探伤。当打磨至规定深度仍有裂纹时,则停止打磨,依具体情况改用其他办法处理。此项工作应有验船师的监督和认可。

②裂纹较深时换新曲轴,组合式和半组合式曲轴可采用局部换新办法处理。

③曲轴断裂采用换新曲轴办法。如果航行中曲轴断裂,尤其是主柴油机曲轴断裂应采用应急焊接修理。设法将断裂曲轴焊接成一体维持柴油机运转,抵达港口后再进行彻底修理。例如,某船发电柴油机曲轴断裂,时逢船上其他发电柴油机也状态不良,于是采用应急焊接修理。在断裂的曲柄臂之间焊上 100 mm×100 mm×120 mm 的钢块,曲柄臂两侧焊上 200 mm×200 mm×25 mm 的钢板,使断轴连成一体,对该缸进行封缸,维持柴油机运转。

4. 曲轴红套滑移的修理

(1)曲轴红套

红套又称热套,是实现零件过盈配合的一种工艺。利用金属材料的热胀冷缩的特性把轴和孔牢固地连接在一起。

大型柴油机的曲轴为全套合式或半套合式,采用红套工艺把主轴颈,曲柄销颈分别与曲柄臂或主轴颈与曲柄连接成一体。曲轴红套工艺是把曲柄臂上小于轴颈直径的孔加热,使孔胀大超过轴的直径，将轴顺利地插入孔中，待冷却后孔径收缩恢复原值而与轴颈牢固地连接在一起。

(2)曲轴红套滑移

组合式或半组合式曲轴的主轴颈与曲柄臂套合处相对位置发生错动的现象称为曲轴红套滑移。

曲轴红套滑移将直接影响滑移曲柄以后的各缸的定时、燃烧和功率。滑移方向即滑移曲柄相对主轴颈转动的方向不同将使曲柄夹角增大或减小。

曲轴红套滑移主要由于曲轴受到过大的冲击扭转作用。过大的扭矩超过了曲柄臂对主轴颈的紧固力，就会产生松动和相对转动。航行中螺旋桨打到礁石、缆绳、冰块或气缸中发生咬缸、水击、超负荷等，都会产生过大的扭矩；曲轴红套质量不佳，如过盈量太小、加热温度不足、配合表面太粗糙或不清洁等均会使紧固力不足，即使正常运转也会产生滑移。

(3)曲轴红套滑移的检查

曲轴发生红套滑移时的征兆：柴油机气缸定时不正，严重时有后燃、冒黑烟现象；柴油机剧烈振动；停车后再不能启动等。

在船上，轮机员可把红套时所画的曲柄臂中心线(即曲柄对称线)或曲柄臂上的安装拐挡表的冲孔作为检查红套滑移的标志，检查它们相对主轴颈纵向垂直平面位置的变化便可确定滑移的方向和角度。

(4)曲轴红套滑移的修理

①航行中曲轴发生滑移时，若滑移角度不大，可重新调整定时降低负荷运转，待到港后进行修理。

②滑移不重时在港进行原地修理。采用加热曲柄臂(如用纸乙炔焰)或用冷却主轴颈(如用液氮、液氢)的方法，并同对曲柄臂施加扭矩使之反向转动滑移角度后复位。

③进厂修理采用更换主轴颈和重新进行红套修复。

二、曲轴故障实例

1. 曲轴严重锈蚀

(1)故障经过

某轮主机为6ESDZ76/160B型。1989年修船计划排在1月份进厂，因故一再拖延到6月18日方停航，19日系浮筒挖油脚。在此之前5月初曾送主机滑油油样化验，化验后得悉滑油混有大量水分已乳化，建议换用新油，故在挖油脚同时将主机滑油退岸。7月中进厂，于月底时船厂方拆修主机2#、6#两道曲轴轴承，发现轴颈锈蚀较严重，当时用盘车机也盘不动。于是船方提出其余四道也作同样拆检修理。10月份修好船试航时，发现曲轴箱冒烟，即停车检查，查出1#、5#两道曲轴轴承有熔铅现象，于是拆轴承检查，看到轴颈处麻点严重，又进厂返修到年底才出厂，运转了七个航次，于1990年2月23日又发现1#、6#两道曲轴轴承铺铅，因此将其余各道曲轴轴承全打开检查，发现都有严重锈迹，采用砂带打光后，则见2#、3#、4#、6#缸轴颈腐蚀呈橘子皮状的坑痕。1#、5#两缸因经先前返修过，相比尚为略好一些。再查各道主轴颈也都有不同程度深浅的雷治线条及锈状坑迹。2#主轴颈亦有部分呈橘皮状的凹坑。

根据轮机长反映：返修曲轴轴承出厂后，每航次滑油补给量约2吨。在厂修船时，厂方曾对两台主机滑油冷却器通清压泵，未发现有泄漏，但在2月7日又将两台滑油冷却器自行压泵 0.6 MPa 后，发现一台有 30 根，一台有 21 根管子渗漏，当时就换用一台备用，另一台将漏管闷死。因此怀疑第二次出厂参加营运中在停机时有少量海水渗入滑油中。

不数日，该轮轮机长在清洗并擦干了曲轴箱和滑油循环集油柜后，隔两天进入柜内发现有积水，收集了约 30 铅桶，疑是上次清洗不彻底存留在内，于是亲自带领再次擦干检查一遍后，确认已干净，再盖上道门，旋上螺帽撬紧，经数天后打开道门，又发现油柜内积水一层，此水经送化验后，含盐量达 900 ppm。于是细心检查各处，发现位于 1# 中间轴承底座处的舱面板上有一条约 200 mm 的裂缝不断地有渗漏水落下。与此同时厂方用海水掺入滑油中的模拟试验，也证明了在较短时间内能促使轴面产生麻点状的腐蚀，这与实际情况相符。

(2)分析与处理

从上述事故过程，到最后已很清楚，曲轴的锈蚀是由于机舱舱底板有了裂缝后，含有海水的舱底水进入滑油集油柜与滑油混合。但这裂缝是如何形成的呢？如若在机舱舱底看此裂缝，它正好处在中间轴底座的右侧两个支撑架的中间，此处既不是焊缝处，又不是腐蚀区，而是应力集中处。两个撑架脚烧焊时，可能由于烧焊工艺上的原因，使应力集中，亦可能是钢板材质本身存在问题，经受长年轴系的震动波影响后，使晶粒间发生疲劳而产生裂纹进而再行扩大。

2. 滑油泵跳电致曲轴严重磨损

(1)故障经过

某轮主机为 6ESDZ75/160B 型。一天航行中 04:10 当值轮机员由机舱底层开好滑油净油机，观察了一些时间即回机舱上层集控室时，发现集控台报警红灯在亮着，一看原来是主滑油泵低压报警，再看压力表已指 0 位，即将主机油门关小，维持在 40 ~ 45 r/min 运转，又下底层启动滑油泵，待压力正常后，复将主机油门逐步加大到全速 90 r/min，此时约 04:40。驾驶室 05:00 通知机舱海上风浪大，降速 75 r/min，这时主机滑油温度有些上升，当值认为油柜沉渣泛起原因。直至下班未再有异常，于是在轮机日志上写主滑油泵断电的记录。

当天 16:00 时，大管轮接班主机滑油压力已降至 0.21 MPa，即问二管轮油压报警灯已亮，为何主机不减速，答：以前也有这种情况也照开。吃晚饭时大管轮对轮机长说：要洗滑油滤器。17:00 多轮机长下机舱与大管轮一起停了两次主机，洗了两组滑油滤器。开泵时油压恢复正常到 0.35 MPa，到大管轮下班时油压下降到 0.34 MPa。20:00 ~ 24:00 三管轮值班时，油压又下降到 0.21 MPa 后比较稳定，也就没有换滤器，因以往曾遇此情况请示过轮机长，认为油压在 0.20 MPa 以上可以了。

第二天 04:00 大管轮接班发现主机滑油压力下跌到 0.21 MPa，再看轮机日志上所记录的数据三、二管轮班都一样，即马上换了一组滤器，见油压升高不理想，而油温又较高(57 ℃)，于是他开启另一台滑油冷却器并用，借降低油温来提高油压至 0.34 MPa，直至秦港。22:00 靠妥码头后，大管轮碰到轮机长口头向他讲了一下昨晨 No.2 主滑油泵曾跳电断油数分钟，后对主机“全面检查”过，并无发现任何异常。轮机长听了也没有引起应有的重视。

第三天装煤妥，备车时又发生主机换向失灵，无法动车，拆检换向系统又忙了一整天，于第四天晨方离港。16:00 左右滑油油温还在 44 ℃附近，18:00 以后发现油温有上升趋势，于是采用主机降速至 75 r/min 运行。23:00 三管轮报告轮机长滑油油位有上升(这时油位上升，很可能是熔铅堵塞管路的反应)，24:00 船到成山头附近停车检查，打开主机 1# ~ 6# 缸道门，未见有舱底水漏入(这时若能摸一下油底壳可及时发现有熔铅沉底)，但见曲轴箱内有大量白色气体,又重新盖上道门继续低速航行,直至吴淞口外锚地时,主机外壳已大量冒烟气,推力轴承处手摸烫手,同时还有剧烈敲击声出现,于是抛锚检查,先打开主机推力轴承罩壳,发现正车推力块全熔铅并已形成铁磨铁。再查主机各轴承,都有不同程度熔铅和铺铅出现。

(2)分析与处理

很显然,这次事故是由于主滑油泵跳电停转一段时间而引起。为何会跳电呢?

原来该滑油泵控制系统无单独的启动箱,其启动接触器是装在集控室主配电板内右侧下方的后面,自锁触点又紧靠主配电板的遮护板边上,地处狭窄,只有打开主配电板的遮板,方能对控制系统进行检查。打开遮护板后又打开自锁副触头,发现动触头与静触头之间接触不良,当时人为地用力压紧衔铁数十次,其中有几次动静触头发现接触不良,这时用万用表测量还存在有接触电阻,并且在动触头上有拉弧的痕迹,周围并有黑烟灰一层。当风浪大船舶摇摆厉害的恶劣情况下,这种闭合会出现有拉弧现象,有可能在短时间内使电机出现几次启动状态,以致产生电流冲击,造成主回路电流过大,从而使空气开关起到过电流保护作用而跳电,使滑油泵电机停转,后来将触头上螺丝重新调节,使之接触能顶紧,就不再出现拉弧的现象。

其次又因轮机人员技术素质和责任心等原因,对事故前的一些症状,判断无力,措施无方,拖延时间,致使主机在油压低和缺油情况下运转,导致曲轴磨损严重,使曲轴颈最大磨损竟达 9 mm,推力环平面磨损 12 mm,以及曲轴臂等处的轴向窜动后的磨损方面。修理费和修期损失也是惊人的。这次事故所以拖延数日之久方扩大,主要是后来航速一直没提高,始终处在中慢速情况下运转。

第十节 轴承的检修

一、轴承的结构

船用柴油机曲轴的主轴承、曲柄销轴承、十字头销轴承和活塞销轴承等均为滑动轴承。滑动轴承是曲轴承座、轴承盖和上、下轴瓦等构成的。如图 5-19 轴瓦由瓦壳和瓦衬(耐磨合金层)组成。常见滑动轴承轴瓦的结构形式有以下三种:

(1)两半式厚壁轴瓦

轴瓦厚度 t 较大,一般 $t \geq 0.065D$(D 为轴承直径,mm),合金层厚度为 3~6 mm。瓦壳的材料可选用青铜、黄铜或铸钢,目前广泛采用钢瓦壳。瓦衬的材料主要采用锡基或铅基巴氏合金。

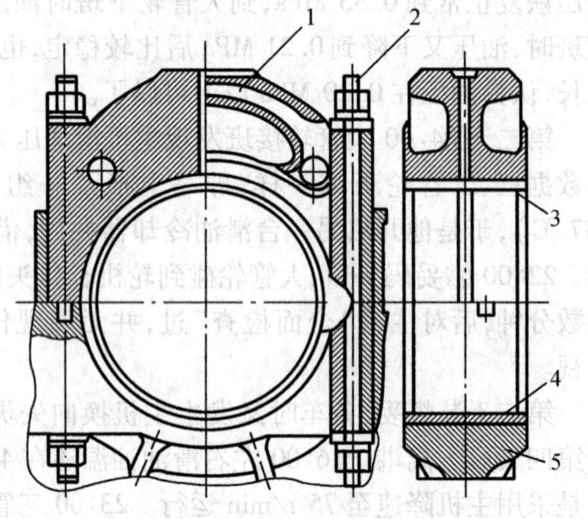

图 5-19 滑动轴承结构示意图

1—轴承上盖;2—螺栓;3—上瓦;4—下瓦;5—轴承

此种轴瓦壁厚、刚度大,可以保证轴承孔的尺寸精度和几何精度。在上、下瓦结合面之间有调整垫片,用以调整轴承间隙。轴承损坏后可以重浇合金或拂刮修复。厚壁轴瓦广泛应用于中、低速柴油机和一些辅机的轴承上。

(2)两半式薄壁轴瓦

轴瓦厚度 t 较小,一般 $t=(0.02\sim0.065)D$(D 为轴承直径,mm),各种材料的合金层厚度如表 5-13 所示。通常瓦壳的材料采用低碳钢,瓦衬的材料有铜铅合金、铝基轴承合金等。薄壁轴瓦广泛应用于中、高速柴油机,大型低速柴油机十字头轴承,甚至有的柴油机主轴承和曲柄销轴承也改用薄壁轴瓦。

表 5-13　薄壁轴瓦合金层厚度(CB/T3535-94,mm)

合金层材料	合金层厚度
锡基、铅基轴承合金	0.25~0.5
铜基轴承合金	0.4~0.8(烧结) 0.4~0.8(连续烧注) 0.4~1.0(离心烧注)
铝基轴承合金	0.3~0.9

薄壁轴瓦刚度低,容易变形。轴承孔的尺寸和几何精度由轴承座和瓦壁厚度加工精度来保证;轴瓦的互换性好,装入轴承座孔后不允许修刮,损坏后也不能修复,只能报废换新。

(3)整体衬套式轴瓦

通常采用青铜或低碳钢制成套筒式,或在衬套内表面上浇 0.4~1.0 mm 厚的耐磨合金层。中、小型柴油机连杆小端轴承、摇臂轴承广泛采用锡青铜或铝青铜衬套式轴瓦。

此外,轴瓦还按金属的层数分为单层、双层、三层和四层轴瓦。单层轴瓦是由一种合金制成的整体衬套式;双层轴瓦为钢瓦壳上浇注或压上减摩和抗咬合的轴承合金层;三层轴瓦或称三合金轴瓦是在双层轴瓦上再镀覆一层极薄的表面镀层,以改善表面性能或抗疲劳性能,例如镀覆 0.02~0.04 mm 的铅、锑、铟等;四层轴瓦是由钢瓦壳、高疲劳强度的轴承合金层、表面性能良好的轴承合金层和表面镀层组成的。

二、轴承的损坏形式

轴承是船用主、副柴油机或其他辅机的易损件,在每年的机损事故中居首位。轴承损坏主要是轴瓦上的耐磨合金层的损坏。其主要损坏形式有:过度磨损、裂纹和剥落、腐蚀和烧熔。

1. 轴瓦的过度磨损

柴油机运转一段时间后使主轴承下瓦、十字头轴承下瓦和曲柄销轴承上瓦产生过度磨损。轴瓦的过度磨损将会使轴承间隙增大,引起冲击和加剧磨损。造成轴瓦过度磨损的原因主要与维护管理不良有关,具体表现如下:

(1)润滑油净化不良,含机械杂质和水分较多;

(2)轴颈表面的粗糙度等级太低、几何形状误差过大和曲轴变形等;

(3)柴油机起、停频繁和长时间超速、超负荷运转;

(4)其他日常维护不善,甚至违章操作等。

以上各点不是使得轴承润滑油膜不能建立,就是由于磨粒,轴颈表面状态不良或过大的轴承负荷破坏已形成的油膜,造成轴瓦的异常磨损。

2. 轴瓦的裂纹和剥落

裂纹和剥落主要发生在白合金厚壁轴瓦上。最初由于种种原因在轴瓦工作表面产生微小疲劳裂纹,随着柴油机的继续运转轴瓦上的裂纹逐渐扩展、延伸,以致使轴瓦上的耐磨合金呈片状脱落,即剥落。造成轴瓦裂纹和剥落的原因主要与轴承受力、轴承合金性能及维护管理等因素有关。

(1)白合金的疲劳强度低,在交变载荷作用下容易产生疲劳裂纹。

(2)轴颈的几何形状误差过大和轴瓦过度磨损都会使轴瓦受到过大的冲击负荷,致使轴瓦产生裂纹。

(3)柴油机超负荷使轴承负荷过大造成轴瓦裂纹。

(4)轴瓦浇铸质量差,如合金层与瓦壳结合不良或二者之间嵌有异物等,在交变载荷作用下使轴瓦裂纹和合金层剥落。

(5)龟裂是白合金轴瓦容易产生的疲劳损坏,如十字头轴瓦的龟裂就较为严重,目前虽然对十字头轴承和连杆小端的结构进行了各种改进,但龟裂仍时有发生。

龟裂是由于柴油机运转时轴瓦受到周期性交变负荷作用,特别在轴承负荷过大和轴向负荷分布不均匀时,使轴与瓦之间难以建立连续而又分布均匀的润滑油膜,以致局部产生金属直接接触,经过一段时间运转后,在轴瓦表面上局部产生细微裂纹,称为发裂。

发裂在柴油机台架试验时就可能产生。实践证明,轴瓦产生发裂后仍可继续运转很长时间,直至发展成龟裂报废,图 5-20 所示为十字头轴瓦的龟裂。

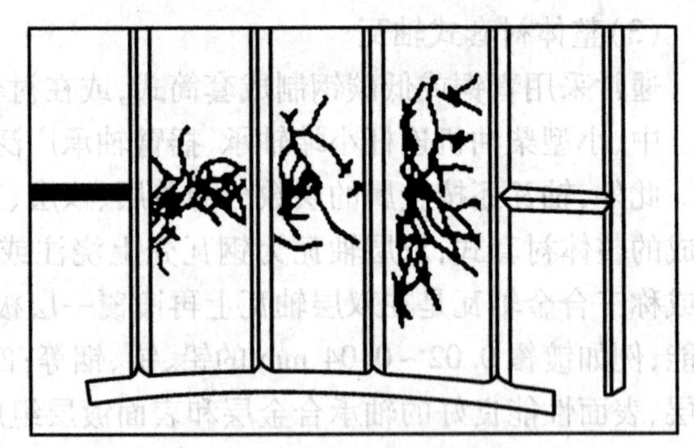

图 5-20 十字头轴瓦的龟裂图

轴瓦产生发裂后,继续运转时润滑油就会渗入裂缝中,在轴承负荷作用下润滑油无处逸出而形成油楔,使发裂扩展、延伸并彼此连接成封闭网状。所以,当轴瓦承受过大的轴承负荷或轴向负荷分布不均匀时,就会使轴瓦上产生发裂,在油楔的作用下扩展成许多封闭的裂纹称为龟裂。当龟裂面积较大并扩展至轴瓦端面或合金剥落时,应报废换新。

3. 轴瓦腐蚀

轴瓦的腐蚀包括电化学腐蚀和漏电引起的腐蚀。润滑油中含水或滑油氧化、燃气或燃油的混入使滑油变质都会使轴瓦工作面产生宏观或微观电化学腐蚀麻点。船上的杂散电流是电器漏电引起的,它使轴瓦内外表面产生局部麻点的静电腐蚀。

4. 轴瓦烧熔

轴瓦合金烧熔是滑动轴承常见的严重损坏。主要由于轴承间隙过小、润滑油油压不足或失压使油膜不能建立、轴颈表面太粗糙或几何形状误差过大等破坏油膜。油膜不能建立或被破坏均使轴与瓦的金属直接接触,干摩擦产生高温使合金熔化。

三、轴瓦的修理

轴瓦的修理主要是针对厚壁轴瓦,依损坏形式和程度不同采用局部修刮,焊补和重浇合金等方法。厚壁轴瓦的合金层损坏可采用喷涂工艺进行修复，要求涂层与瓦壳结合牢固。

1. 局部修刮

轴瓦工作表面上的小面积擦伤、腐蚀或早期发裂可用刮刀进行局部修刮，并使修刮面与周围瓦面圆滑过渡。滑油中含水量较多时会使瓦面上生成黑色氧化钙硬壳，也可用刮刀刮去。

2. 焊补

轴瓦工作面上较深的裂纹、局部合金层脱落或腐蚀等可采用焊补方法修理。

用氢氧焰或焊烙铁将瓦面损坏处合金熔化，再用与轴瓦白合金牌号相同的焊条进行焊补。修补质量与焊前损坏部位的清洁情况有关。一般要采用汽油或煤油清洗、擦干和修刮使露出金属光泽后再进行焊补。

此法简便，实用，是常用的修理轴瓦裂纹的方法，此外还具有节约合金材料和节省修理工时的优点。

3. 重新浇瓦

具有下列情况之一者，应熔去轴瓦上的合金，重新浇铸相同牌号的白合金。

(1)轴瓦合金烧熔；

(2)轴瓦过渡磨损后，合金层厚度小于 2 mm 时；

(3)轴瓦合金层脱壳或大面积剥落；

(4)轴瓦龟裂严重，扩展到轴瓦端面或裂纹深及瓦壳时。

四、主轴承下瓦的更换

柴油机运转中轴承损坏是不可避免的。其轴瓦损坏后，船上条件下只能更换备件。因此换瓦是轮机员经常性的检修工作。换瓦是新瓦的安装工艺过程，其质量仍然是保证安全可靠运转的关键；薄壁瓦安装工艺较为简单，以下介绍厚壁瓦安装过程及应注意的问题。

1. 新瓦检验及安装

(1)新瓦(备件)检验

检查新瓦有无变形和其他缺陷，如合金层与瓦壳结合情况、油槽和垃圾槽情况，测量和记录轴瓦厚度等。

(2)盘出下瓦

在船上换新轴瓦时不需将曲轴吊起，只需将下瓦自瓦座内盘出，并以同样方法将新下瓦盘入瓦座。旧下瓦盘出应从瓦口较厚的一端或有定位唇(轴瓦轴向定位的凸起)的一端盘出。下瓦自主轴颈的下方瓦座盘出的方法很多，随机型而异。例如：小型柴油机利用主轴颈上的润滑油孔，在油孔内插入销钉，盘车时销钉随曲轴转动将下瓦拨出。还可用固定在曲柄臂上的专用工具，将下瓦拨出。Sulzer RD、RND 大型低速柴油机则采用液压千斤顶将曲轴抬高 0. 10 ~ 0. 15 mm 后将主轴承下瓦转出。

为便于盘瓦，通常在新瓦瓦背上镀覆 0. 002 ~ 0. 003 mm 的锡或铜，或在新瓦瓦背上均匀涂以二硫化钼。

(3)新瓦的安装

新瓦按安装要求进行安装。安装前应先检查新瓦有无变形，因为轴瓦备件在放置过程中可能产生变形，如将其装入轴承座中将贴合不良，在色油检查时出现以下情况：

①在下瓦背的两侧面有色油沾点，而瓦背底面无沾点，说明下瓦瓦口产生向外张开的变形，在底部产生间隙 δ。此时新下瓦卡在轴承座上、没有“落底”。应采用修锉瓦背两侧或用铜锤敲击瓦口外侧使之收拢的方法修理。

②在下瓦背的两侧面无色油沾点，而在瓦背底面有沾点，说明新下瓦瓦口产生向内收拢的变形，在瓦口两侧产生间隙 β。此时新下瓦可在轴承座内“晃荡”。应采用木椎敲击瓦口内侧使之向外张开的方法修理。

2. 主轴颈与主轴承下瓦接触检验

新的主轴承下瓦安装合格后，应检验主轴颈与之接触情况并应符合要求。检验时，在轴上均匀涂上色油，使轴回转与瓦互研后，观察下瓦色油沾点的多少和分布。如不合格，用刮刀拂刮下瓦上的色油沾点，再次使轴回转，再次检查沾点和拂刮，直到符合要求为止。

3. 轴承间隙的测量与调节

以上检验合格后应检测主轴颈与主轴承装配后的配合间隙，即轴承间隙。当所测轴承间隙与说明书或标准不符合时，采用抽减或增加上下瓦配合面间的垫片进行调整。

厚壁轴瓦上下瓦结合面间有一组黄铜或紫铜垫片，其形状与结合面形状相同并且不应妨碍曲轴的回转及瓦口处的垃圾槽。垫片的厚度均为 0.05 mm 的整数倍，如 0.10 mm、0.15 mm等，便于间隙调整。垫片数目尽量少，两边的垫片数目和厚度相同。

调整轴承间隙时，轴瓦两边要同时抽减或增加厚度和数目相同的垫片，以免安装后轴承上盖上瓦歪斜和轴承间隙变化。

五、轴承故障实例

下面介绍一个因滑油失压，致使推力轴承严重烧熔的故障。

1. 故障经过

某轮主机为 ESDZ43/82A 型，一次由申开往天津途中遇大风，即在石岛湾避风，直至第三天下午 13:00 时才起锚开航。14:00 时机匠检查发现主机摇臂轴上的封盖掉下，及时报告当值轮机员。二管轮即到机舱上层查看，见 3# 缸摇臂轴两头的闷盖及螺栓都掉下了，由于当时车速为 185 r/min，就一面报告轮机长，一面再通知驾驶室要求减速安装，当减速刚一开始，即听到在飞轮处发出咯！的一声响，立即关车。这时看主机滑油进出压力表，已指在 0 位，再看滑油泵指示灯则已熄灭。二管轮觉得很奇怪，明明不久前检查滑油泵运转很正常，怎么现在就停了呢？而且警报也没响过。这时轮机长已到现场，见此情况，马上重新启动主滑油泵，压力很快上升至 0.22 MPa，随后又启动主机继续运转，仅数分钟后，只见推力轴承处有大量油气冒出，赶紧再停车。打开 6# 缸道门就看到推力轴端有铅熔落。后在无任何检修情况下，又继续开慢车（50 ~ 60 r/min）航行了五小时，到烟台港外锚地检修，此时发现推力块上的合金已全部熔化，燕尾嵌槽也露出，直接与推力环平面摩擦，使平面磨出几道很深痕迹。该轮在航行中辅机既没有发生故障，主滑油泵又没有跳电，这事故怎么会发生，而且当断油后，失压报警也没有报警呢？

2. 分析与处理

当时海上风浪最大为 6 级，不可能因外界因素引起辅机、滑油泵的工作不正常。而事故后对辅机及滑油泵检查，技术状态很好，没有使油泵有跳电的迹象。根据大家回忆，事故当天开航后甲板部有人下机舱关起锚机电源，而起锚机的分电箱正好是在滑油泵分电箱同一部位的上方，因放置地位较低，故习惯用脚去踩较方便，可能这次在踩下去时，用力较大顺势把滑油泵的开关也一起踏关闭了，而后知道不对又随即将滑油泵开关拉上，但他不知道操纵台上还须揿下按钮方能启动滑油泵。其次从关锚机到主机出现事故的前后时间的连接推算下来，可能性是有的，所以这一推理还是合乎逻辑。

为何该轮单独只烧熔推力轴承，而主机其他各活动部件没有损坏呢？主要是发现较早，而推力轴承处是从油泵管路中设有一路直接喷到推力环处，所以一旦断油后，立即无油，又该处单位平面内承受船舶全部的推进力量，一旦断油很快易导致热铁故障，虽然后来油泵供油了，但已受损的推力块，又经五个小时的慢车运行，事故由此就扩大了。至于为何不及时报警，因为该轮报警电源用的是电瓶，电瓶报警共有二组，每组四只，一组用时另一组充电备用，由于电机员工作大意，没有及时测量正使用的一组电液比重，电压已低到不能使警铃起作用，而没有换备用一组。

第十一节　精密偶件的检修

柴油机燃油系统中，高压油泵中的柱塞－套筒偶件、出油阀－阀座偶件，喷油器中的针阀－针阀体偶件，是三对极为精密的零件，称为精密偶件。由于它们都是经过极精细的机械加工，所以它们的尺寸和形位精度高、表面粗糙度等级高、偶件的配合精度高。例如，柱塞、套筒的圆度和圆柱度误差不超过0.001 mm，工作表面的粗糙度为R_a 0.02～0.05 mm，柱塞与套筒的配合间隙只有0.002～0.003 mm。为了满足柴油机运转时的工作要求，这些偶件还应该具有较高的耐磨性、耐蚀性和尺寸稳定性。

精密偶件是在高压燃油中工作，受到高压、摩擦和腐蚀等作用，使偶件配合面极易产生磨损、腐蚀等损坏。值得注意的是，即使偶件工作表面微小的损坏也会严重地影响高压油泵、喷油器、燃油系统和柴油机的正常工作。所以，轮机员应对这三对偶件予以特别地关注。

一、精密偶件的主要损坏形式

1. 柱塞－套筒偶件

柱塞－套筒是高压油泵中的一对重要的偶件，其作用是保证高压油泵准确地正时、足够的供油压力，精确地供油量和可靠地工作。高压油泵工作一段时间后，柱塞－套筒偶件主要产生以下损坏。

（1）圆柱配合面的过度磨损

柱塞和套筒的工作表面产生磨损，柱塞螺旋槽附近的工作表面磨损尤为严重。配合面的磨损将使配合间隙增大，泵油压力降低，进而影响喷油压力，导致雾化不良，燃烧恶化；各缸油泵的柱塞－套筒偶件的磨损不同，泵油压力不同，各缸喷油量不等，以致各缸功率不等，柴油机各缸功率不平衡。

（2）柱塞工作表面的穴蚀

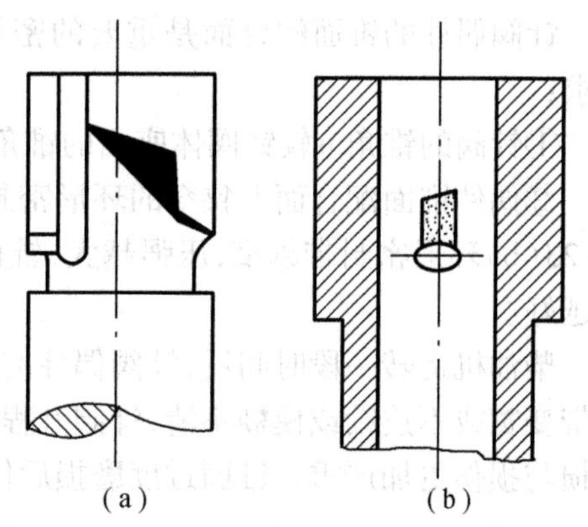

图5－21　柱塞套筒偶件的穴蚀示意图

柱塞螺旋槽附近的工作表面上产生穴蚀。如图5－21所示，穴蚀是由于燃油喷射终了时，螺旋槽的边缘将回油孔打开的瞬间，套筒内的高压油急速冲出，使套筒内压力骤然降低。螺旋槽边缘的油压低到该处温度对应的燃油蒸发压力时燃油气化形成气泡。随后的高压燃油或其压力波使气泡溃灭。强大的冲击波作用使螺旋槽附近的工作表面金属剥蚀，即产生穴蚀。

(3)圆柱配合面上的拉痕及偶件咬死

柱塞－套筒偶件圆柱配合面还会产生纵向拉痕，偶件卡紧甚至咬死。这两种损坏主要是由于燃油净化不良，燃油中含有较多坚硬的机械杂质、配合间隙过小和偶件材料热处理不当引起的。

2. 出油阀－阀座偶件

出油阀－阀座是高压油泵中的另一对精密偶件，在高压油泵中起着蓄压、止回和减压的作用。等容卸载式出油阀偶件的结构。如图 5－22 出油阀－阀座偶件的主要损坏形式有：

(1)工作表面过度磨损。出油阀的导向面、减压凸缘和密封锥面产生过度磨损；出油阀座的密封锥面和内孔产生过度磨损。偶件配合面的过度磨损将使配合间隙增大，泵油量增多，造成不完全燃烧的后果。密封锥面的磨损导致密封性下降，高压油回流，泵油压力降低。

(2)阀与阀座卡紧、咬死或关闭不严而使出油阀处于常开的故障。

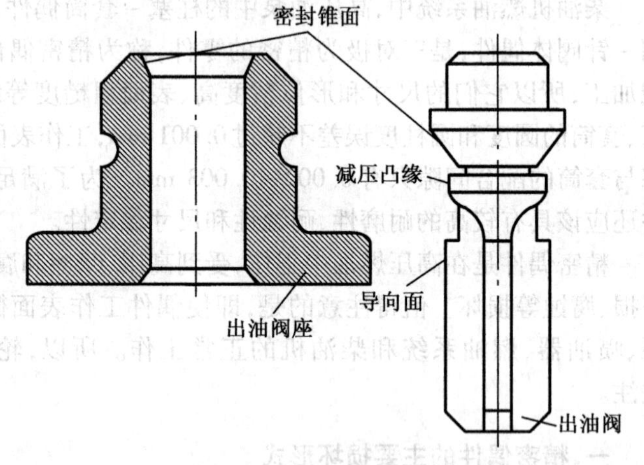

图 5－22 出油阀偶件示意图

3. 针阀－针阀体偶件

(1)圆柱配合面和锥面配合面的过度磨损针阀偶件圆柱配合面过度磨损，使配合间隙增大、喷油压力降低和雾化不良。各缸喷油器针阀偶件磨损程度不同使各缸喷油量不等，从而影响柴油机功率平衡和低负荷运转的稳定性。

针阀偶件的锥面配合面是重要的密封面。在正常工作时，为了密封和切断燃油迅速，要求：

①针阀的锥角 θ较针阀体座面的锥角 θ 约大 0.5°～1°。如图 5－23(a)所示。

②偶件锥面配合面上狭窄的环形密封带(称为阀线)的宽度 h 为 0.3～0.5 mm。如图 5－23(b)环形密封带越窄，压强越大，锥面的密封作用和燃油喷射终了时切断燃油的性能就越好。

柴油机运转一段时间后，针阀偶件的锥面配合面产生过大的磨损，使针阀下沉、环形密封带变宽或不连续或模糊不清，针阀升程加大，针阀与阀座的撞击力增强，使锥面配合面的磨损与损伤更加严重。锥面过度磨损后使针阀下沉，即针阀位置下移，如图 5－23(c)所示。

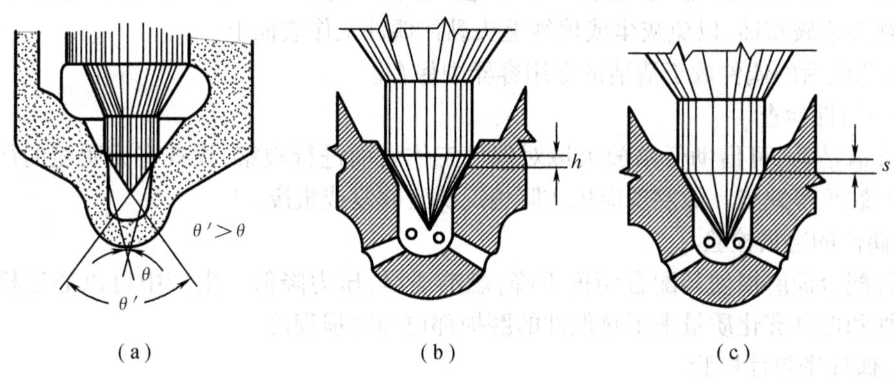

图 5－23　针阀偶件配合情况示意图

(a)锥面配合角度;(b)正确配合;(c)磨损后的配合

(2)针阀体端面腐蚀

针阀体的结构不同,有的针阀体头部带喷孔,另一端为平面,与喷油器本体端面相结合;有的针阀体两端均为平面。一端平面与带喷孔的喷油嘴结合,另一端面与喷油器本体结合。

针阀体端面长期使用会因燃油、冷却水使其发生微观电化学腐蚀,从而使与喷油器本体或喷油嘴结合面处的密封性下降,产生燃油漏泄和油压降低,雾化不良等。

针阀体端面腐蚀可以从喷油器冷却水循环水箱中有油星、油迹等现象进行判断。

(3)喷孔磨损与堵塞

针阀体或喷油嘴头部分布着细小的喷油孔,孔径一般在 0.12～1.0 mm 范围之内,喷孔数目约为 1～12 个。喷油器的喷油孔直径,数目和分布随机型而异。

喷油器使用一段时间后,出于高速、高压燃油的冲刷使喷孔磨损,孔径变大,雾化质量下降;当气缸内燃烧不良、积炭严重时会使喷孔堵塞,孔径变小,甚至堵死。所以,不论是喷孔磨损或堵塞均破坏了燃油雾化及与燃烧室的配合,影响燃油与空气的混合。

针阀体喷孔周围积炭严重时形成炭花。这是由于针阀偶件锥面磨损后密封不良或针阀关闭不及时,导致喷孔滴油、漏油黏附于喷孔四周,高温下形成炭花。喷孔周围积炭影响燃油雾化质量,并使针阀体过热损坏。

二、精密偶件的检验

在精密偶件的各种损坏形式中最常见的是磨损失效。对精密偶件磨损的检验,由于偶件极为精密难于用测量尺寸变化量来掌握磨损程度;同时一些部位也难以进行测量。所以,对于精密偶件是通过密封性检验来了解其磨损程度和判断能否继续使用的。

检验前,偶件应仔细拆卸和清洗。偶件不具有互换性,不能分开乱放。

1. 偶件的清洗

采用轻柴油或煤油清洗偶件,并应注意以下几点:

(1)针阀体或喷油嘴的外表面积炭采用钢丝刷清除。清除喷孔周围积炭时切勿损伤喷孔。如喷孔被积炭堵塞应采用专用通孔工具或钻头疏通喷孔。通孔时,切勿用力过猛,以免通针或钻头断在喷孔内。

(2)偶件配合面应使用软毛刷或软布进行擦洗。清洗干净后用清洁纸或丝绸擦干,不可用棉纱头或破布擦,以免灰尘或棉纱毛头黏住偶件工作表面上。

(3)清洗后的偶件放于清洁的专用容器中保存。

2. 一般性检查

偶件清洁后,可借助低倍放大镜对偶件工作表面进行观察,检查有无明显的严重的磨损、腐蚀、裂纹等缺陷。如发现应依实际情况决定修复或报废。

3. 偶件的磨损检验

偶件配合面磨损使其配合精度下降,燃油泄露,压力降低。生产中可以通过检查偶件的密封性和燃油雾化质量来了解偶件的磨损部位与磨损程度。

(1)偶件密封性检验

①滑动试验法

是检查偶件密封性的最简便的方法,用以检验柱塞-套筒、针阀-针阀体的圆柱配合面密封性。

先用滤净的轻柴油清洗和润滑偶件,然后使偶件与水平面成45°倾斜放置,把柱塞(或针阀)抽出1/3配合面长度后,使其在自重作用下自由滑下,且柱塞(或针阀)在套筒(或针阀体)内转至任何位置滑下时均不得有阻滞现象。

若下滑速度缓慢、均匀,表明配合面无明显磨损,密封性较好;若下滑速度较快或很快,表明配合面磨损较大或严重,密封性不良。若将柱塞(或针阀)转动90°再次试验,柱塞(或针阀)下滑缓慢、均匀,表明偶件产生偏磨损。

②油液降压试验法

油液降压试验法或称燃油漏损定量法,也是检验偶件密封性的一种方法。此外,还有油液等压试验法。

油液降压试验法是用通过偶件的油液压力下降一定值时所需要的时间作为检验密封性的标准,或者是用在一定时间内油液漏损量作为检验密封性的标准。

柱塞偶件油液降压试验法要求油泵在相当于额定供油量时,油压从30 MPa降至5 MPa的时间应不少于20 s,表明柱塞偶件圆柱面密封性良好。

针阀偶件圆柱配合面密封性油液降压试验法,试验前必须进行数次喷油,以排净系统内的空气。试验时燃油进入喷油器,允许将喷油器启阀压力调整到比规定值高2~3 MPa。在启阀压力的油压作用下检查针阀偶件的渗油现象,以手背擦拭针阀体头部喷孔周围,手背应无油,表明针阀偶件圆柱面密封良好。

针阀偶件锥面密封性油液降压试验法:试验时,要求在燃油压力比规定的启阀压力低2 MPa的油压作用下,在10 s内不得有渗漏,允许针阀体喷孔周围稍微湿润,但不得有油液积聚现象。针阀偶件锥面密封性检验可与其圆柱面密封性检验同时进行。

偶件配合面密封性试验是在船上利用喷油器试验装置来完成的。如图5-24检验柱塞偶件时,将高压油管5接到待检油泵上。检验针阀偶件时,将待检喷油器装于试验装置中,如喷油器2。试验时,用手动泵9供油。喷油器雾化试验是对其偶件密封性的综合检验,可与上述密封性检验同时进行。

试验时,将启阀压力调至规定值,然后以40~80次/min的速度进行喷雾试验,喷雾质量应符合以下要求:

a. 喷出的燃油应成雾状,无肉眼可见的飞溅油粒的连续油柱和局部浓稀不均匀的现象;

b. 喷油开始和终了时声音清脆，喷油迅速，利落；

c. 喷油开始前和终了后不得有渗漏，允许喷孔周围有湿润现象。当针阀直径大于10 mm时，允许喷孔周围有油液聚集现象，但不得有油滴漏。喷油器雾化试验十分重要，根据试验时雾花的形状、数目、分布和油粒的细度等检验喷油器的质量和分析故障原因。图5-25的雾化状况分别反映了不同的成因。图5-25(a)雾化不良，是由于喷孔部分堵塞产生滴油现象；图5-25(b)为针阀动作不良产生喷雾方向偏单，油粒粗大；图5-25(c)为针阀锥面磨损，密封性差，在喷雾的同时有滴油现象；图5-25(d)为正常喷射，雾化良好，雾花均匀分布，喷孔周围无滴油现象。

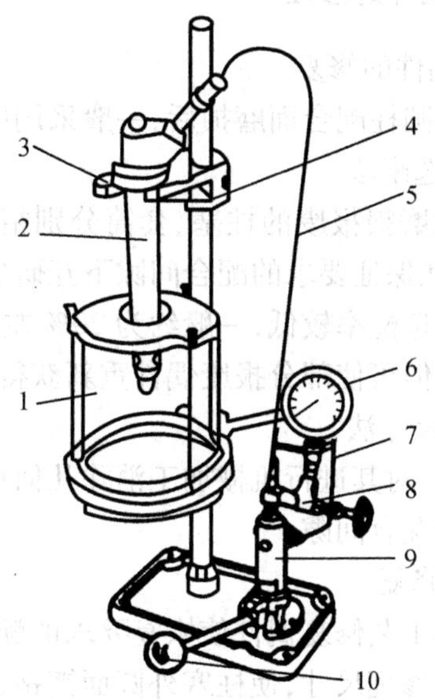

图5-24　喷油器试验装置示意图

1—玻璃罩；2—喷油器；3—支架；4—支杆；5—高压油管；6—压力表；7—贮油器；8—截止阀；9—手动泵；10—手柄

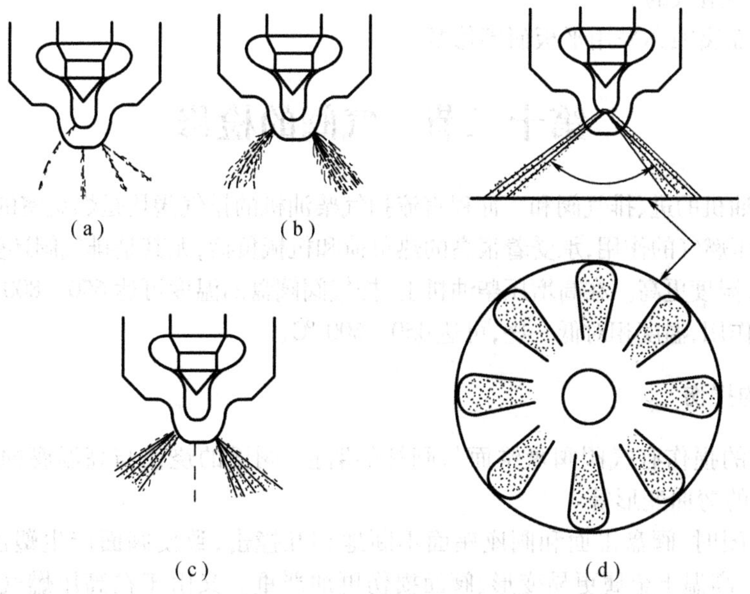

图5-25　几种雾化情况示意图

(a)喷油孔堵塞；(b)针阀动作不灵；(c)滴油；(d)喷油雾化良好

三、精密偶件的修理

1. 柱塞偶件的修复

柱塞偶件圆柱配合面磨损后,一般采用以下方法修复:

(1)尺寸选配法

将一小批磨损报废的柱塞、套筒分别精磨和研磨,消除几何形状误差后按加工后的尺寸重新装配,在保证要求的配合间隙下互研成一对新偶件。

此法重新选配率较低,一般约为20%左右,并且在零件数量较少和船上条件下不宜采用此法修复。但可使部分报废偶件重新获得使用。

(2)修理尺寸法

保留套筒,对其进行机械加工消除几何形状误差,按修理后的套筒尺寸配制柱塞,互研后达到要求的配合间隙。

(3)镀铬修复

采用镀铬工艺修复偶件使恢复要求的配合间隙。常采用偶件之一进行镀铬,即将套筒内孔加工获得修理尺寸,使柱塞外圆面镀铬达到修理尺寸,互研成对,保证恢复要求的配合间隙和性能。此法效率高,可使90%以上的偶件恢复使用。

套筒端面腐蚀密封不良时可在平板上按"8"字形研磨。

2. 针阀偶件的修复

针阀偶件圆柱配合面磨损可采用柱塞偶件的修复方法。锥面配合面磨损后,针阀锥面上的环形密封带出现变宽、中断或模糊不清等现象时,可采用研磨膏进行偶件的互研或不加研磨膏互研,使环形密封带恢复正常为止。清洗后,进行密封性检验。

有时针阀偶件经多次研磨修复,但每次又很快磨损失去密封性,这可能是由于材质不佳或热处理不当造成的。

针阀体端面腐蚀亦采用平板研磨修复。

第十二节 气阀的检修

四冲程柴油机的进、排气阀和二冲程直流扫气柴油机的排气阀均是燃烧室的组成零件,直接受到高温高压燃气的作用,承受着很高的热负荷和机械负荷,尤其是排气阀还受着排气气流的冲刷和加热,温度更高。在高增压柴油机上,排气阀阀盘的温度可达650~800 ℃;进气阀由于新气的冷却作用,温度相对低一些,可达450~500 ℃。

一、气阀的损伤

常见气阀的损伤有气阀阀盘锥面与阀杆的磨损,阀面的烧伤与高温腐蚀、阀盘与阀杆的裂纹及阀杆的弯曲变形等。

气阀在关闭时,阀盘锥面和阀座座面不断地相互撞击,致使阀面产生塑性变形出现凹坑、拉毛现象。高温下金属更易变形、阀面损伤更加严重。又由于在高压燃气作用下,爆发压力还会使阀面与座面产生微小错动,使气阀阀面产生磨损。当有磨损产物、灰分和炭粒等时,阀面磨损更加严重。特别是大型低速二冲程柴油机燃用重油,不仅使阀面磨损加剧,而且还会由于燃油中含有较高的V,Na等元素而使阀面产生高温腐蚀。

正是由于气阀在高温、高压、撞击、腐蚀等的恶劣条件下工作,所以会产生磨损、烧伤、高温腐蚀和断裂等损坏。

二、气阀磨损检修

1. 气阀阀面的磨损检修

气阀阀面磨损是通过将气阀彻底清洗干净后检查发现阀面上的磨损凹坑、阀线变宽超过规定值。阀线变宽或模糊不清,使气阀与阀座关闭不严,燃气漏泄引起阀面和阀座的烧伤、柴油机功率下降等一系列危害。

阀面磨损较轻时可进行阀与阀座的研磨使阀线恢复。阀面磨损严重时,采用手工电弧焊进行堆焊修复。

2. 阀杆磨损检修

气阀阀杆在气阀导管内作往复运动,使阀杆和导管产生磨损,二者的配合间隙增大,产生冒烟、漏气或机油沿导管进入燃烧室,不仅机油耗量增加且使燃烧室积炭加重。

气阀阀杆的磨损检测:可在平台上或车床上对气阀阀杆外圆进行测量,计算出阀杆的圆度误差和圆柱度误差,并与标准比较,如表 5 - 14 所示。当超过标准要求时,可采用镀铬或镀铁工艺修复阀杆,也可以采用喷涂或喷焊工艺修复。

表 5 - 14　气阀阀杆圆度和圆柱度允差(CB/T3503 - 93)

柴油机转速/(r/min)	圆度/mm	圆柱度/mm
<250	0.06	0.08
250 - 750	0.04	0.06
>750	0.03	0.03

3. 气阀阀面的烧伤和高温腐蚀的检修

气阀阀盘锥面上产生麻点腐蚀或阀盘边缘出现烧穿的孔洞等均是由于阀与阀座关闭不严,高温燃气漏泄使气阀过热、氧化或金属中元素烧损造成,以及燃用重油和气阀温度过高引起的高温腐蚀的结果。

气阀阀面烧穿出现边缘孔洞时应报废换新。出现麻点、腐蚀时可采用机械加工修复,也可采用电弧堆焊、喷涂或喷焊工艺修复。修复后气阀装入阀座与锥面接触面积不得少于原接触面积的 1/3。

4. 气阀阀盘和阀杆的断裂检修

阀盘与阀杆过渡圆角处和阀杆上端凹槽处易发生裂纹和断裂。气阀断裂后落入气缸将会引发波及性事故:击碎气缸盖、活塞和气缸套等。阀盘和阀杆裂纹肉眼外观检查,不得有直观裂纹存在;阀杆直径大于 20 mm 时,允许有长度不大于 20 mm 的发纹,但在纵向同一位置上不得有多于两处的发纹。

阀盘与阀杆产生裂纹或断裂,应换新气阀。

阀杆的弯曲变形可在平台或车床上用百分表检验,超过要求时应采用加压校直法予以校正。

第十三节　重要螺栓的检修

船用柴油机上的重要螺栓主要有:气缸盖螺栓、组合式活塞的连接螺栓、连杆螺栓、主轴承螺栓、贯穿螺栓和底脚螺栓等。这些螺栓均各自具有不同的重要作用,不仅要保证连接强度,而且还要承受安装时和柴油机运转时的各种力的作用。为了保证螺栓的紧固连接质量和柴油机安全可靠地运转,这些重要螺栓的材料常选用优质碳钢和优质合金钢,如45钢、40Cr、35CrMo等。以下主要对连杆螺栓、贯穿螺栓和底脚螺栓的检修进行介绍。

一、连杆螺栓的检修

连杆螺栓是连接连杆大端轴承座与轴承盖使之成一体的重要螺栓。连杆螺栓受到装配时的预紧力的作用,四冲程柴油机运转时连杆螺栓还受到往复惯性力的作用。连杆螺栓的直径较小,因其受到曲柄销直径和连杆大端外廓尺寸的限制。

连杆螺栓虽小但是特别重要,因为连杆螺栓一旦断裂破坏将会引发柴油机的破坏性事故,这种波及性事故造成气缸盖、气缸套、活塞和连杆的损坏,甚至机体被打破。所以,对连杆螺栓绝不可掉以轻心。连杆螺栓因锁紧零件失效而脱落,如开口销损坏或脱落也会造成上述事故。

连杆螺栓常见的损坏形式:螺纹的变形与损坏、螺栓拉长或形成颈缩、螺栓弯曲变形、裂纹,螺栓与螺母配合松动等。连杆螺栓或螺母损坏后应成对换新。

1. 连杆螺栓的检测

(1)外观检查

检查螺栓表面有无肉眼可见缺陷,不允许有碰伤、拉毛、变形、裂纹、螺纹损坏和配合松动等缺陷。

(2)裂纹检验

采用放大镜、着色探伤或磁粉探伤等方法检查螺栓的各圆角、螺纹之间的过渡处有无裂纹。

(3)测量螺栓长度

测量螺栓长度以发现螺栓的永久变形。四冲程柴油机连杆螺栓伸长量超过原设计长度的2%时即应报废换新。

螺栓伸长或出现颈缩大多是安装时用力过大所致,或因柴油机发生拉缸、咬缸时使连杆螺栓受到过大拉应力的结果。安装螺栓时,由于错误地认为螺栓旋得越紧越好,以致过分上紧螺母,造成螺栓变形或断裂。例如,6135型柴油机要求上紧连杆螺栓的力矩为180~200 N·m,如果紧至400 N·m时螺栓就会伸长或出现颈缩;如达450 N·m时螺栓发生断裂。

2. 安装连杆螺栓时的注意事项

为了防止连杆螺栓安装不当引起变形或断裂,安装时应注意以下几点:

(1)安装前,认真进行外观检查和清洁,并检验螺栓与螺母的配合情况,应无卡阻和松动现象。

(2)上紧螺栓的方法和预紧力的大小均应按柴油机说明书的规定进行。因为预紧力的过大或过小、各螺栓的预紧力不均匀等均不能保证其工作的可靠性。

(3)检修中不可随意调换连杆螺栓与其原装配孔的关系,因为连杆螺栓与装配孔是过渡配合,需用小锤轻轻敲入螺栓,随意调换将影响配合关系,过紧、过松均影响连杆螺栓的可靠工作。

二、贯穿螺栓的检修

在十字头式柴油机中,贯穿螺栓的作用是把气缸体、机架和机座连成一体构成柴油机的固定件。在筒状活塞式柴油机中,贯穿螺栓把机体和机座连接成一个整体。贯穿螺栓是柴油机中最长和最重的螺栓。

柴油机运转中容易发生贯穿螺栓松动、螺母锈死和螺栓伸长变形等缺陷。

1. 贯穿螺栓松动检查

柴油机每运转一年左右的时间就应对全部贯穿螺栓的上紧程度进行一次检查。贯穿螺栓松动将会引起柴油机的振动和曲轴臂距差的变化,使柴油机不能正常工作。贯穿螺栓预紧力检查的程序如下:

(1)拆除全部贯穿螺栓上的保护罩,清洁上中间环的上平面。

(2)将两只液压拉伸器分别安装到对称的贯穿螺栓上。

(3)开动油泵,泵压至规定压力,通常是规定泵紧压力的90%,并保持不变。

(4)用塞尺通过检查贯穿螺栓上螺母与上中间环之间间隙。如有间隙,则表明螺栓松动,应按规定的泵紧压力重新泵紧;如无间隙则表明贯穿螺栓已上紧,达到要求的预紧力。释放油压并拆除拉伸器。

(5)贯穿螺栓螺纹涂防腐油和安装保护罩。

2. 贯穿螺栓的检修

贯穿螺栓除了容易发生松动外,还会发生裂纹和断裂的事故。贯穿螺栓产生裂纹和断裂除了与材质和制造质量有关外,最主要还是安装中的预紧力是否符合说明书规定及各螺栓的预紧力是否均匀的问题。轮机员在日常维护管理中应加强对贯穿螺栓的检查,及早发现断裂的贯穿螺栓并及早更换。

为了防止贯穿螺栓断裂,在安装时应注意以下几点:

(1)严格按照说明书规定的预紧力的大小和上紧顺序安装贯穿螺栓。不准单个螺栓上紧或松开,一定要成对进行;

(2)按照说明书的规定每年进行一次贯穿螺栓预紧力的检查;

(3)贯穿螺栓应与螺栓孔同心,以防贯穿螺栓受到附加弯曲应力的作用;

(4)加强贯穿螺栓的日常维护管理。

三、底脚螺栓的检修

柴油机机座安装在船体双层底上或焊于船体双层底的底座上。底脚螺栓的作用是将机座固定在底座上,以抵抗柴油机运转中的剧烈振动、船舶航行中的猛烈摇摆和防止机座位移。

主柴油机的机座在机舱中的位置经校中定位后,用底脚螺栓将机座、底座和它们之间的固定垫块,活动垫块连接在一起,牢牢地固定在船体双层底上。这种刚性连接方式结构简单、安装方便、工作可靠,但是劳动强度大、效率低。

固定机座的底脚螺栓的数量和分布取决于柴油机机座上的底脚螺栓孔的数量和布置。

为了防止紧固的主柴油机在运转时产生位移，要求全部底脚螺栓中的15%以上的螺栓采用紧配（定位）螺栓。如果采用环氧垫块时，可不用紧配螺栓。对于安装紧配螺栓的底脚螺栓孔应进行铰孔，根据铰孔后的直径，按H7/k6配合配制紧配螺栓。

底脚螺栓（包括紧固螺栓和紧配螺栓）全部装好后，检查螺母和螺栓头的接合平面处有无间隙，用0.05 mm塞尺应插不进。全部螺栓上紧是采用手动工具或液压拉伸器，按照说明书规定的预紧力要求和上紧顺序进行操作。上紧后，用小锤敲击螺栓，以检查底脚螺栓的上紧程度，以声音清脆为合格。

底脚螺栓松动将会使机座下面的垫铁磨损，从而使机座局部下沉，导致曲轴臂距差的变化，影响曲轴的受力状态；当松动的螺栓数量增多时，还会引起主机的振动、位置变化等。所以应加强对底脚螺栓的维护管理，及时发现松动的螺栓和损坏的螺栓。松动的底脚螺栓应按要求上紧，损坏的螺栓应予以更换。

参 考 文 献

[1] 母忠林. 柴油机维修技巧与故障案例分析[M]. 北京:机械工业出版社,2009.

[2] 张凤山,王宏臣,张立常. 工程机械柴油机构造与维修[M]. 北京:人民邮电出版社,2007.

[3] 汪如林. 柴油机故障排除的方法与步骤[M]. 北京:人民交通出版社,1997.

[4] 宋飞舟. 实用柴油机使用维修技术[M]. 太原:山西科学技术出版社,2006.

[5] 华道生. 柴油机维修方法与故障排除实例[M]. 大连:中国电力出版社,2006.

[6] 黄少竹. 现代船舶柴油机故障分析[M]. 大连:大连海事大学出版社,2004.

[7] 张庆信. 船舶柴油机故障实例[M]. 北京:人民交通出版社,1986.

[8] 满一新. 船机维修技术[M]. 大连:大连海事大学出版社,1999.